ALLES ÜBER
BERNSTEIN

Carsten Gröhn / **ambertop**

ISENSEE VERLAG
OLDENBURG

Seit Erscheinen der 1. Auflage im Jahr 2013 (Wissensstand bis zum Jahr 2012) sind viele Jahre vergangen. Die Bernstein-Wissenschaft hat gerade in den letzten Jahren eine Fülle neuer Erkenntnisse gewonnen, die z. T. in die 2. Auflage 2019 eingeflossen sind und zu 24 zusätzlichen Seiten führte. Diese 3. Auflage ist wiederum dem neuesten Wissensstand angepasst und umfasst nun 240 Seiten.

3., ergänzte und überarbeitete Auflage 2024

Gedruckt bei Isensee in Oldenburg

Layout, Satz, Prepress:
Ole Friedrich, www.friedrich-art.de

Bibliografische Information der Deutschen Bibliothek: Die Deutsche Nationalbibliothek verzeichnet diese Publikation in der Deutschen Nationalbibliografie; detaillierte bibliografische Daten sind im Internet über http://dnb.d-nb.de abrufbar.

ISBN:
Festeinband: 978-3-7308-2144-2
Broschur: 978-3-7308-2145-9

Besuchen Sie uns im Internet:
www.isensee.de
www.ambertop.de
www.arbeitskreis-bernstein.eu

KEIN STRANDWETTER, WAS TUN?

Vor 30 Jahren fanden wir, Jutta und Carsten Gröhn, unser Hobby Bernstein. Es war reiner Zufall. Es hätte auch etwas ganz Anderes sein können, das unser Leben so grundlegend ändern sollte.

Vorher hatten wir uns dem Badmintonsport verschrieben, zwei- bis dreimal die Woche Training, danach mit unseren Sportfreunden in die Kellerbar, und am Wochenende Punktspiele. Da blieb wenig Zeit für andere Hobbies. Leider ist dieser Sport »Gift« für die Knie und die Wirbelsäule. So mussten wir nach dreißig Jahren gesundheitsbedingt und schweren Herzens diesen Sport aufgeben. Den darauf folgenden Urlaub verbrachten wir in Dänemark, ständig mit Gedanken beschäftigt, welches gemeinsame Hobby wir statt des Sports anpacken könnten.

Kein Strandwetter, was tun? Bummeln durch die Geschäfte, eher gelangweilt. So standen wir vor einem Bernsteinladen und schauten uns die leuchtende Pracht an. Durch eine Lupe war sogar ein Insekt im Bernstein eingeschlossen zu erkennen. Diese Minuten waren ausschlaggebend für eine totale Wandlung unseres Lebens. Jutta hatte die tolle Idee, BERNSTEIN zu unserem neuen Hobby zu küren: sie als Liebhaberin dieses schönen Steins, ich als Biologe für die Insekten im Bernstein.

So kauften wir unseren ersten Einschluss, eine angeschliffene Zuckmücke! Einige wenige weitere Einschlüsse erwarben wir in anderen Geschäften zu hohen Preisen, nebst einigen interessanten Farbvarianten und Bernsteinformen. Der Grundstein für eine Sucht war gelegt!

Die ersten Jahre verliefen in Sachen Bernstein eher ruhig. Hier ein Flohmarkt, dort ein Antiquitätenmarkt, die Messe Du und Deine Welt – ganz klein fing es an. Dann lernten wir Arne kennen, einen Bernsteinhändler, der sich auf Einschlüsse spezialisiert hatte. Ich konnte es zunächst kaum glauben, traute meinen Augen nicht, als ich die ersten Seltenheiten im Bernstein durch ein Binokular betrachten durfte: Spinnen, Tausendfüßer, Blätter usw.

Über Arne erfuhren wir von der Mineralienmesse Hamburg und dass dort viele Bernsteinhändler aus den osteuropäischen Ländern ihre Waren verkaufen sollten. Außerdem erfuhren wir, dass an der Universität Hamburg ein Arbeitskreis Bernstein gegründet worden war. Von diesem Jahr an drehte sich fast alles nur noch um den Bernstein!

Unsere Bernsteinsammlung wuchs immer schneller, die Kontakte zu Sammlern und Wissenschaftlern mehrten sich und damit auch unser Wissen über Bernstein.

Typisch Lehrer: Man möchte sein Wissen gerne weitergeben, andere von dieser Materie begeistern. So entstand meine Homepage über Bernstein, die von Jahr zu Jahr immer mehr an Umfang und Qualität zunahm und mehrfach von COMPUTER-BILD unter die besten hundert Internetseiten gewählt wurde. Es hieß dort:

»Ein extravaganter Biologe, sehr insektenkundiger Wissenschaftler und natürlich Bernsteinsammler bietet hier das zurzeit wohl umfangreichste deutschsprachige Internetangebot zum Thema Bernstein an«.

Ständig wählten über hundert Besucher pro Woche die Seite www.ambertop.de an, mailten mir ihre Begeisterung und Anerkennung. Und immer häufiger fragte man mich, ob es diese umfassenden Informationen auch als Buch gäbe. Und so geschah es!

Ein Nebeneffekt war, dass ich Spaß am Bücherschreiben fand und mittlerweile viele weitere Bücher über Bernstein geschrieben habe, siehe am Ende dieses Buches.

Es ist viel Zeit vergangen seit dem Erscheinen der 1. Auflage Anfang 2013, die den Wissensstand bis zum Jahr 2012 abbildet. Daher gab es 2019 eine erweiterte 2. Auflage. Die 1. und dann auch die 2. Auflage waren nach wenigen Jahren vergriffen. Aber die Bernstein-Wissenschaft hat gerade in den letzten Jahren eine Fülle neuer Erkenntnisse gewonnen. Also entschloss ich mich, eine dritte Auflage zu wagen und danke dem Isensee-Verlag für die Zusage der Verlegung.

Viel Freude beim Lesen!

INHALT

Ich habe versucht, sehr viele Bereiche zum Thema Bernstein zu erfassen, aber anders als auf meiner Website ambertop.de geordnet.

Die häufigste Frage lautet »Wie und wo finde ich Bernstein?« und deshalb beginne ich auch entgegen der üblichen Reihenfolge mit diesem Kapitel.

Ich habe sehr viel eigene Erfahrungen aus meinem jahrzehntelangen Umgang mit dem Bernstein eingebracht; das unterscheidet dieses Buch von vielen anderen und macht es persönlicher.

Die wissenschaftlichen Erklärungen sind einfach, verständlich und mit möglichst wenigen Fachbegriffen gehalten. So hat auch der Laie Spaß am Lesen. Trotzdem findet auch der Fortgeschrittene viele Möglichkeiten, sein Wissen zu erweitern.

HERKUNFT, ENTSTEHUNG UND UMLAGERUNG DES BERNSTEINS – WIE UND WARUM FINDE ICH WO BERNSTEIN?

Solch eine Massenanspülung von Bernstein wie hier bei Jantarny/Kaliningrad ist ein absoluter Ausnahmefall.
Foto © C. Hoffeins

HERKUNFT, ENTSTEHUNG UND UMLAGERUNG DES BERNSTEINS – WIE UND WARUM FINDE ICH WO BERNSTEIN?

Baltischer Bernstein – Entstehung

Bernstein suchen und finden sind zweierlei Dinge. Häufiger **sucht** der Urlauber am Strand umsonst, als dass er Bernstein **findet**. Aber auch erfahrene Sammler sind oft erfolglos. Vielleicht haben sie sich nicht eingehend genug mit der Materie befasst...

Die meisten denken, Bernstein sei vornehmlich an den Küsten der Nord- und Ostsee zu finden und müsse klar-honiggelb aussehen, eben wie Bernstein.

Bernsteine werden nicht nur an den Küsten gefunden! Will man das Bernsteinfinden nicht allein dem Zufall überlassen, dann muss man wissen, wo Bernstein überhaupt vorkommen kann und wo nicht.

Und alles beginnt in der Ursprungslagerstätte des Baltischen Bernsteins, der sogenannten Blauen Erde von Jantarny bei Kaliningrad (dem früheren Palmnicken bei Königsberg).

Noch einen Schritt zurück: Wie gelangte der Bernstein in die Blaue Erde?

Im Zeitalter des Paläogen (genauer: im Unter-Eozän, vor ca. 50 Millionen Jahren) gab es die heutige Ostsee noch nicht. Im Bereich der heutigen Ostsee (siehe Skizze) stand ein großer Wald mit Harz produzierenden Bäumen, der Bernsteinwald. Es herrschte warm-gemäßigtes bis subtropisches, feuchtes Klima. Wahrscheinlich regnete es häufig und stark. So wurden über viele Millionen Jahre nach und nach große Harzmengen in die Seen und Flüsse geschwemmt und lagerten dort gut geschützt vor Verwitterung.

Land-Meer-Verteilung im Unter-Eozän, die Ostsee gab es noch nicht.

Um die weitere Verteilung des Baltischen Bernsteins verstehen zu können, muss man die Entwicklung des heutigen Ostseeraumes vom Eozän bis heute betrachten, vor allem die Regression und Transgression des Meeres.

Im Laufe des Eozäns schob sich das Meer immer weiter nach Osten vor, weit über das heutige Kaliningrad hinaus.

Ob es den legendären Bernsteinfluss Eridanos wirklich gab, wird häufig angezweifelt. Ich behaupte, es gab ihn und meine, dass die Blaue Erde Beweis genug ist. Die Blaue Erde besteht aus Meeresablagerungen (Sedimenten), angereichert mit großen Mengen Bernstein. Sie kommt sehr begrenzt vor und zeigt uns in den Umrissen ein typisches Flussdelta mit seinen Sedimenten und einer ursprünglichen Flussmündung im Norden dieses Deltas. Also muss der Fluss von Norden aus dem Bereich des heutigen Schwedens und der heutigen östlichen Ostsee gekommen sein. Er transportierte das Harz aus dem Bernsteinwald ins Meer, dessen Küste vor ca. 40 Millionen Jahren genau nördlich des heutigen Kaliningrad verlief.

Auf den Abbildungen ist die Land-Meer-Verteilung im Zeitalter des Mittleren und Oberen Eozän zu sehen, eingezeichnet der vermutete Verlauf des Bernsteinflusses »Eridanos«. Diese große Ausdehnung des Meeres nach Osten erfolgte erst im Verlauf des Eozäns, so dass man sich vorstellen kann, dass der Bernsteinwald, der vorher eine geschlossene Nord-Süd-Ausdehnung hatte, geteilt wurde.

Im Laufe der folgenden vielen Millionen Jahre änderte sich das Klima, es wurde trockener und kälter. Auch die Vegetation änderte sich entsprechend, den ursprünglichen Bernsteinwald gab es nicht mehr. Immer mehr Ablagerungen überdeckten die Schichten, in die das Harz geschwemmt worden war. Das Harz verfestigte sich durch einen fortschreitenden Polymerisationsprozess über Kopal zu Bernstein. Heute liegt die Blaue Erde bei Jantarny in 30–40 Meter Tiefe, nach Norden unter die Ostsee ziehend in weniger als 10 Meter Tiefe.

Auch zu Beginn des Oligozäns (vor ca. 30 Millionen Jahren) reichte das Meer (Vorläufer der heutigen Nordsee) noch bis zum heutigen Kaliningrad. Erst im Laufe des Miozäns (vor ca. 20 Millionen Jahren) zog sich das Meer immer weiter aus dem Bereich der heutigen Ostsee zurück, reichte im Mittleren Miozän aber immer noch über das Weser-Ems-Gebiet und Hannover bis Leipzig.

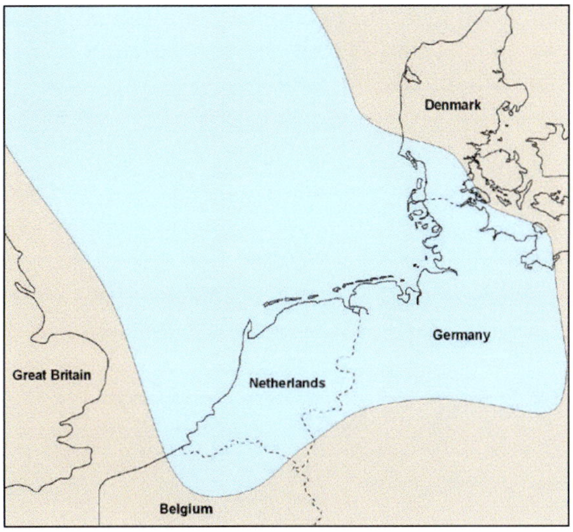

Das Meer im Miozän. Quelle (verändert): © BGR Hannover

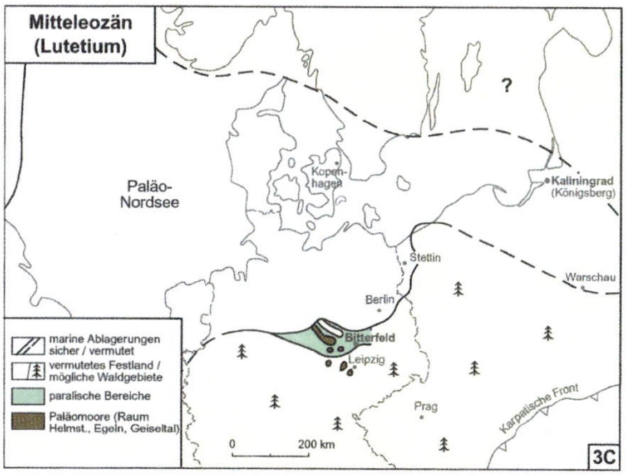

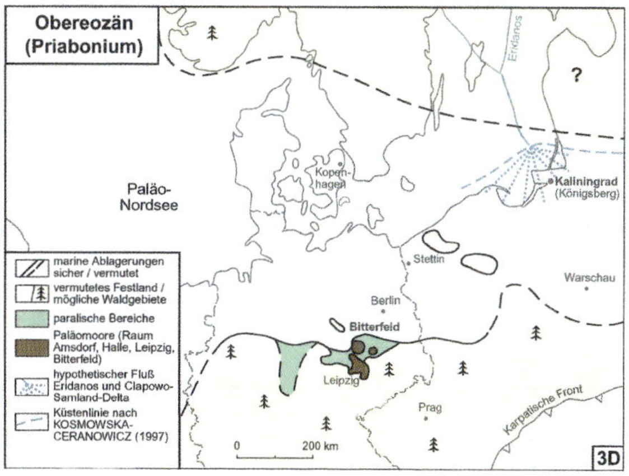

Land-Meer-Verteilung im Mittleren und Oberen Eozän.
Quelle: STANDKE (2008) aus II. Bitterfelder Bernsteinkolloquim

Im Pliozän (vor ca. 3 Millionen Jahren) hatte sich das Meer in den Bereich der heutigen Nordsee zurück gezogen und die Land-Meer-Verteilung sah schon fast ähnlich aus wie heute.

Zwischen dem Miozän und dem beginnenden Pleistozän erstreckte sich das »Eridanos-Urstrom-System«, auch Baltischer Urstrom (siehe Abbildung nächste Seite) genannt, über 1.000 km von Finnland, über das Baltikum und Süd-Schweden, über Mecklenburg-Vorpommern, Schleswig-Holstein, Niedersachsen bis zu den Niederlanden. Die Mündung lag im Beckenzentrum der heutigen Nordsee (nach SCHULZ, 2003, TROPPENZ, 2012 und VAN KEULER/SMIT/RHEBERGEN, 2012).

»Der Baltische Urstrom bestand aus einem breiten System verflochtener oder mäandrierender Arme, wozwischen Sand- und Kiesbänke lagen ... Nebst Wasser hatte Treibeis einen großen Anteil im Sedimentzufuhr ... mit Blöcken bis zu 40 cm im Querschnitt. Viele dieser Steine haben unregelmäßige, eckige Formen, die stark von der ellipsoiden Form von Geröllen abweichen. Dieses Material kann nur mittels Eisschollen herangeführt worden sein. Flusseis kann bis zu 7 % seines Inhaltes an festem Material mit sich führen. Wo die Blöcke aus dem Eis heraustauten, fielen sie zu Boden ... Umlagerung des Kieses durch Wasser und Eis wird sich öfters ereignet haben. Besonders wenn sich wegen eines kalten Klimas keine sedimentfixierende Vegetationsdecke bilden konnte, schnitt der Fluss vorher abgelagertes Material immer wieder neu an« (VAN KEULER/SMIT/RHEBERGEN, 2012), darin können dann auch Bernsteine enthalten gewesen sein.

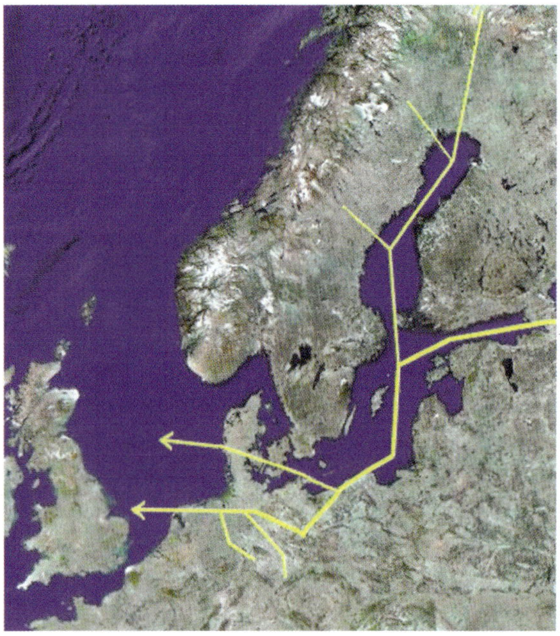

Das vermutliche Einzugssgebiet des Baltischen Urstroms. Quelle: © SCHALLREUTER, 2012

Die Entwicklung der »Ostsee« nach der jüngsten Eiszeit

Die Gletscher der jüngsten der drei großen Eiszeiten, der Weichseleiszeit, schmolzen vor ca. 14.000 Jahren ab. Die Schmelzwasser bildeten hinter der westlichen Eisbarriere den großen Baltischen Eisstausee. Vor ca. 10.000 Jahren war die Eisbarriere so weit abgeschmolzen, dass ein Teil des Baltischen Eisstausees über das heutige Mittelschweden abfloss.

Durch die Wassermassen des abschmelzenden Eises stieg der Meeresspiegel und für wenige hundert Jahre wurden Nordsee und der östliche Süßwassersee, die heutige Ostsee, über das heutige Mittelschweden verbunden.

Nach einer Eiszeit hebt sich das ursprünglich durch kilometerdicke Eismassen herunter gedrückte Land, ein Vorgang, der heute noch anhält. Durch diese Landhebung schloss sich vor

Ancylussee. Quelle: Dr. Wolram Lemke, 2005, verändert

ca. 9.500 Jahren die Mittelschweden-Wasserverbindung wieder und es entstand ein weiteres Mal ein großer Binnensee, der Ancylussee. Er wurde nach dem Leitfossil *Ancylus fluviatilis* (einer Süßwasserschnecke) benannt.

Der Meeresspiegel stieg immer weiter; das Nordseeniveau lag vor ca. 8.000 Jahren mindestens 15 m über dem des Ancylussee. Schließlich brach die Landbrücke im Bereich des heutigen Norddänemark-Südschweden und der Binnensee wurde geflutet. Mit der Flutung verbreitete sich vor ca. 7.000 Jahren die Meeresschnecke *Littorina littorea;* nach ihr benannte man das Binnenmeer nun als Littorinameer – die heutige Ostsee.

Die mittlere und östliche Ostsee bestand demnach in ihren groben Umrissen (abgesehen von den noch nicht vorhandenen Nehrungen) schon seit der letzten Eiszeit, hatte also auch immer Kontakt zur Blauen Erde.

Die Umlagerung des Bernsteins

Zum einen erreicht die Blaue Erde im Bereich der Ostsee an einigen Stellen den Meeresgrund. Bernstein wird ausgewaschen und kann sich mit der Wasserbewegung in der Ostsee verteilen.

Auch die unterschiedliche Transgression und Regression der Meere während der vielen Jahrmillionen (s.o.) sorgten für eine Umverteilung eines Teils des Baltischen Bernsteins.

Zum anderen ist im Pleistozän (ca. 2,5 Millionen – ca. 10.000 Jahre v. Chr.), dem »Eiszeitalter«, der entscheidende Faktor zu suchen, warum nicht nur im Ostseeraum Bernstein gefunden werden kann.

Es gab drei große Kaltzeiten im nordeuropäischen Raum, während der Gletscher mehrere Male von Skandinavien zum Teil bis an den Rand der Mittelgebirge vorgestoßen sind. Ihre Fließrichtung ist sehr unterschiedlich gewesen, was die so genannten Leitgeschiebe in den Kiesgruben belegen. So finden wir zum Beispiel in Kiesgruben im Raum Lüneburg Geschiebe, die vornehmlich aus dem Osten (Baltischen Raum) stammen: Dolomite aus Estland, Alandgesteine aus Finnland usw. In Kiesgruben im Raum Hannover finden wir viele Feuersteine und Syenite aus dem Norden (Skandinavien). Wir erkennen die beiden Hauptfließrichtungen der Gletscher, die einerseits von Norden nach Süden, andererseits von Osten nach Westen verliefen. KORN (1927) zeigt die Herkunft und Verteilung einiger ausgewählter Leitgeschiebe (leiten zum Ursprungsort der Steine). Als Beispiele zeige ich die Verteilungsfächer von Syenit und Alandgesteinen.

Der Verteilungsfächer der Alandgesteine zeigt sehr schön, wie der Gletscher des Warthestadiums der Saalekaltzeit auf seinem Weg von Osten auch über Ostpreußen und damit über die Blaue Erde gezogen ist und Bernstein aufnehmen konnte. Der Transport ging im Süden bis ans Mittelgebirge und im Westen bis in die Niederlande.

Nach dem Abschmelzen des Gletschereises haben die Schmelzwässer die Umverteilung vollendet und einen Teil des Bernsteins auch in die Nordsee geschwemmt.

Die wichtigsten Leitgeschiebe ... im norddeutschen Flachlande.
Quelle: KORN 1927, Tafel 9 und 13

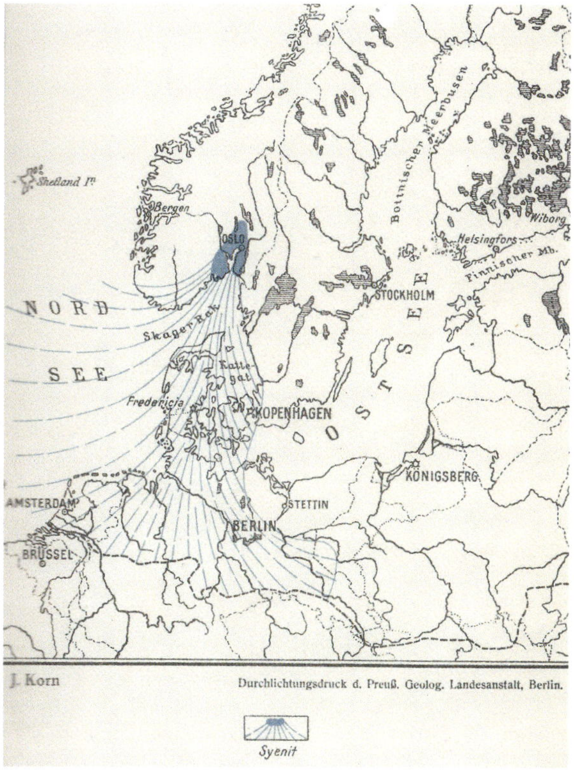

Mit Glück findet man Bernsteine, die Schliffe und Schrammen erkennen lassen, erzeugt von der Gletscherbewegung. Typisch für sie sind die parallelen Kritzungen. Der Bernstein muss an der Gletschersohle festgefroren gewesen und dann über scharfkantige Hindernisse geschoben worden sein. Die dabei entstandenen parallelen Schliffe und Schrammen können von keinem anderen Medium herrühren.

Kritische Anmerkung: Ein so weiches Material wie Bernstein müsste an der Gletschersohle durch die starke Belastung zerstört werden. Die Ritzungen könnten von Menschen der Jungsteinzeit vorgenommen worden sein; dafür gibt es viele Beispiele. Bei Funden in Kiesgruben könnten die Ritzungen auch bei der Kiesförderung entstanden sein, dann allerdings dürften die Ritzungen keine alten Verwitterungsspuren zeigen und nicht alle parallel verlaufen.

Die meisten durch Gletscher verfrachteten Bernsteine sind erstaunlich gut erhalten und weisen keine Abrundungen oder Bruchstellen auf. Das kann nur dadurch erklärt werden, dass die Gletscher beim Vorstoß schollenweise gefrorene Erde mit enthaltenen Bernsteinen aufgenommen und beim Abschmelzen wieder freigegeben haben.

Gekritzter Bernstein aus der Sammlung Engels, Hiddensee.

Die maximale Ausdehnung der Gletscher in Norddeutschland. Verändert nach HENNINGSEN & KATZUNG (1992). Quelle: Ingo Alexander, 2002 (verändert)

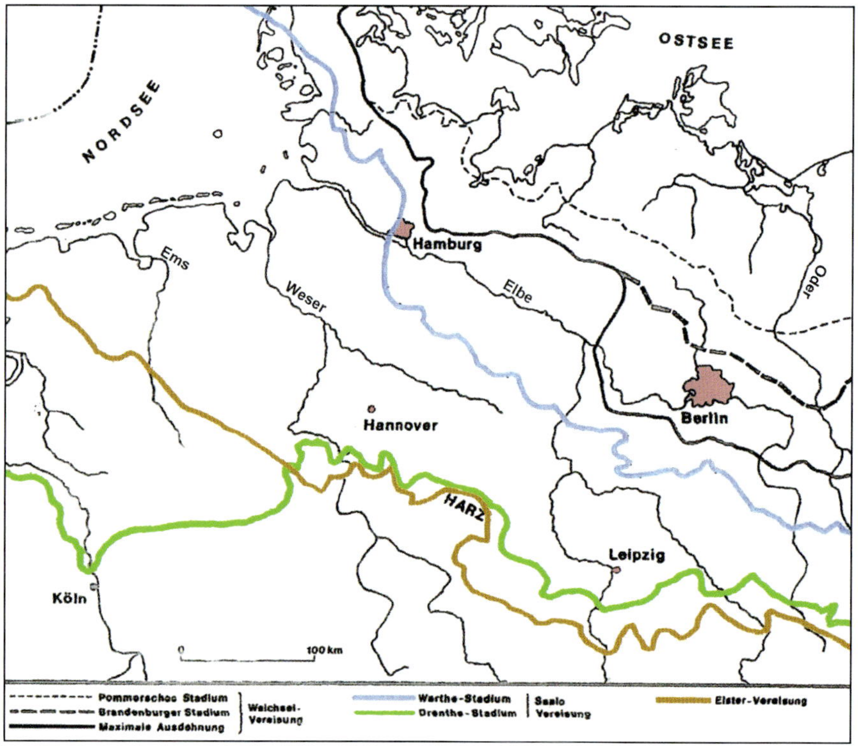

Schwarz:
Weichsel-Vereisungen

Grün und braun:
Saale-Vereisungen

Braun:
Elster-Vereisung

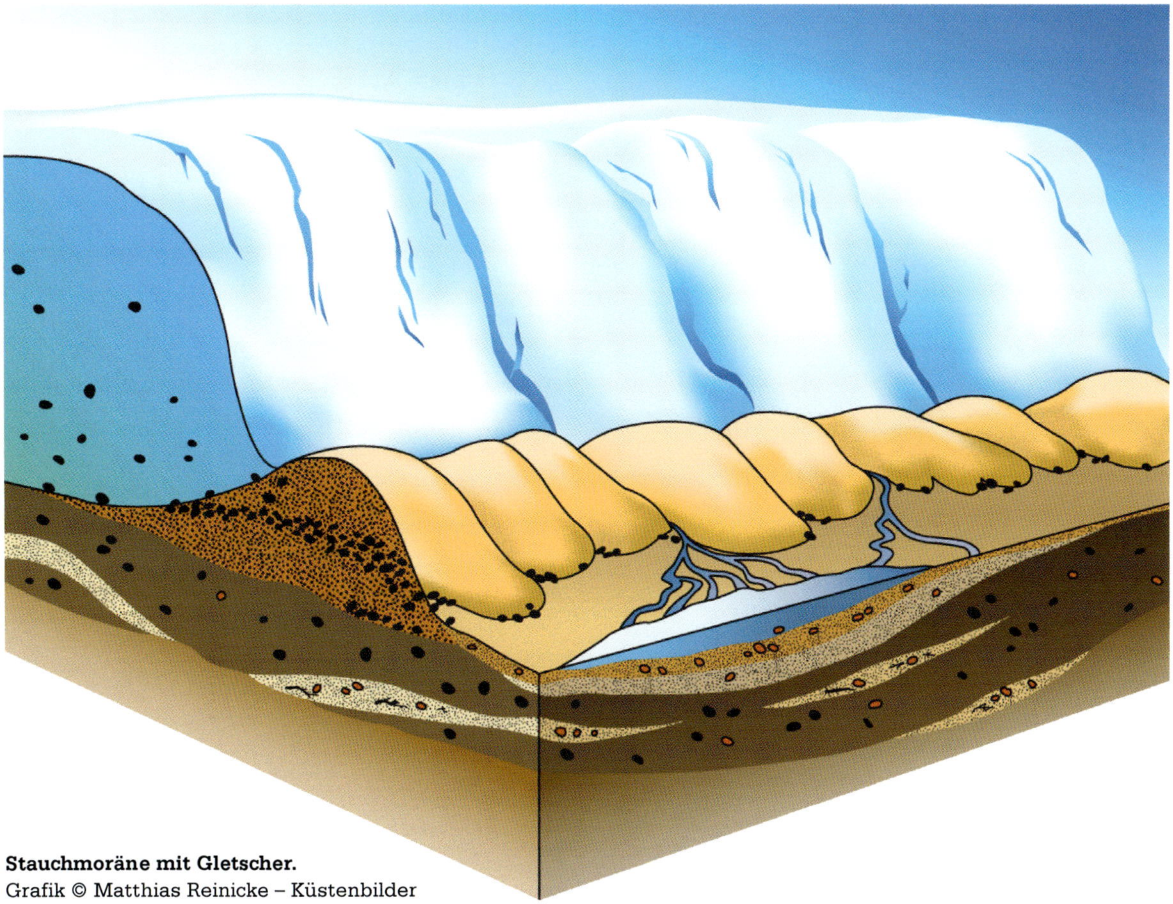

Stauchmoräne mit Gletscher.
Grafik © Matthias Reinicke – Küstenbilder

Stauchmoräne

In der Abbildung der Stauchmoräne erkennen wir sehr gut, wie geschützt im Gletschereis ausgeschürftes Bodenmaterial mitgeführt wird – das konnten auch Schollen Blauer Erde mit Bernstein sein. Vor dem Gletscher lagert sich das mitgeführte Material beim Abschmelzen ab und wird teilweise mit dem Gletscherwasser fortgetragen. Leichte Bestandteile wie Bernsteine können auf diese Weise über große Strecken mit dem schnell fließenden Wasser fortgetragen und auf weiterer Lagerstätte abgelagert werden.

Gletscher-Kritzsspuren in Stein.

Gletscher-Kritzsspuren in Bernstein.

Graben nach Bernstein.

In Michael Neubauers Examensarbeit an der Universität Bremen über die **Bernsteinverbreitung in glazialen Ablagerungen**, insbesondere von Nordwestdeutschland, finden wir eine Fundpunktekarte, die zeigt, wie häufig im gesamten Ems-Weser-Elbe-Gebiet Bernstein zu finden ist bzw. war.

Diese Karte ist mittlerweile über 40 Jahre alt und könnte durch eine beträchtliche Menge an Punkten ergänzt werden, vor allem auch im Raum nördlich von Hannover. Das Gebiet zwischen Hamburg und Berlin und weiter bis an die polnische Grenze ist leider nicht berücksichtigt. Dort gibt es eine mindestens genauso große Anzahl von Fundstellen.

Es heißt in dieser Arbeit: »Bereits im Jahre 1875 erschien in den Abhandlungen des Naturwissenschaftlichen Vereins zu Bremen ein Artikel über die Verbreitung des Bernsteins im nordwestlichen Deutschland, allerdings wurden sehr oft nur Zufallsfunde zugrunde gelegt und viele Ursachen für die Bernsteinvorkommen falsch gedeutet.

Ich habe nach gründlicher Selektion die wichtigsten und glaubwürdigsten Fundpunkte dieses Artikels in die abgebildete Karte übertragen und durch eigene Fundorte ergänzt. Dabei wurden nur Markierungen gemacht, wenn die Fundmenge mindestens 1 kg betrug.

Alle Fundbeschreibungen aus dem Jahre 1875, die lediglich Einzelfunde beschreiben, wurden außer acht gelassen, da Einzelfunde, wie bereits beschrieben, überall gemacht werden können, vorausgesetzt es handelt sich überhaupt um glaziale Ablagerungen.

Hier sollen aber gerade die Anhäufungsmechanismen von Bernsteineinlagerungen herauskristallisiert werden.«

Schwarzholz am Hang – Bernsteinverdacht!

Es fällt auf, dass die Gebiete mit großer Einzelpunktdichte in die Bereiche der Urstromtäler fallen. Aber ein Hauptgebiet von Bernsteinvorkommen liegt auf dem Oldenburg-Ostfriesischen Geestrücken.

Im Kapitel 3.5. gibt NEUBAUER eine detaillierte Darstellung und Beschreibung der Hauptfundgebiete:

»Die Fundgebiete mit der größten Dichte von Einzelfundpunkten und gleichzeitig der größten gefundenen Menge pro Fundpunkt sind das nordöstliche Ammerland, also das Gebiet nordwestlich von Oldenburg und der gesamte ostfriesische Raum, wobei das Gebiet um Leer das fundträchtigste darstellt.

Das nordöstliche Ammerland stellt eine Besonderheit in Bezug auf die Bernstein führenden Schichten dar. Während fast überall der Bernstein in Tiefen zwischen 16 und 35 m anzutreffen ist, lagert er hier bereits knapp unter dem Grundwasserspiegel.

Durch diesen Sonderfall konnte ich an einigen Stellen, wo Grundwasserabsenkungen im Zuge von Baumaßnahmen stattfanden, erstmals diese Bernstein führenden Schichten sehen und studieren.

Soweit mir bekannt ist, gelingt einem Ähnliches im Bereich der großen Braunkohlereviere, insbesondere der Niederlausitz (Bemerkung des Verfassers: auch im Elbe-Urstromtal).

An allen anderen Fundpunkten bekommt man die Schichtfolge niemals zu Gesicht, da das Baggergut mit Schwimmbaggern aus der Tiefe gefördert wird, wobei es zusätzlich noch zu einer zwangsläufigen Materialmischung aus verschiedenen Tiefenbereichen und damit aus verschiedenen Kaltzeiten kommt. Bernstein ist dennoch leicht auszumachen, da man nur auf das bereits erwähnte schwarz gefärbte Holz zu achten braucht. Ist dieses in größeren Mengen im Materialgemisch vorhanden, findet man mit ziemlicher Sicherheit auch Bernstein. Man kann davon ausgehen, dass die Ablagerungsform in 30 m Tiefe dieselbe ist, wie man sie in ca. 3 m Tiefe im Ammerland vorfindet.

Es handelt sich stets um schwarz gefärbte Feinsandschichten mit einem großen Glimmeranteil. Die schwarze Färbung, die durch den hohen Feinholzanteil zustande kommt, hebt sich stark von den darüber und darunter liegenden Schichtfolgen ab, die aus reinen, weißen Feinsanden bestehen...

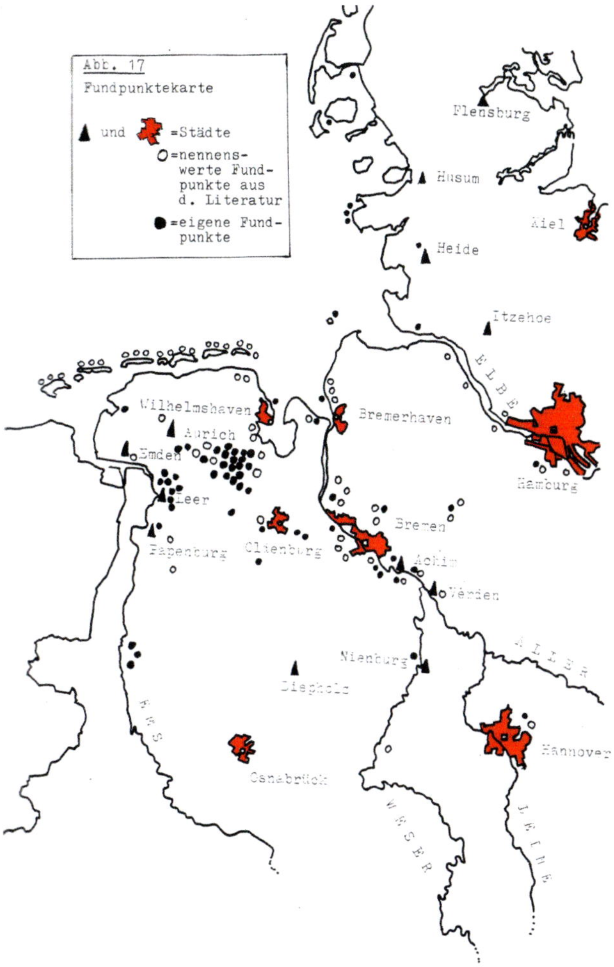

Eigentlich ist die Häufung der Fundpunkte um Leer eher eine zufällige, da dort viele Möglichkeiten bestanden, in den Untergrund einzusehen (BAB – Neubauten mit mehreren Sandentnahmestellen u.v.a.m.).

Während allerdings im übrigen Ostfriesland längst nicht jede Baumaßnahme automatisch auch Bernstein zutage förderte, so waren im Leeraner Gebiet bis auf eine einzige in den vergangenen 10 Jahren alle positiv!

Auch hier lagert der Bernstein innerhalb der oberen Schichten (zwischen 5 bis maximal 15 m unter NN). Es lag aber niemals eine Schichtung frei, wie es im Ammerland öfter der Fall war. Ich habe diese Information aus Bohrproben, die für geplante Sandentnahmen gezogen wurden.«

Das oben angesprochene Gebiet liegt im nordwestlichen Ausläufer des Magdeburg-Breslauer Urstromtals, das über Bremen in die Nordsee entwässerte. Ferner kommt von Süden eine Entwässerung hinzu, in dessen Rinne heute die Ems fließt (nach NEUBAUER).

Kohlige Bänder mit Bernsteinen, dazwischen feine helle Sande.

Bernstein in Kiesgruben

Wasserströmungen haben Bernstein, meist zusammen mit kohligem Holz, an bestimmten Stellen angehäuft, so wie wir auch heute, z. B. in Buchten mit besonderen Strömungsverhältnissen, Anhäufungen von Bernsteinen mit schwarzem Holz finden können. Diese Stellen wurden durch immer mehr Schichten von Sand überlagert. Und so finden wir heute in vielen Kiesgruben in bestimmter Tiefe schwärzliche »Linsen«, die Bernstein enthalten können. Der Horizont des Vorkommens ist sehr unterschiedlich tief gelegen: Nördlich von Berlin und im Ammerland (im nordwestlichen Niedersachsen) gibt es Kiesgruben, in denen der Bernstein in nur 2 Meter Tiefe vorkommt, in Berlin selbst liegt er in Tiefen bis 15 Metern, in der Wesermarsch sogar bis zu 35 m Tiefe.

Bernstein wurde nach dem Abschmelzen der Gletscher auch oberflächlich abgelagert und ist z. B. bei Straßenbauarbeiten und beim Graben im Garten gefunden worden.

Nun gibt es zwei grundsätzlich verschiedene Möglichkeiten des Suchens, Sammelns und Findens: Der direkte Zugriff, indem man in den Kiesgruben nach den schwarzen Horizonten sucht oder gräbt, oder der indirekte Zugriff, indem man die Sohle der Kieshänge absucht oder bei Kiesgruben mit Nassabbau an den Waschanlagen sucht.

Diese Möglichkeiten möchte ich im Folgenden näher mit Beispielen belegen. Dabei nenne ich bei Kiesgruben, die jetzt noch in Betrieb sind, nicht den ganz genauen Ort. Das wäre gegenüber den ortsansässigen Sammlern und Kiesgrubenbetreibern unfair, denn erfahrungsgemäß stellt sich nach Veröffentlichungen mit genauen Ortsangaben bald eine große Zahl von Sammlern ein.

Kiesgruben mit Nassabbau

Viele Kiesgruben können nicht trocken betrieben werden, da Grundwasser einsickert, das z. T. in nur 2 m Tiefe steht. In diesen Gruben bzw. besser gesagt Seen wird der Sand zusammen mit dem schon beschriebenen schwarzen Holz mit einem Saugbagger nach oben gefördert. Da auch das nachrutschende jüngere Material, das Steine enthält, mit gefördert wird, läuft das Fördergut über Siebe. Das Fördergut wird in die verschiedenen Korngrößen getrennt; so entstehen Haufen mit Sanden, Kiesen und Überkorn. In diesen Haufen findet man selten Bernstein.

Für den Bernsteinsammler ergiebiger sind Waschanlagen, in denen der verunreinigte Sand gewaschen wird und Schwebeteilchen (Federn, Pflanzen usw.), Holz und Bernsteine abgeschöpft und ausgeworfen werden. Der Vorteil: Der Bernstein wird nicht durch Steine zerschlagen und die Bernsteinkonzentration ist auf diesen schon von weitem als schwarz erkennbaren Haufen größer.

Auf Bitten von uns Sammlern hat der Fahrer des Schaufelradbaggers, der den schwarzen Auswurfhaufen an der Waschanlage regelmäßig entfernt, wenn er zu groß geworden ist, dieses Material abseits für uns gelagert.

Wird das leichte Material nicht extra abgeschöpft und gelagert, fließt es an bestimmten Stellen vom Förderband: Dort sind die fündigsten Stellen!

Da die Sande und Kiese mit dem darin enthaltenen Bernstein zusammen mit viel Wasser gefördert werden, wird das überflüssige Wasser mit den darin enthaltenen Schwebteilchen durch Rohre abgeführt und an anderer Stelle wieder abgelassen. Es entstehen die bei Sammlern so beliebten Spülfelder. ACHTUNG: Manch Sammler hat schon seinen Stiefel verloren oder mehr...

Direkt vor dem Rohr bleiben nur schwere Steine liegen, da lohnt sich das Bernsteinsuchen nicht.

Der Bernstein bleibt dort liegen, wo keine starke Strömung mehr herrscht. Aber gerade dort ist es gefährlich, weil man leicht im Schlamm versinken kann.

Leider – aus der Sicht des Bernsteinsuchers – wird das Wasser bei manchen Kiesgruben zurück in einen Seebereich geleitet, wo die Förderung ab-

geschlossen ist. Die einzige Möglichkeit, dort an den Bernstein zu gelangen, besteht darin, einen großen Kescher vor das Abflussrohr zu halten, eine zeitraubende und meist wenig ergiebige Arbeit – oder die »Profivariante«: Ein großes Netz, am besten einen langen »Steert«, vor das Abflussrohr spannen. Nach einigen Stunden hat sich meist eine Menge Holz und anderes leichtes Material angesammelt. Auf dem Trockenen gelagert, kann der Berg in Ruhe nach Bernstein durchsucht werden, während sich das Netz wieder füllt.

Ein wichtiger Tipp für den Besuch von Kiesgruben jeder Art: Warnweste und Schutzhelm tragen, das kommt gut an – und vorher höflich beim Pförtner fragen, ob es ausnahmsweise einmal dem Geologen erlaubt sei, die Grube zu inspizieren.

Nördlich von Berlin habe ich die seltene Kombination von direktem und indirektem Zugriff erleben dürfen und eine Menge Bernstein gefunden. Auch hier liegt der Grundwasserspiegel um die 2 Meter Tiefe, d. h. die Kiesgrube ist mit Wasser gefüllt.

Über Rohre fördert der Schwimmbagger das Material an Land, das nach Fraktionen getrennt zu riesigen Haufen aufgeschichtet wird. Auf und an diesen Kies- und Steinhaufen habe ich so manchen Bernstein gefunden, also der indirekte Zugriff.

Viel spannender ist dann der direkte Zugriff: Nach Bernstein graben, immer auf der Suche nach den schwarzen Horizonten in hellem Kies. Es muss nicht unbedingt schwarzes Holz zu finden sein, die Bernstein führenden Schichten können auch nur aus schwarz gefärbten Sanden bestehen (meist mit hohem Glimmeranteil), die sich markant von den fast weißen feinen Schmelzwassersanden abzeichnen.

Diese schwarzen Bänder muss man in ein Sieb schaufeln und den Bernstein aussieben. Je größer aber die schwarzen Holzstückchen sind, desto größer sind auch die Bernsteine, die dann im Sieb leuchten.

Hat man Glück, dann findet man direkt an der Abbruchkante des Baggersees diese schwarzen Horizonte und kann dort sein Loch in die Wand graben. Das mühselige Aussieben des Bernsteins kann durch das Auswaschen ersetzt werden.

Aber Vorsicht! Nicht zu tief in die Wand graben und nicht mit dem ganzen Körper oder Oberkörper im Loch verschwinden: EINSTURZGEFAHR!

Reichen die bernsteinhaltigen Sande bis unterhalb der Wasserlinie, gestaltet sich das Unternehmen schwieriger. Man muss dann unter der Wasseroberfläche in der trüben Brühe das Sieb füllen und so mancher Bernstein bleibt unentdeckt.

In **Berlin-Gatow** hat es bis nach dem 2. Weltkrieg eine Kiesgrube gegeben, in der in ca. 10 m Tiefe Bernstein gefunden wurde. Nach der Blockade nutzte man diese Grube als Kohlelager, indem man sie mit einer dicken Folie auskleidete, mit Kohle auffüllte und sie dann abdeckte. Ende der 90er Jahre waren dann endlich alle Kohlevorräte und die Folie entfernt.

Leider erfuhren wir davon erst einige Monate zu spät, Planierungsarbeiten auf der Kiesgrubensohle hatten begonnen, die Golfanlage des »Berliner Golf Club Gatow e.V.« sollte gebaut werden. So gestaltete sich die Suche nach Bernstein schwierig. Zunächst die Überredungskünste: Die Baustellenleitung konnten wir nur mühsam dazu bringen, uns den Zutritt nach Arbeitsschluss zu erlauben: Wir dürften aber nur maximal 50 cm große Löcher buddeln, größere Löcher müssten wir wieder verfüllen.

So begann es erst am späten Nachmittag mit »Probebohrungen«: Wie die Maulwürfe testeten wir alle 5 m, ob sich nicht eine bernsteinhaltige Linse auftäte.

Gegen Abend, wir wollten vor Erschöpfung schon fast aufgeben und für den nächsten Nachmittag die Fortsetzung planen, stießen wir endlich auf eine Stelle mit den dunklen, kohlehaltigen Bändern, sogar mit schwarzen Holzresten.

Bis in die Nacht hinein schaufelten und siebten wir; Stirnlampen ermöglichten es uns. Die Ausbeute eher gering, doch immerhin: ein Viertelpfund mit einem 50-Grammer und fünf Schlaubenbernsteine mit Einschlüssen – ein Pinselfüßer, ein Kleinschmetterling, Trauermücken und Zuckmücken.

Sechs Stunden harte Arbeit; man muss schon recht verrückt sein und Spaß daran haben – so richtig lohnen tut es sich oft nicht.

Bernsteinfunde auf Baustellen

Auch direkt in Berlin ist Bernstein zu finden: In fast jeder etwas tieferen Baustelle kann man fündig werden, so auch direkt vor dem Reichstagsgebäude. Als die U-Bahn gebaut wurde, haben Uwe und ich uns als Bauarbeiter getarnt in das hermetisch abgeriegelte Baugelände gewagt. Zunächst suchten wir die Cafeteria auf, in der zur Frühstückszeit viele Bauarbeiter saßen. Sie wunderten sich zwar über unser seltsames Gesprächsthema, erzählten uns aber bereitwillig, an welchen Stellen des riesigen Baugeländes wir die Schächte untersuchen bzw. welchen Baggerfahrer wir weiter ausfragen sollten.

Informationen gesammelt und ab in die Schächte, mitten im Baubetrieb unter den Augen der staunenden Arbeiter. Das war hart an der Grenze des Legalen, aber an mehreren Stellen sind wir fündig geworden und besitzen jetzt Reichstagsbernstein!

Deutlich sieht man die dunklen Bänder. Sie befinden sich in dieser Baugrube in ca. 12 m Tiefe.

Beim »Besuch« der Ausschachtungen in der Friedrichstraße (Lafayette), beim Bau des Havelkanals hinter dem Reichstag und vielen anderen Berliner Gruben gab es immer eine gute Handvoll Bernstein als Ausbeute – oder mehr.

Augen und Ohren offen halten, die Bagger- und Radladerfahrer befragen, kurz: Jede Gelegenheit nutzen, um an Informationen zu kommen, wo ausgeschachtet wird!

Tongrube Burgwall

Die Tongrube Burgwall bei Berlin zeigt eine interessante Variante: Über den dicken grauen Tonschichten, die dort kommerziell abgebaut werden, liegt eine mehrere Meter dicke Feinsandschicht. Darin kommen, unregelmäßig verteilt, ergiebige Bernstein führende Linsen vor.

Vor langer Zeit muss es hier einen eiszeitlichen See gegeben haben, auf dessen Beckengrund sich diese Tonschichten abgelagert hatten. Über diesen Ton sind später Sande und Kiese geschwemmt worden. In kleinen Senken sammelten sich dabei Holz und Bernstein und wurden dann vom Sand überdeckt.

Auf dem Bild zu sehen:

- 6–8 m dicke eiszeitliche Beckentone.
- Darüber eine 2–3 m dicke glazifluviatile Sandschicht.
- Eine dünne Humusdecke unter dem Nadelwald schließt das Vorkommen nach oben ab.

Die Suche ist mühselig, wie immer. Maulwurfartig muss man alle paar Meter eine Probegrabung vornehmen, in der Hoffnung, in dem ausgegrabenen hellen Sand schwarzes Holz zu finden.

Dann trägt man die Sandschicht so weit ab, bis man auf die schwarze Schicht stößt, und beutet die Linse aus. Diese Linsen haben meist nur wenige Meter Durchmesser, sind in der Mitte bis zu 10 cm dick, zu den Seiten hin dünner werdend und dort auch mit weniger Bernsteinen.

Findet man in diesen Linsen größere schwarze Holzstücke, dann kann man auch größere Bernsteine erwarten. An diesem Tag fanden wir nur eine einzige ungefähr 2,5 m breite Linse, die uns aber eine beträchtliche Menge an Bernstein bescherte.

Beispiele von weiteren Funden aus Kiesgruben, Baustellen usw.

Ich möchte nicht vergessen, deutlich auf die Grundregeln für das Fossiliensammeln hinzuweisen, wie sie auf der Website **steinkern.de** vorbildlich dargestellt weden:

Grundregeln für das Verhalten im Gelände

Steinbrüche, Tongruben, Baustellen und viele andere Aufschlüsse sind meist Privatbesitz, betritt sie niemals ohne Zustimmung oder Duldung! Du machst Dich sonst strafbar oder gefährdest den Zugang für Sammler, die zutrittsberechtigt sind.

Sammle nicht an besonders geschützten Stellen (Naturschutz, Geotop, Kulturdenkmal etc.), sofern Du keine Erlaubnis dafür hast! Wäge auch beim Sammeln in nicht spezifisch geschützten Aufschlüssen und in der freien Natur ab, ob die dafür notwendigen Eingriffe akzeptabel sind.

Tritt gegenüber Bruchbesitzern und anderen Personen (Arbeitern, Sammlern) freundlich und vorbildlich auf! Wir alle wünschen den Kontakt zu diesen Interessierten. Beschädige nicht das Ansehen anderer Sammler.

Gefährde nie Dich oder andere! Sorge für Deine persönliche Sicherheit. Bleibe in Steinbrüchen von Wänden fern und trage Schutzausrüstung, wo immer dies geboten ist (festes Schuhwerk, Schutzhandschuhe, Schutzbrille, Helm).

Halte Dich von Maschinen und Anlagen fern und lasse nie Werkzeug zurück! Werkzeuge können an Brechern beträchtliche Schäden verursachen.

Verhalte Dich jederzeit so, wie Du es Dir von Besuchern Deines Grundstücks wünschst! Grabe nicht auf Zufahrtswegen, an Böschungen oder Hängen, unterhöhle keine Wände oder Bäume. Verschließe Grabungslöcher. Parke diskret und so, dass Du niemanden behinderst.

Lasse keine Fossilien von anderen Fundstellen (z. B. Präparationsabfälle) zurück!

Hinterlasse nie Abfälle und nimm, wenn möglich, Abfälle anderer Sammler mit!

Stelle seltene oder außergewöhnliche Funde der Wissenschaft vor und mache sie dieser für Untersuchungen zugänglich!

Weise Sammler, die sich grob falsch verhalten, bestimmt auf deren Fehlverhalten hin!

Bernstein im Bereich Hannover

Die Elster-Vereisung reichte bis weit südlich von Hannover. Unterhalb des Gletschers entstanden Schmelzwasser, die tiefe Erosionsrinnen in Nord-Süd-Richtung schufen und dadurch große Mengen von Sanden und Kiesen nach Süden transportierten. Vor dem Gletscher verlagerten die abfließenden Wassermassen die Sedimente dann in westliche Richtung. Da die Gletscher dieser Eiszeit sich früher über das Land schoben als die der folgenden Eiszeiten (Saale-und Weichseleiszeit), ist anzunehmen, dass die Gletscherwässer auch den meisten Bernstein eingespült haben.

Ca. 70 km östlich von Hannover liegt der **Bernsteinsee**, ein Gewässer in Sassenburg/Gifhorn, wenige Kilometer nördlich von Wolfsburg. Der See am Rande des Ortsteils Stüde entstand 1971 beim Bau des Elbe-Seitenkanals als Baggersee, aus dem große Mengen Sand für die Aufschüttung der hohen Kanalböschungen gefördert wurden. Dabei kam auch eine beträchtliche Menge Bernstein zutage. Heute ist dieser Baggersee ein beliebter Badesee.

Noch heute findet man in dieser Gegend ab und zu Bernstein, der in eine graubraune Tonmasse eingelagert ist.

Die altersmäßige Zuordnung dieser Tone ist zunächst schwierig, weil die Funde aus den einzelnen Horizonten beim Ausbaggern der tiefen Grube durcheinander geraten sind. Burkhard Dietrich stellt hier vor, wie die Schichtfolge im niedersächsischen Raum aussieht und so lassen sich die Funde gut zuordnen:

Geologische Entwicklung Niedersachsens – Quartär

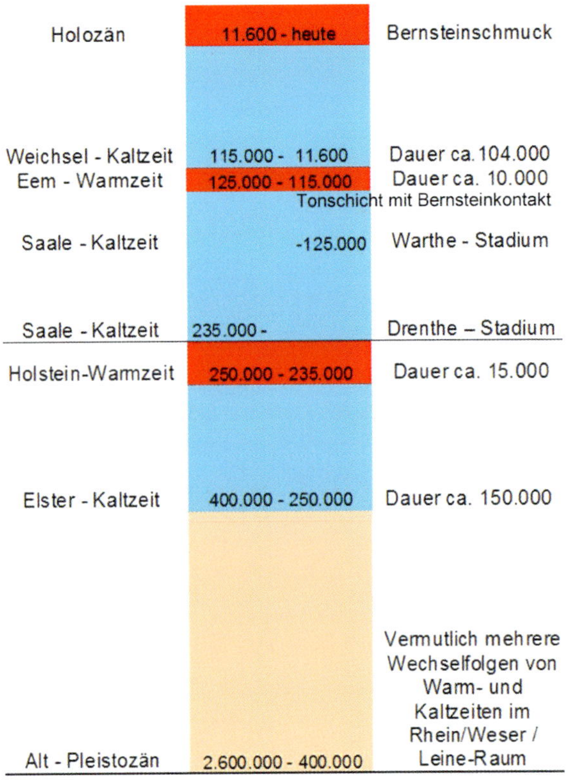

Erklärungen dazu:

Holozäne Ablagerungen: 2 – 3 m Auenlehm, sandiger Schluff, mit Funden bis zur germanischen Römerzeit.

Ablagerungen der Weichsel-Kaltzeit: Bis ca. 8 m Kiese und Sande, darin finden sich je nach Tiefe Funde aus Jung – bis Altsteinzeit (Knochen von Tieren, Werkzeuge und als Einzelfunde Bernsteinschmuck)

Tonablagerungen: Wenige Zentimeter bis 100 cm, in diesem Bereich von 8 m und besonders darunter bis 10 m werden dann einzelne Bernsteinstücke und gelegentlich auch größere Mengen gefunden. Das sind wohl Geschiebe der Elster und Saale-Kaltzeit.

Die Elster-Kaltzeit (älteste Eiszeit) ging bis in das südliche Niedersachsen und hat die untersten Sand-/Kiesschichten mit skandinavischen Gesteinen abgelagert. Danach folgte die Holstein Warmzeit.

Als dann der erste Eisvorstoß der Saale-Kaltzeit fast genauso weit kam (bis südlich Hannover), hat dieses Eis viel von den schräg bis überkippten Ablagerungen der tonigen Unterkreide wie Barreme und Apt aus der niedersächsischen Tiefebene abgehobelt und mitgenommen. Am Ende dieser Eiszeit, zu Beginn der Eem-Warmzeit, konnte das Schmelzwasser nicht nach Norden abfließen und hat sich in großen Endstauseen vor dem Eisrand zusammen mit dem Tonsediment und dem Bernstein abgelagert.

Bernstein im Geschiebemergel

Der Geschiebemergel, auch Till genannt, ist ein mittelhartes, bindiges, unsortiertes Sediment (Gestein), das am Grunde des Gletschers aus allen Fraktionen zertrümmerter und zerriebener Gesteine hervorgegangen ist und auch Bernstein enthalten kann.

Meistens ist seine Zusammensetzung unsortiert mit stark schwankenden Korngrößen und meistens weist er keine Schichtung auf. Bei den selteneren sortierten Geschiebemergeln können wir tonige, sandige und steinige Geschiebemergel unterscheiden.

Geschiebemergel finden wir überall im Bereich der Grund-, End- und Seitenmoränen der Gletscher, aber nicht immer sind Bernsteine enthalten.

Im Folgenden einige Beispiele von Bernsteinfunden im Geschiebemergel.

Auf der Insel Hiddensee finden wir Bernstein sowohl lose an den Strand gespült als auch in den eiszeitlichen Ablagerungen. WELT ONLINE (2012) schreibt dazu:

»Die Nordküste Hiddensees wird nach Angaben des Experten pro Jahr um durchschnittlich 30 Zentimeter zurückgeschnitten. Die Erosionsprozesse seien im Norden Hiddensees besonders stark, da der in der Eiszeit angelagerte Geschiebemergel sehr instabil sei. Bei dem Abbruch handele es sich aber um einen normalen Vorgang, der vor allem im Frühjahr auftrete, sagte Blase. Während im Norden die Küstenlinie zurückgehe, lagerten sich am Neubessin im westlichen Teil Hiddensees jährlich bis zu 40 Meter Sand an.« Es wird davor gewarnt, die Abbruchgebiete zu betreten, weder an der Kliffoberkante als auch vom Strand aus.

Eine Rarität im Geschiebemergel: Schollen mit Blauer Erde und darin enthaltenen Bernsteinen. Solche Funde sind aus der Gegend nördlich von Berlin bekannt. Claus Christian Ludewig (Ludwig) Meyn, damals auch Dr. Weisheit genannt, schreibt dazu im Jahr 1876: »Die Mittheilung des Hrn. Remelé in der Julisitzung 1875 der Deutschen geologischen Gesellschaft über eine Bernsteinführende Schicht im oberen Geschiebemergel zu Neustadt-Eberswalde ist für die Geologen des Flachlandes der grössten Aufmerksamkeit werth. Herr Prof. Beyrich hat ohne Zweifel sogleich deren richtige Erklärung gegeben, indem er, geleitet durch den glaukonitischen Sand, welcher die Bernsteinstücke umhüllte, und die sogen. »Schicht« bildete, das Ganze als eine, vom Geschiebemergel umwickelte Scholle des Bernsteinführenden Tertiärgebirges bezeichnete. Die Materialien, welche der Geschiebemergel enthält, sind so unendlich mannigfaltig und befinden sich dabei in einem so wüsten Gemenge, dass eine andere Erklärung des Zusammenvorkommens von glaukonitischem Sand und Bernstein gar nicht zulässig wäre. Wohl ist, wie einige schlesische Fundorte zu beweisen scheinen, bei der Bildung des Geschiebemergels dem Wasser hin und wieder Gelegenheit gegeben, den in demselben zerstreuten Bernstein zu sammeln, aber wenn auch Sandkörner und Glaukonitkörner überall im Geschiebemergel verbreitet sind, so kennt die Geologie doch kein ordnendes Agens, das diese beiden Mineralien mit dem Bernstein zusammen gruppiren und zwar so ablagern könnte, wie es in dem ganz selbstständigen regelmässig geschichteten Tertiärgebirge der Bernsteinformation geschehen ist. Möge die mürbe Beschaffenheit des Gesteins, das nur einen schwach gebundenen Sand, keinen wirklichen Sandstein darstellt, Niemanden veranlassen, an der Realität des Schollencharakters zu zweifeln.« (MEYN, 1876).

Auf der Insel Sylt werden im Geschiebemergel des Roten Kliffs immer wieder nicht unerhebliche Mengen von Bernstein gefunden. Er ist mit an Sicherheit grenzender Wahrscheinlichkeit durch Gletscher der Saaleeiszeit dorthin transportiert worden. Weil das Kliff von Wenningstedt aus gesehen an Höhe verliert und die Moräne von Dünensand überlagert wird, kann man hier keine Bernsteine mehr finden.

Diese etwas ausführlicher beschriebenen Beispiele könnten beliebig fortgesetzt werden. Bernstein kommt eben nicht nur am Meer vor, sondern verteilt überall im Lande.

Bernstein im Sternberger Gestein

In den Geschieben im Raume Sternberg in Mecklenburg (im Landkreis Ludwigslust – Parchim in der Nähe von Schwerin) wird ein besonderes Gestein gefunden, das »Sternberger Gestein«, und in ihm ab und zu ein Bernstein. Sternberger Gesteine findet man vereinzelt zwischen Sternberg bis hin zum Elbe-Trave-Kanal und südlich im Raum Lüchow-Dannenberg, Lüneburg. Die Farbe ist oberflächlich graubraun bis bräunlich (je nach Stärke der Verwitterung), aufgeschlagen deutlich grauer.

Bernstein-Geschiebe-Rarität aus Kobrow.
Foto © René Kautz

5mm-Bernstein im Sternberger Gestein.

Das Alter des Sternberger Gesteins (auch Sternberger Kuchen genannt) wird auf Oberes Oligozän datiert, d. h. ca. 30 Millionen Jahre. Damals reichte ein warmes Flachmeer, ein Vorläufer der heutigen Nordsee, bis über Mecklenburg hinaus nach Osten. In den Meeresablagerungen sammelten sich reichlich Schnecken und Muscheln, aber auch Überreste von Stachelhäutern, Korallen, Kopffüßern, Knorpel- und Knochenfischen, Kriechtieren, Walen usw. Aus den Meeresablagerungen wurde im Laufe der Jahrmillionen ein Kalksandstein, der viele Leitfossilien enthält, die eine genaue Datierung ermöglichen.

»Nach einer langanhaltenden weltweiten Abkühlung erreichten die Gletscher des skandinavischen Inlandeises vor etwas 350.000 Jahren erstmalig Norddeutschland. Insgesamt dreimal überfuhren die skandinavischen Gletscher nach zwischenzeitlichen Erwärmungen unser Land. Sie schenkten uns nicht nur viele Findlinge aus Skandinavien und dem Ostseegrund, sondern auch das Sternberger Gestein, das sie in tiefen lokalen Rinnen aus dem Untergrund Mecklenburgs heraus schürften.« (BRAASCH, 2009).

Bernstein in Braunkohlesanden

Aus dem Miozän stammende Braunkohlensande, hier aus einem Aufschluss bei Pampau (Kreis Herzogtum Lauenburg/Schleswig-Holstein), enthalten vereinzelt Bernsteine. Die kleinen Bernsteine sind sekundär eingelagert worden (das Papier auf dem Foto misst 1 cm).

Die unteren und oberen Braunkohlensande des Miozäns, die als Odderup-Formation bis nach Jütland reichen, sind aus dem Pleistozän nur als Schollen bekannt und kommen als Muttergestein für die leicht zerstörbaren Geschiebe von Braunkohle, für Lignitische Geschiebehölzer und für Kieselhölzer in Betracht (nach HUCKE, K. und VOIGT, E.: Einführung in die Geschiebeforschung, S. 109, 1967).

Fotos © Peter Laging, Museum Lüneburg

Bernstein im Wurzelquarzit.
Fotos © Peter Laging, Museum Lüneburg

Bernstein im Wurzelquarzit

Im Geschiebe am Kronsberg am Rande des Elbeurstromtales wurde in Rullstorf (Landkreis Lüneburg) dieser Wurzelquarzit gefunden, der Bernsteine enthält, ein äußerst seltener Fund.

Im Wurzelquarzit findet man vereinzelt auch Blätter, hier ein Fund aus der Gegend von Pinnow bei Schwerin.

Alter und Herkunft dieses verkieselten Sandsteins werden kontrovers diskutiert. »Wurzelquarzite gehören in Norddeutschland nicht gerade zu den häufigen Gesteinen. Wohl meist eozänen/oligozänen Alters findet man sie in Mitteldeutschland an der Basis der Braunkohlenlagerstätten. Sandsteine, in die die Wurzeln von Bäumen hineinragten, verfestigten sich durch ein kieseliges Bindemittel, entstanden durch Anlösung und Verbackung der Quarzkörner durch Kiesel- und Huminsäure. Diese sehr widerstandsfähigen Gesteine, die einen langen Transport mit dem Eis überstehen, entstammen solchen Bereichen, in denen eozäne/oligozäne Schichten an die Oberfläche kamen und vom Eis abgehobelt werden konnten.« (Nach ZESSIN, 2005).

Rudolph, Bilz & Pittermann (2010) schreiben zum Wurzelquarzit: »Selten. Hellbrauner bis -grauer Feinsandstein mit kieseligem Bindemittel. Splittriger Bruch, durchzogen mit zahlreichen Wurzelkanälen. Geschiebeoberfläche porös. Es wird angenommen, dass es sich um Wurzelböden in Verbindung mit den oben beschriebenen verkieselten Hölzern handelt. Ein Quarzit i.e.S. ist an Metamorphose gebunden. Tatsächlich liegt hier ein verkieselter Sandstein vor. Alter: vermutlich Miozän.«

Blatt in einem Wurzelquarzit.
Foto © René Kautz

Moler-Bernstein

Hat nur der »Eridanos« Harz in das südlich gelegene Meer transportiert oder haben auch andere Flüsse an anderer Stelle das Gleiche getan? Der logische Menschenverstand sagt »Ja!«, aber gibt es dafür auch Beweise?

Ich möchte dieses interessante Thema hier nicht erschöpfend behandeln, aber an einem Beispiel zeigen, dass es einen Beweis dafür gibt.

Auf den Inseln Fur und Morsø, mitten im Limfjord des nördlichen Jütland/Dänemark, kommen die sogenannten Molerablagerungen vor. Auf koesterboemcke.de (Website einer Chemikalien- und Mineralöl-Großhandlung) ist zu lesen: »Moler ist die geologische Bezeichnung für die besondere, natürliche Mischung aus Diatomeen (Kieselalgen) und Ton, die nur auf und in der Nähe der Inseln Fur und Mors in Dänemark vorkommt. Der Hauptbestandteil sind kleine fossile Skelette von einzelligen Kieselalgen, Diatomeen, die als kleine, runde und poröse Strukturen aufgebaut sind. Die Diatomeen wurden vor rund 54 Millionen Jahren abgelagert. Damals waren große Teile des heutigen Dänemark von einem subtropischen Meer bedeckt. Gleichzeitig mit diesen Ablagerungen kam es zu einer Vermischung mit plastischem Ton. Dadurch entstand eine einzigartige, natürliche Mischung, die nicht maschinell nachgemacht werden kann.«

Diatomeen sind sehr empfindlich gegenüber Umwelteinflüssen und eignen sich hervorragend als Leitfossilien. Eine exakte indirekte Altersbestimmung ist dadurch möglich.

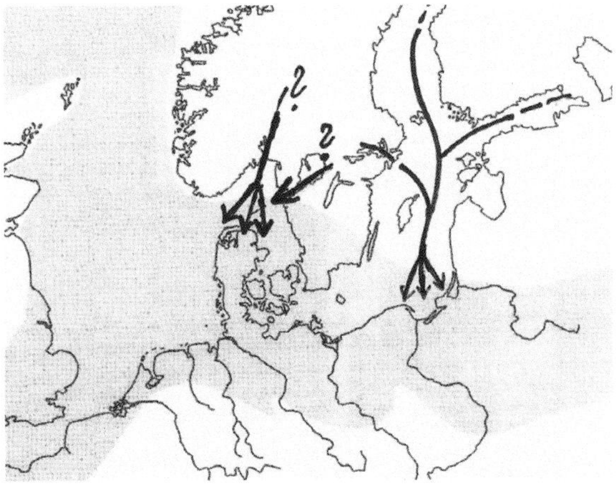

Ein zweites Entwässerungssystem?
Quelle: Krause, Karlheinz, Durch Gletscher und Wasser verfrachtet: Bernstein (1997), verändert

Karlheinz Krause (1997) schreibt dazu: »Dort, wo Kalk in den relativ weichen Moler eingewandert ist, entstand der sehr harte Zementstein, in dem der Bernstein gefunden worden ist.«

Wenn also in diesen tief-untereozänen Ablagerungen Bernstein gefunden wird, dann muss er autochthon, d. h. an Ort und Stelle entstanden sein. Das Harz muss aus dem Bernsteinwald im Bereich des heutigen Südwestschweden durch einen Fluss ins damalige Meer geschwemmt worden sein – und das kann nicht der viel weiter östlich gelegene Baltische Urstrom gewesen sein. Die heute gefundenen Molerschollen sind in den Eiszeiten »aus ihrer ursprünglichen Position aufgebrochen, transportiert, erheblich verformt und gefaltet und zusammen mit Geschiebematerial abgelagert worden« (Karlheinz Krause, 1997). Dieser Moler-Bernstein kann also durchaus als eigenständiger Bernstein bezeichnet werden, kommt aber nur sehr selten und örtlich begrenzt vor.

Der Name »Moler« setzt sich aus »Mo« und »Ler« zusammen. »Mo« bezieht sich auf die weißen, feinkörnigen Sedimente und »Ler« heißt Ton. Die bis zu 60 m mächtige Moler-Formation zeigt eine Wechselfolge von Diatomit und Tuffit. Der Name Diatomit weist auf das massenweise Vorkommen von Kieselalgen (Diatomeen) hin, der Name Tuffit weist auf die damals rege Vulkantätigkeit hin, die große Aschenmengen in die marinen Sedimente gebracht hat. In den untereozänen Sedimenten kann man über 200 Aschenlagen nachweisen, wovon einige auf äußerst kräftige Vulkanausbrüche hinweisen, die die Gewalt der Explosion des indonesischen Vulkans Krakatau bei weitem überstiegen haben (nach GRAVESEN, 1993). Nicht überall in der Moler-Formation (auch Fur-Formation genannt) kommt Bernstein vor. Nur in den linsenförmigen Kalkkonkretionen (»Zementstein«) im Bereich des Diatomit finden wir Bernstein.

Seebernstein

Wasser hat bei 4 Grad Celsius seine größte Dichte, d. h. im Verhältnis zum Wasser ist Bernstein bei dieser Temperatur am leichtesten. Er kann dann durch Strömungen leicht transportiert und durch Wellenbewegungen an Land geworfen werden.

Im Sommer in warmem Wasser liegt der Bernstein fest auf dem Meeresgrund und wird nur durch stärkste Stürme vom Boden hochgewirbelt. Deshalb sind die Sommerurlauber auch wenig fündig. Der »echte« Bernsteinsammler geht in den Wintermonaten bis hinein in den späten Frühling an die Küste.

Weniger als 5 % des küstennahen Bernsteins wird im Laufe der Zeit an den Strand geworfen. Der größte Teil des Bernsteins verbleibt im Meer. Wenn nach einem Sturm Bernstein am Strand zu finden ist, dann kann man sicher sein, dass noch viel mehr im küstennahen Wasser liegt. Es lohnt sich also, in diesen Bereichen mit einem Kescher ins Wasser zu gehen und das treibende Algen-Holz-usw.-Gemisch aufzufischen und nach Bernstein zu durchsuchen. Ich verwende dazu einen großen Angelkescher, in den ich ein Netz mit 0,7 cm Maschenweite genäht habe. Die Oberseite des Keschers sollte gerade sein, um ihn dicht über den Boden ziehen zu können. Da das Netz gerade in diesem Bereich leicht abnutzt, schütze ich es durch Gummi: Ich schneide einen Gummischlauch längs auf, lege ihn um das Kescherrohr und befestige ihn.

Vergebliche Mühe – Wellen noch zu hoch!

Abgeflauter Wind: bestes Bernsteinwetter!

Spülsaum am Strand von Palmnicken.
Foto © Christel Hoffeins

Das Bernstein-Fischen mit Keschern hat eine alte Tradition an der Ostseeküste. Seit Jahrhunderten trieb es die Männer nach heftigen Stürmen in die Wellen, um sich mit dem früher noch reichlich zu fischenden Bernstein ein Zubrot zu verdienen.

Voraussetzung für gute Bernsteinfunde ist starker Wind. Während des Sturms macht es keinen Sinn, nach Bernstein zu suchen. Erfahrungsgemäß findet man dann nichts, weil die starke Brandung einen starken Rückstrom des Wellenwassers erzeugt. Aber nach dem Abflauen des Windes, wenn noch reichlich Wellenbewegung herrscht, ist beste Sammelzeit.

Das konnte man im Januar 2012 an der dänischen Küste erleben, beschrieben in der Zeitung Jyllands Posten vom 10.01.2012:

»Ravfeberen raser efter storm
af Jakob Balthazar Munk

I søndags var entusiaster samlet for at samle efter rav. Stormvejret har gjort forholdene perfekt til at fange de eftertragtede guldklumper […].«

Deutsche Kurzübersetzung des langen Artikels von Bente Nielsen:

»Das Bernstein-Fieber wütet nach Sturm

Letzten Sonntag nach den Stürmen an der Westküste war die Wetterlage (Gezeiten und richtige

Foto © Hans E. Nørgaard.

Windverhältnisse) besonders toll für die Bernsteinjagd, sagt der Fischer H. E. Nørgaard. Zu einem Zeitpunkt waren 42 Menschen am Strand. Sie hofften alle, Bernstein zu finden, und tatsächlich fanden ALLE Bernsteine. Das grösste Stück war ein 185 Grammer. Derselbe Fischer erinnert sich auch, dass er einmal einen 302 Grammer gefunden hatte, den er leider verkaufte. Das hat er später bereut. Viele Schüler waren dabei und obwohl die Bernsteinjagd auch gefährlich sein kann, wegen der starken Wellen, ist das Bernsteinfieber doch stärker.«

Die Windrichtung sollte auf jeden Fall vom Meer her kommen, bei ablandigem Wind ist Bernsteinflaute.

Suchen sollte man dort, wo schwarzes, kohleartiges Holz (sogenanntes Sprockholz), Gehäuse von Seewürmern und Algen als Spülsaum angeschwemmt worden sind. Dieses Material hat ähnliche Schwebeeigenschaften wie der Bernstein. Dort, wo sich schwerere Ablagerungen wie Muscheln und Steine befinden, braucht man nicht zu suchen. Ebenso nicht dort, wo es sehr leichte Ablagerungen sind, wie zum Beispiel Federn und Schlamm.

Es gibt besondere Gegebenheiten, da gilt die Regel nicht, dass nur dort Bernstein zu finden ist, wo Material mit ähnlichen Schwebeeigenschaften angespült worden ist. Das sind vor allem große Molen, in deren Buchten bei Stürmen manchmal bergeweise Seegras, Tang usw. an Land geworfen werden. Dazwischen versteckt sich so mancher Bernstein. Ausgerüstet mit einer langzinkigen Harke lassen sich auch große Mengen an Angeschwemmtem rückenschonend umschichten.

Direkt nach einem Sturm aus der richtigen Richtung kann man dann eine relativ gute Ausbeute erzielen.

Bucht zwischen Wellenbrecher und Mole mit Seegras und Tang mit Bernstein.
Fotos © Daniel Behlke

Eine Ausnahme möchte ich erwähnen: Große Bernsteine folgen anscheinend den Ablagerungsbedingungen nach ähnlichen Schwebeeigenschaften nicht immer. Ich hörte von mehreren Sammlern und habe es selbst auch erlebt, dass ein großer Bernstein abseits der Fundstellen von kleinen Bernsteinen gefunden wurde oder zwischen Muschelansammlungen, wo normalerweise kein Bernstein zu finden ist.

An einigen Orten wird der Strand mit Sand neu aufgespült, wenn das Meer nach den Winterstürmen viel Strand abgetragen hat. Der verloren gegangene Sand wird mit Saugbaggern wieder aus der See geholt und auf den Strand gespült. Das sollte der Bernsteinsammler nutzen und sich bei den örtlichen Behörden entsprechend erkundigen.

Ich kenne solche Aufspülungen von Usedom bei Koserow und Sylt, wo regelmäßig große Aufspülungen stattfinden. Auch vor Ahrenshoop auf der Halbinsel Fischland wird fast jedes Jahr gespült.

Früher konnte man vom Boot aus fündig werden: Bernsteinstecher lösten große Bernsteine aus dem Seegrund und fischten ihn mit langen Keschern auf. Taucher gingen erfolgreich auf Suche. Und bis heute wird bei günstigen Bedingungen mit großen Keschern nach Bernstein gefischt.

Bernsteinstechen. Aus Klebs, 1883

Bernsteinfischer. Alte Postkarten

Bernsteinfischer.

Bernsteintaucher.

Bernstein-Kescher.

Starker Seepockenbewuchs.

Liegt der Bernstein längere Zeit im Meerwasser, dann wird er von den verschiedensten Lebewesen besiedelt. Diesen Bernsteinen mit Bewuchs gilt mein besonderes Interesse: Sie sehen oben einen großen Ostseebernstein mit Seepockenbewuchs (Seepocken gehören zu den Krebstieren; der Fachmann kann sogar eine Ostseeart von einer Nordseeart unterscheiden).

Auch Kalkröhrenwürmer (wie *Hydroides norwegica*) und Moostierchen (Bryozoen) besiedeln gerne den Bernstein und bedecken ihn manchmal so stark, dass selbst der erfahrene Sammler ihn übersieht.

Kalkröhrenwurm.

Moostierchen (Bryozoen).

Bernstein an der Ostseeküste

Ich beschreibe in diesem Buch nicht alle Fundorte. In einem weiteren Buch sind (fast) alle Bernsteinfundorte Deutschlands ausführlich beschrieben:

„BERNSTEIN FUNDORTE TEIL1 DEUTSCHLAND", ebenfalls erschienen im Isensee-Verlag. Darauf folgend werde ich das Buch „BERNSTEINFUNDORTE TEIL 2 EUROPA" und dann Teil 3 mit den Bernsteinfundorten weltweit schreiben.

Da der Ursprung des Baltischen Bernsteins in der Blauen Erde zu suchen ist (Zentrum ist im Bereich der Enklave Kaliningrad – ehemals Königsberg), können wir natürlich an den Küsten der Enklave Kaliningrad, Litauens und Polens am meisten Bernstein finden.

Je weiter wir uns vom Vorkommen der Blauen Erde entfernen, desto weniger Bernstein ist zu finden. So kommt an der Ostküste Schleswig-Holsteins nur noch sehr wenig Bernstein vor, nach Norden hin abnehmend. An der Ostküste Dänemarks, den Küsten der dänischen Inseln und Südschwedens findet man nur ausnahmsweise mal einen Bernstein.

Im Folgenden möchte ich einen Überblick über die für den Bernsteinsammler interessanteren Küstenabschnitte geben, beginnend mit Usedom.

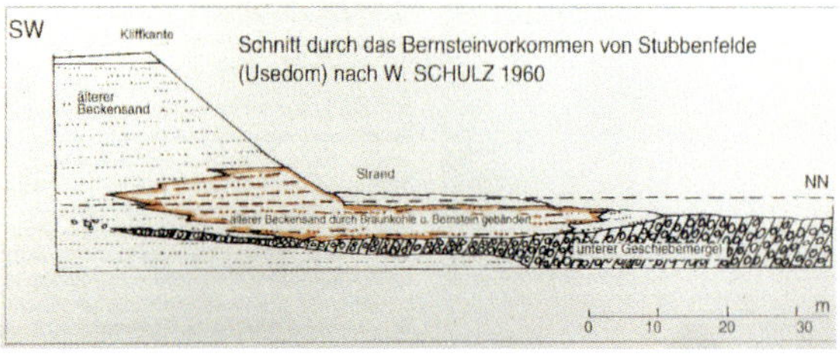

Quelle: SCHULZ, 1960

Steilküste bei Stubbenfelde.

Usedom

Am langen Strand von Usedom ist im Winter bis in das Frühjahr hinein eigentlich nach jedem Nordoststurm mit Bernsteinfunden zu rechnen. Aus meiner Erfahrung nehmen die Funde in Richtung Polen zu. Gute Funde wurden mir berichtet von den Strandabschnitten zwischen Peenemünde über Karlshagen bis Trassenheide, beim Streckelsberg, einer über 50 m hohen Kliffranddüne südöstlich von Koserow und zwischen Stubbenfelde und Ückeritz.

Nach einem heftigen Sturm, der in der Nacht abflaute, wurde auf dem Strandabschnitt zwischen Zinnowitz und Peenemünde im November 2010 von einem Sammler in einer Dreiviertelstunde ein viertel Kilo Bernstein gesammelt, darunter ein 87-Grammer mit Seepockenbewuchs.

Auf der Website geoberg.de ist zu lesen: »Um Ückeritz und Stubbenfelde wurden in den 50er Jahren dortige Bernsteinvorkommen am Strand abgebaut. Der Sandkomplex enthält Beckensande, die mit miozänen Xyliten und teilweise Weichbraunkohlen vorkommen. Die Bernsteine entstammen dem Eozän und wurden durch das transgredierende Oligozänmeer im Ostbaltikum aufgearbeitet, abgelagert und durch pleistozänes Inlandeis und Schmelzwässer letztendlich an die südliche Ostseeküste transportiert (NIEDERMEYER in DUPHORN, KLIEWE, NIEDERMEYER, JANKE, WERNER 1995). Die über dem unteren Geschiebemergel liegenden Beckensande (siehe Streckelsberg) beinhalten bei Stubbenfelde auch die nach Südwesten auskeilende bernsteinführende Glazialscholle, welche in die unteren Bereiche eingeschuppt wurde.

Der Abbau lohnte sich nicht. Auf eine Tonne Sand kamen im Schnitt 350 g Bernstein (maximal wurden 1,48 kg pro Tonne gewonnen), wobei nur ca. 23 % aller Funde Größen über 1 mm erreichten.«

SCHULZ (1960) zeigt in einer Skizze das Bernsteinvorkommen von Stubbenfelde. Das hat einige ganz mutige Bernsteinsucher auf die Idee gebracht, dort das Bernstein-Spülen zu versuchen (siehe entsprechendes Extra-Kapitel).

Wir sehen auf dem Foto den schwarzbraun gefärbten Bereich, in dem man bis zu 6 m tief spülte und beträchtliche Mengen Bernstein zutage förderte. Freche Bernsteinspüler taten das anfangs tagsüber, umgeben von neugierigen Touristen.

Das ist nun schon 25 Jahre her. Kurz danach brach durch einen Wintersturm ein großer Teil der Steilküste (von der das Foto geschossen wurde)

Nordstrand am Hafen von Prerow.

ab, bedeckte diesen Strandabschnitt meterhoch und beendete die Möglichkeit des Spülens.

Rügen und Hiddensee

An den Küsten der Insel Rügen sind Bernsteinfunde nur an der Ost- und Nordküste möglich. Dazu sollten die Winde aus Nordost kommen. Im Süden am Greifswalder Bodden hin und im Westen am Kubitzer Bodden, Ummanz, Schaprode bis Bug im Norden kann man keinen Bernstein finden.

Das Tourismusbüro hat eine Fundstellenkarte veröffentlicht, die mit 9 eingezeichneten Punkten die hauptsächlichen Bernstein-Fundstellen von Rügen zeigt.

Rügenkarte: Fundpunkte für Bernstein auf den Inseln Rügen und Hiddensee, © OpenStreetMap

Auf der Insel Hiddensee ist nur an der Nordwestseite Bernstein zu finden, auf der Boddenseite gar nicht. Die Fahrwasser um Hiddensee werden regelmäßig ausgebaggert. Dabei wird Bernstein aus dem Ostseegrund freigelegt und dann bei entsprechenden Winden an die Küsten getragen. Sammler berichteten mir, dass es mindestens eine Woche dauert, bis dieser freigespülte Bernstein an den Küsten Hiddensees zu finden ist, manchmal dauert es bis zu drei Wochen.

Fischland-Darß-Zingst

Auf dieser Halbinsel kann man im Norden zwischen Zingst und Prerow bei Nordostwinden häufig Bernstein finden, vor allem in der Prerower Bucht am Nothafen. Dort sammelt sich bei Nordostwinden häufig reichlich angeschwemmtes Material, das hauptsächlich aus Algen besteht. Es türmt sich manchmal einen halben Meter hoch auf. Ausgerüstet mit einer Harke kann man rückenschonend diese Tangberge durchwühlen und so manchen Bernstein finden.

An der Westküste von Fischland-Darß sollten die Winde aus Nordwest kommen, damit der Bernstein angespült wird. Der gesamte Küstenabschnitt, angefangen von Neuhaus im Süden, über Dierhagen, Ahrenshopp bis zum Darßer Leuchtturm im Norden ist für Bernsteinsammler interessant. Vor allem im Bereich der Buhnen sammelt sich bei geeigneten Winden so mancher Bernstein.

Buhnen am Strand vor Ahrenshop.

Der Strandabschnitt vom Darßer Leuchtturm über Darßer Ort bis zur Nordspitze ist Naturschutzzone und darf nicht betreten werden. Einheimische Sammler berichteten mir, dass im Bereich des Leuchtturms manchmal sogar bei Nordostwinden Bernstein angespült wird. Der Grund dafür ist die Strömung, die bei Nordostwind um den Darßer Ort herum zieht und dort Verwirbelungen bringt, die den Bernstein an den Strand tragen.

Grundsätzlich kann man sagen, dass bei starken westlichen Winden kein Bernstein am Strand liegen bleibt, da eine sehr starke Strömung von Süd nach Nord entsteht.

An der Küste zwischen Neuhaus-Dierhagen über Graal-Müritz bis Markgrafenheide kann man bei nördlichen Winden Bernstein finden, ebenso zwischen Warnemünde über Nienhagen bis Kühlungsborn. Weiter westlich über Rerik, die Insel Poel, Boltenhagen bis zur Lübecker Bucht nehmen die Bernsteinfunde deutlich ab; in der Bucht südlich Poel sind keine Bernsteinfunde zu erwarten. Grundsätzlich gilt: Bei südlichen Winden ist Bernsteinflaute.

Lübecker Bucht

Vereinzelt werden Bernsteinfunde zwischen Timmendorfer Strand über Scharbeutz, Sierksdorf, Neustadt, Grömitz, Kellenhusen, Dahme bis Großenbrode gemacht. Es handelt sich aber meist um Einzelfunde; noch nie hörte ich von nennenswerten Bernsteinanspülungen.

Puttgarden-Fehmarn

An der Ost- und Südostküste Fehmarns lässt sich vereinzelt Bernstein finden. Links und rechts vom Fährhafen Puttgarden werden in der Bucht an den großen Molen manchmal große Mengen Treibgut angeschwemmt. Darin ist so mancher Bernstein versteckt. An der West- und Südwestküste Fehmarns ist Bernsteinflaute.

Schleswig-Holsteins Nordostküste

So wie die Bernsteinfunde von der Ostseeküste von Osten nach Westen stetig abnehmen, so nehmen sie auch an der schleswig-holsteinischen Ostküste von Süden nach Norden immer mehr ab.

Dänische Ostseeküste

Im Bereich der Inseln Fünen, Lolland, Seeland und der vielen kleinen Inseln kann man keinen Bernstein finden. An der Nordküste der Insel Seeland und der Nordostküste Dänemark von Aarhus nordwärts gibt es sehr vereinzelt mal einen Bernsteinfund, auch auf der Insel Læsø im Kattegat.

Als der Hafen von Kopenhagen ausgebaggert wurde, fand man eine Menge Bernstein. Dieser Bernstein ist ganz sicher auch Baltischer Bernstein aus dem Eozän, doch stammt er wohl nicht aus der Ursprungslagerstätte der Blauen Erde, sondern aus dem Alnarptal. Die Schweden nennen dieses Tal auch Bärnstensfloden, was Bernsteinstrom bedeutet.

Die Ostsee in der heutigen Form gibt es noch nicht lange, erst seit der letzten Eiszeit. Vorher floss das Wasser der osteuropäischen Flüsse durch die Senke der späteren Ostsee nach Westen, u. a. durch das Alnarptal. Es zog sich ungefähr über die heutige Seenkette Romeleåsen im südschwedischen Schonen und dann weiter nach Nordwesten.

Der schwedische Wissenschaftler Nils Olof Holst entdeckte dieses über 30 m tiefe Tal, das sich nach und nach mit Sedimenten füllte und heute oberflächlich nicht mehr zu erkennen ist. In diesen Sedimenten befand und befindet sich auch Bernstein, der von den Gletschern der letzten Eiszeit aus dem Alnarptal herausgeschürft und nach Süden und Südwesten verlagert wurde, u. a. auch in das Gebiet des Kopenhagener Hafens.

Foto © Matthias Rosenstock

Sonnenaufgang im Watt vor Neuwerk.

Bernstein an der Nordseeküste

Viel Bernsteinmaterial wurde über das Urstromtal der Elbe in die Nordsee geschwemmt. Folgerichtig findet man in der Nähe der Elbemündung am meisten Bernstein, nach Norden hin abnehmend. Richtung Westen nehmen die Funde viel schneller ab, da an der südlichen Nordseeküste eine West-Ost-Strömung besteht.

So habe ich auf den **Ostfriesischen Inseln** zwar Bernstein gefunden, aber keine nennenswerte Ausbeute gehabt. Die meist sandstrandigen Nordküsten von Wangerooge, Spiekeroog, Langeoog, Baltrum, Norderney und Juist sind auf der Nordostseite anscheinend fündiger als auf der Nordwestseite. Wahrscheinlich, weil erstens der Strand dort seichter ins Wasser abfällt und der Bernstein besser liegen bleiben kann, zweitens, weil sich durch die westliche Strömung dort Verwirbelungen bilden. Zwischen den Inseln herrscht eine starke Ebbe-Flut-Strömung, so dass kein Bernstein liegen bleiben kann.

Das Watt vor der kleinen **Insel Neuwerk**, direkt an der Elbmündung gelegen, brachte fast immer gute Funde. Da die Fahrrinne der Elbe regelmäßig ausgebaggert wird und die großen Schiffe immer für starkes Aufwühlen des Untergrundes sorgen, wird auch ständig neuer Bernstein aus dem Meeresboden freigelegt, der dann bei Ebbe auf den ausgedehnten Wattflächen abgesucht werden kann. Leider haben einige Bernsteine abgeplatzte Stellen, ein eindeutiges Zeichen dafür, dass sie in den Saugbagger gerieten und durch die Kreiselpumpe beschädigt wurden.

In der Ferne am Horizont eine Leuchtbarke, unsere Orientierung bei guter Sicht.

Der konditionsstarke Sammler kann bei tageszeitlich günstig gelegenen Tiden sogar zweimal pro Tag ins Watt gehen: Abmarsch einmal früh morgens im Dunkeln, um die Ebbe kurz nach Sonnenaufgang zu nutzen, und ein zweites Mal abends bei Rückkehr ebenfalls im Dunkeln. Es

Insel Baltrum. Foto © Kurverwaltung Baltrum

ist ein unglaubliches Gefühl, das anfangs dunkel wirkende Watt zu durchschreiten, das dann aber immer heller wird, je mehr sich die Augen an die Dunkelheit gewöhnt haben. In der Ferne sieht man die Lichter eines Containerriesen vorbeiziehen, vereinzelt schreit schon mal eine Möwe, ansonsten Stille im Watt – und dann geht irgendwann die Sonne auf.

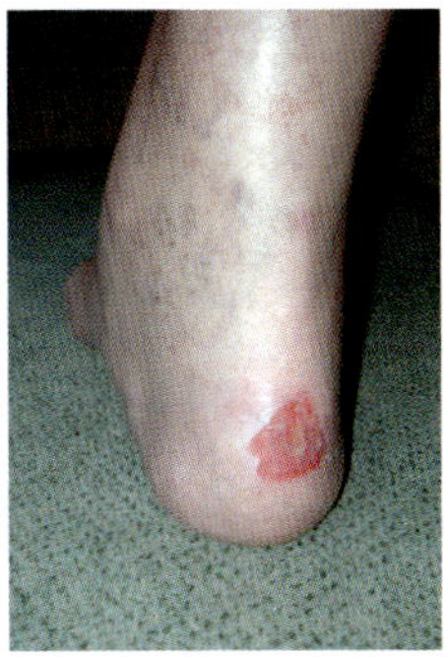

Die Hacke des Bernsteinsammlers.

3-Tages-Fund: 1,6 kg.

Wattwagenfahrt von Neuwerk nach Dunen.

Aber Vorsicht: Nur der ortskundige erfahrene Wattgänger sollte sich bis an die besonders fündigen Stellen an der Fahrrinne trauen. Solch ein viele Kilometer langer Weg durch das Watt und über mehrere Priele birgt seine Gefahren. Bei aufkommendem Seenebel (auch bei bestem Sonnenscheinwetter manchmal innerhalb einer halben Stunde aufziehend) oder trübem Wetter oder Regen sieht man die Insel Neuwerk dann nicht mehr und findet nur schwer den Weg zurück über die vorher durchquerten Priele. Spätestens bei Hohlebbe sollte man an den Rückweg denken. Eine halbe Stunde zu spät den Rückweg angetreten, kann das Leben kosten, denn die Priele laufen mit starker Strömung schnell voll.

Auf jeden Fall Handy und Kompass mitnehmen, am besten GPS, und vorher üben, damit man ohne Sicht nur mit den Hilfsgeräten den Weg zurück finden kann.

Dieser Bernsteinsammler ist vor Neuwerk über 15 km durch das Watt gelaufen. Seine Ausbeute an diesem Tag betrug 27 g und seine Füße waren wund...

Der Wind spielt hier im Watt eine ganz andere Rolle als an der »normalen« Ostsee- und Nordseeküste. Während dort auflandiger Wind herrschen sollte, ist das Bernsteinsuchen im Watt bei ablandigem Wind, d. h. hier bei Neuwerk bei östlichen Winden, am erfolgreichsten. Der stete Ostwind treibt das Wasser aus der Elbebucht und größere Wattflächen werden bei Ebbe freigelegt.

Bei dieser Wetterlage konnten meine Frau und ich bei einem 3-Tages-Besuch auf Neuwerk den Rekordfund von 1,6 kg Bernstein sammeln, darunter einen Viertelpfünder und einen Halbpfünder.

Dagegen drückt Nordwestwind das Wasser in die Bucht. Bei starkem Nordweststurm kann es so weit kommen, dass gar kein Watt mehr freigelegt wird. Verstärkt wird dieses Phänomen noch, wenn die Elbe durch Regenfälle im Bereich des Elbeverlaufes viel Wasser führt. Dann fahren auch die Wattwagen nicht mehr von Sahlenburg nach Neuwerk. An Zu-Fuß-Gehen ist erst recht nicht zu denken, es verbleibt nur die Möglichkeit der Fähre von Cuxhaven aus. Die Wattwagen gehen bis an die Grenze des Möglichen. Wir haben schon erlebt, dass nur noch die Köpfe der Pferde aus dem Wasser ragten.

Nördlich der Elbe beginnen die fündigen Stellen bei **St. Peter Ording**. In der kalten Jahreszeit lohnt sich der lange Weg auf die bei Ebbe freigelegte Düne. Aber auch direkt an der Küste ist bei günstigen Winden gut Bernstein zu finden.

Die Inseln und Halligen im Wattenmeer einschließlich Sylt und Rømø (Dänemark) waren für mich bisher wenig erfolgreich. Zwar wird z. B. vor Pellworm immer wieder mal eine Handvoll Bernstein gefunden, aber wegen des Bernsteins dort Urlaub zu buchen, lohnt sich nicht.

Ganz anders die kleine **Insel Fanø** vor Esbjerg/Dänemark. Auf den ausgedehnten Wattflächen bei Sønderho ist bei südwestlichen Winden eigentlich immer etwas zu finden.

Leider haben sich die Strömungsverhältnisse seit den neunziger Jahren stark verändert und weniger Bernstein bleibt auf der Wattfläche bei Sønderho liegen.

Auch die Westküste der Insel bis hinauf nach Fanø Bad brachte mir häufig eine Handvoll Bernstein. Weiter nach Norden auf den Sören Jessens Sand zu gehen lohnt sich nicht.

Nördlich von Fanø liegt **Blåvand** mit seinen langen Buhnen und der großen Mole. In den Buchten dieser Buhnen wird häufig viel bernsteinträchtiges Material angeschwemmt. Ausgerüstet mit einer kleinen Harke sollte man dieses Material gründlich durchsuchen.

Die dänische Küste nach Norden wird dann immer weniger fündig. Ich habe auch noch nie von nennenswerten Funden anderer Sammler gehört.

In Dänemark wurde und wird z. T. immer noch behauptet, dass dort ein eigenständiger Bernstein zu finden sei, der nichts mit dem Baltischen Bernstein zu tun habe. Er sei härter und besser für die Schmuckherstellung geeignet. Wenn diese Behauptung für den an den Küsten gefundenen Bernstein gelten soll, muss man sie als falsch bezeichnen, denn der Ursprung des Seebernsteins ist eindeutig im Baltischen zu suchen. Dass dieser Seebernstein härter und schmuckgeeigneter sein soll als der Baltische Bernstein der Blauen Erde, stimmt insofern, als dass im Meer schlaubige, flomige, brackige Bernsteine weniger gefunden werden als in der Blauen Erde – denn die physische Belastung durch Wellenbewegung und Brandung zerstört solche Bernsteine schneller und nur festere Bernsteine haben im Meer überdauert. Das gilt aber für alle Seebernsteine, sowohl der Ostsee als auch der Nordsee.

Bernstein in Süßwasserseen

In fast allen Kiesgruben Nordwest- und Nordostdeutschlands kann man mit Glück Bernstein finden, warum sollte dann nicht auch in den Seen dieser Gegend Bernstein zu finden sein? Ich habe es vielfach versucht, immer ohne Erfolg.

Selbst der erfahrene Sammler wird es kaum glauben: Es gibt eine Ausnahme – die ganz großen Seen! Bei großen Seen entstehen beachtliche Wellen, der Sturm wühlt in Ufernähe den Untergrund auf und wirft Material an Land. Große Stürme kommen bei uns meist aus westlicher bis nordwestlicher Richtung – und so findet man im Anlandungsbereich des Ostufers ab und zu auch Bernstein.

Nach einem starken Sturm.

Ausbeute nach dem März-Sturm.

Besonders fündig kann man nach einem strengen Winter mit Eisgang werden. Der Sturm schiebt bei Tauwetter nicht nur die Eisschollen vor sich her, sondern mit ihm auch viel abgesetztes Material des Seebodens. Nach dem Abtauen der teilweise meterhohen Eisberge findet man dann im Holz-Schilf-Sand-Gemisch durchaus auch Bernstein, hier die Ausbeute eines Märztages (den betreffenden See darf ich leider nicht verraten, das habe ich dem dort ansässigen Sammler versprochen).

Das trifft anscheinend aber wirklich nur auf große Seen zu. Noch nie hörte ich von Bernsteinfunden aus kleineren Seen (Ausnahme: Kies-Nassabbau-Seen).

Natürlich gilt, wie auch an der See: Der meiste Bernstein wird nicht an Land geworfen, sondern verbleibt im Wasser. Am leichtesten – und anscheinend auch nur dort – findet man den Bernstein auf hellem, sandigem oder kiesigem Untergrund, dort, wo dunkle Pflanzenreste zusammen getrieben wurden, die schon von weitem gut zu erkennen sind.

Durch eine sich spiegelnde, sich kräuselnde oder wellenbewegte Wasseroberfläche kann man schlecht hindurch schauen. Da hilft ein Sichtglas, z. B. ein Rohr von mindestens 15 cm Durchmesser, auf dem Ende ein Glas geklebt (Komfortversion: Am anderen Ende zwei Bohrungen für einen Tragegurt).

Und so sieht das Ufer eines der großen norddeutschen Seen nach Eisgang im Frühjahr aus. Die Eisschollen haben den ufernahen Schilfgürtel regelrecht abgeschürft.

Bernsteinsuche im Süßwassersee.

Uferzone im Frühjahr nach dem Eisgang.

Die Blaue Erde

Um an den tief in der Blauen Erde liegenden Bernstein zu gelangen, müssen Schaufelradbagger nach und nach riesige Abraummengen bewältigen, um einen Tagebau zu ermöglichen. Die Bernstein führenden Schichten liegen im Binnenland in ca. 30 bis 40 m Tiefe.

Vor ein paar Jahren durfte ich zusammen mit einer Gruppe der Universität Hamburg zum ersten Mal »die Grube« betreten und sogar in der steilen ca. 8 m hohen Wand der Blauen Erde nach Bernstein graben. Der Besuch der Grube ist im Normalfall verboten, sie wird strengstens überwacht.

Grube in Jantarny (Palmnicken).

An der Wand in der Blauen Erde.

Bagger und Wasserstrahler.

Innerhalb von 20 Minuten »förderte« ich mit Hilfe eines kleinen Taschenmessers und meiner Hände 300 g Bernstein!

Die Farbe der Erde ist allerdings nicht blau, sondern eher graugrün. Die Farbe stammt vom enthaltenen Glaukonit (Eisen-Aluminium-Silikat).

Zur Förderung: Nachdem der Abraum über der Blauen Erde abgetragen wurde, schrapt ein Bagger mit seiner großen Schaufel ca. eine Tonne Erde von der Blauen Wand, schwenkt um 180 Grad und lädt sie ab. Dann schwemmt ein Wasserstrahler die Erde auf, von Hand betätigt.

Der schmutzige, bernsteinhaltige Brei wird von großen Pumpen über kilometerlange Rohre ins Kombinat gepumpt. Dort wird der Bernstein heraus gesiebt und der weiteren Verwendung zugeführt.

Der übrig gebliebene Brei fließt über ein anderes Rohrsystem in die Ostsee.

Wenn man Glück hat, kann man dort so manches Stück Bernstein fischen – das ist allerdings ein Privileg der Einheimischen, die eine strenge Hierarchie aufgebaut haben. Der Oberboss steht an der günstigsten Stelle, der Rangniedrigste ganz außen, wo kaum Schlamm hinströmt. Wehe, wenn einer die Rangordnung nicht einhält, da gibt's schnell mal was auf die Nase! Ausnahme: Ich durfte ganz vorne mitfischen.

In der Grube im Küstenbereich wurde die Blaue Erde schon in 5–8 m Tiefe erreicht. Nach Ausbeutung der freigelegten Fläche ist diese Grube nicht erweitert worden, das liegt mittlerweile schon über 20 Jahre zurück. Die Ostsee hat sich sehr schnell den Küstenstreifen zurückerobert, so dass man zwei Jahre später nichts mehr von einer ehemaligen Grube erkennen konnte.

In diesem Bereich begann die Firma Stantien & Becker schon Mitte des 19. Jahrhunderts mit dem Bernsteinabbau, sowohl mit tiefen Stollen als

Rohrsystem zwischen Grube und Ostsee.

Bernsteinfischen am Abflussrohr.

auch im Tagebau. Die Stolleneingänge kann man heute noch erahnen.

Anfang des 20. Jahrhunderts entstand der größte Tagebau der Welt weiter im Binnenland, die »Alte Grube«. Heute zeugt davon ein großer See, in dessen glasklarem Wasser man baden kann.

Die heute noch betriebene »Neue Grube« liegt noch weiter im Binnenland. Hier liegt die Blaue Erde in über 30 Meter Tiefe und ist größtenteils abgebaut. Es bleibt abzuwarten, ob diese Grube noch einmal erweitert wird. Das würde einen enormen Aufwand bedeuten, denn über 30 Meter Abraum müssten entfernt werden. Da der Bernsteinpreis z. Z. sehr hoch liegt, ist die Erweiterung aber durchaus denkbar. Vielleicht entsteht aber an ganz anderer Stelle eine neue Grube...

Auf dem oberen Profil sehen wir die einzelnen Schichten und die bisher betriebenen Gruben zur Bernsteinförderung. Die Blaue Erde, die den Bernstein führt, ragt in der Ostsee bis an den Meeresgrund. Wir sehen außerdem drei pleistozäne Rinnen mit glazifluviatilen Sanden und Kiesen, die bis in die Blaue Erde eingeschnitten sind. Diesen Kontaktbereich zeigt uns ein Lackfilm (siehe auch Kapitel »Spezielle Themen«), den Peter Laging und Hans-Jürgen Lierl unter schwierigsten Umständen herstellten, ein einmaliger und kaum zu wiederholender Beleg.

Die geförderten Bernsteinmengen sind unvorstellbar. Bei voller Auslastung wurden und werden pro Jahr über 500 Tonnen Bernstein gefördert. Das ist möglich, weil die Blaue Erde zwischen 2 und 6 kg/m³ Bernstein enthält. Trotzdem gibt es Engpässe im Nachschub, weil große Mengen Bernstein direkt nach der Förderung nach China verkauft werden.

Die im Pleistozän (Eiszeitalter) ausgeschürften und aus der Blauen Erde ausgewaschenen Bernsteine haben sich mit den glazifluviatilen Sanden und Kiesen vermischt und sind dann an Stellen zu finden, an denen man sie zunächst nicht vermutet. So finden wir zum Beispiel bei Domskoje (Groß Dirschkeim), nördlich von Jantarny (Palmnicken) nahe des Galgenberges Bernsteine weit oberhalb der Blauen Erde.

Ein Lackfilm von Peter Laging und Hans-Jürgen Lierl (angefertigt an der Steilküste von Groß Dirschkeim, heute Donskoje) zeigt uns die Arbeit der Gletscher. Die Entnahmestelle des Lackfilmes ist in dem entsprechenden Profil (ZADDACH, 1867) eingezeichnet. Die schräg geschichteten glazifluviatilen groben Sande liegen unten, die Schrägschichtung zeigt an, wie die Gletscherwässer ge-

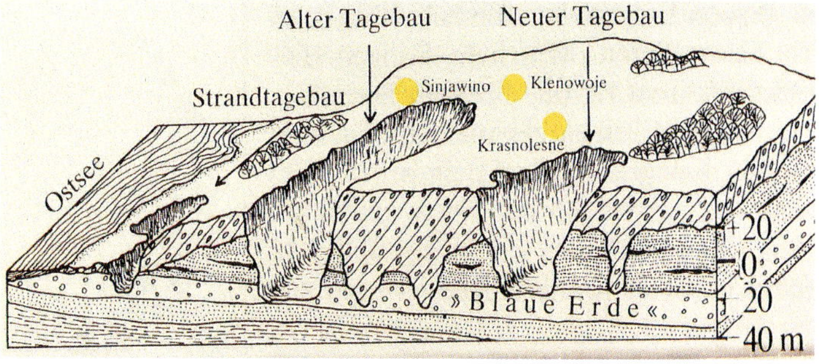

Profil durch die Bernsteingruben.

Ausschnitt aus dem Kontaktbereich von glazifluvialen Sanden und Blauer Erde.

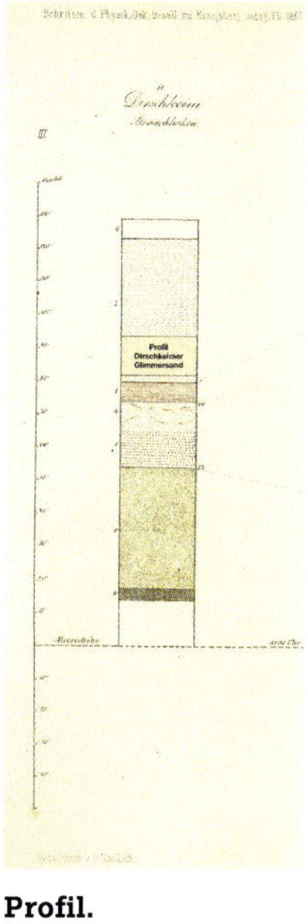

Profil.

Lackfilm.

arbeitet haben. Die Strömung war stark und hat immer wieder die Richtung gewechselt.Ganz anders im oberen Bereich in den Dirschkeimer Grünsanden – sie sind in ruhigerem Wasser abgelagert worden, besonders in der mittleren »Linse«, wo man eine feine Laminierung erkennt. Hier ist der Mittel- bis Feinsand in stark wassergesättigtem, ruhigem Milieu zur Ablagerung gekommen.

Nicht ohne Risiko ist das Selber-Graben nach Bernstein dort, wo Schollen Blauer Erde in nicht so großer Tiefe vorkommen. Das ist z. B. in der Nähe von Selenogradsk (ehemaliges Cranz) der Fall. Dort sind illegal sogenannte Gräberfelder entstanden.

Dicht an dicht haben Einheimische auf den Feldern und in den Wäldern Löcher gegraben, um an den begehrten Bernstein zu kommen. Wurden sie erwischt, gab es harte Strafen und Prügel. Also bitte Vorsicht, ich möchte dazu nicht guten Gewissens raten und schon gar nicht ohne einheimische Begleitung!

Illegale Grube.

Bitterfelder Bernstein

Es gehörte zu den größten Erlebnissen, die ein begeisterter Bernsteinsammler erleben konnte: Der Besuch der Braunkohlegruben bei Bitterfeld/Leipzig, in denen anfangs Braunkohle, später große Mengen Bernstein gefördert wurden.

Zunächst ein Rückblick (siehe GRÖHN, Abenteuer Bitterfeld, 2010): Erste Aufzeichnungen über diesen Bernstein stammen aus dem 17. Jh., 1756 gab es die erste Veröffentlichung über »Sächsischen Bernstein«. Die ersten Bernsteinfunde aus Bitterfeld selbst sind 1848 erwähnt. Gegen Ende des 19. Jh. begann die wirtschaftliche Nutzung, doch in geringem Maße. Anfang der 80er Jahre begann der ehemalige VEB Braunkohle mit dem industriellen Abbau, immerhin 30–50 Tonnen pro Jahr. Schmuckfähiger Bernstein wurde nach Ribnitz-Damgarten geschafft und dort verarbeitet.

Das Verwunderlichste: Selbst die Anwohner, die direkt neben der Grube ihr Haus hatten, wussten nichts vom Bernstein, so geheim wurde der Abbau gehalten.

Nach der Grenzöffnung ruhte der Betrieb für kurze Zeit. Einige sehr risikobereite Sammler schleppten in dieser Zeit große Mengen Bernstein aus den Gruben, sogar aus den verwaisten Hallen der Waschanlage. Erst im Frühjahr 1992 nahm die Mitteldeutsche Braunkohle AG die Förderung mit einem neuen Verfahren wieder auf – Nassgewinnung mit Schwimmbagger.

Die Förderrate blieb weit unter den Erwartungen, so dass schon im Frühjahr 1993 das endgültige AUS war. Die Zeit der großen Bernsteinförderung war abgelaufen und man beschloss, den Tagebau zu rekultivieren und zu einem Naherholungszentrum mit vielen Seen umzugestalten. Die damals extra umgeleitete Mulde und das Grundwasser würden die Gruben schnell wieder fluten.

Foto © Steffen Schellhorn

Meine persönlichen Eindrücke geben wohl am besten die Situation von damals wieder. Leider erfuhr ich erst 1994 von dieser Grube und düste natürlich sofort dort hin. Da keine richtige Förderung mehr stattfand, sondern nur Abriss- und Aufräumarbeiten, dachte ich zunächst, dass das Betreten der Gruben und das Bernsteinsammeln erlaubt sei.

Das konnte man auch gut denken, denn viele Gleichgesinnte tummelten sich dort, verhielten sich aber auffallend komisch. Die Sammler blickten ständig nicht nur zum Boden, sondern in verschiedene Richtungen horizontal, rannten auf einem Mal in eine Senke oder »stürzten« sich in eine Furche, als ob sie einen Riesenbernstein gesehen hätten und ihn als erster aufgreifen wollten – und schon war die Grube »leer«, kein Sammler mehr zu sehen.

Den Grund dafür erfuhr ich dann am eigenen Leibe: Ein Jeep kam mit großer Staubwolke angebraust, zwei Sicherheitskräfte erklärten mir unmissverständlich, dass das Betreten der Gruben strengstens verboten sei und ich sie sofort verlassen müsse – von einer Anzeige werde beim ersten Mal noch abgesehen.

Erst später las ich in der LAPIS: »Immer wieder versuchen Sammler aus Ost und West in das Tagebaugelände einzudringen. Die meisten erleben jedoch eine herbe Enttäuschung – die Kötter-Security, ein von der Mibrag angeheuertes Sicherheitsunternehmen, bewacht das Gelände rund um die Uhr. Wer erwischt wird, zahlt Strafe und bekommt eine Anzeige.«

Nun aber zu meinem ersten Besuch an einem sonnigen Frühjahrstag 1994. Ich stieg den steilen Grubenrand hinab in die schon aufgeheizte Grube (die kleinsten Sonnenstrahlen erwärmten die dunkle Erde und ließen die Luft im Sommer unerträglich heiß werden).

Dann traute ich meinen Augen nicht: Überall lagen kleine Bernsteine verstreut.

Zunächst sammelte ich wild alles ein und hatte schnell einen kg-Beutel voll. Dann erkannte ich, dass ich das den ganzen Tag nicht durchhalten würde: Bücken, aufsammeln, aufrichten, bücken, aufsammeln, aufrichten – schon nach wenigen Stunden schmerzte mein Kreuz und die Beine waren lahm. Also: Nur noch größere, feste Bernsteine ab Daumennagelgröße sammeln. Schon sehr erschöpft machte ich Mittagspause und deponierte (zum Glück!) ca. 6 kg Bernstein im Auto.

Aber dann trieb es mich wieder in die Grube, wo

Ein großer Bitterfelder.

dann nach weiteren 2 kg das Ende meines Ausflugs in Form des Sicherheitsdienstes kam.

Von ganz frechen Sammlern hörte ich tolle Tricks: Nach erstem Erwischen und Grubenverweis: Das im Auto vorbereitete andere Hemd angezogen, die andere Jacke, eventuell eine Mütze und Brille - und auf der anderen Seite wieder rein in die Grube. Oder frühmorgens noch im Dunkeln in die Grube schleichen und sich nur weitab von den befahrbaren Wegen möglichst in Deckung aufhal-

ten. Oder aus einem guten Versteck heraus den weißen Jeep abwarten und nach seinem Verschwinden schnell die gut einsehbaren Flächen ablaufen.

Gefährlich war es auch in der Grube: Es gab metertiefe Schluchten, Abbruchkanten, unergründliche Schwemmsande, unterirdische Hohlräume (entstanden durch brennende Kohle, z.T. noch rauchend). Es soll so manchen Schwerverletzten und Toten gegeben haben ...

Bernstein war fast überall in der Grube zu sammeln: Auf den riesigen Spülflächen, auf den Bergen, in den Schluchten. Aber auch Graben brachte eine gute Ausbeute, wenn man die nötige Kondition hatte. Meist war der Bernstein diffus im Boden verteilt, manchmal erwischte man aber auch eine richtige Ader, die dann einige kg Ausbeute brachte.

Bernsteine ab 20 g gab es seltener zu finden, über 100-Grammer gehörten schon zu den Raritäten. Die beiden größten von Sammlern gefundenen Bernsteine waren meiner Kenntnis nach 455 und 470 g schwer, es soll aber auch einen 600-Grammer gegeben haben.

Der 455-Grammer, frisch nach dem Ausgraben.

Graben, sieben, abfüllen, Abtransport.

Bernsteinhalde vor der Waschanlage.
Foto © Rolf Reinicke

Zuhause: Waschen und staunen! Hier die kleinen gewaschenen Bernsteine, die den ersten Sack füllten. Einige weitere Säcke folgten...

An der ehemaligen Waschanlage konnte man kleine Bernsteine in unglaublichen Mengen sammeln und vor allem graben. Ich wurde durch dieses Bild von Herrn Reinecke, das in vielen Büchern zu sehen ist, auf diese Stelle aufmerksam.

Von diesen Bergen kleiner Bernsteine musste etwas übrig geblieben sein, nachdem der Hang an der ehemaligen Waschanlage mit Erde aufgefüllt worden war! Also grub ich und grub ich und grub ich, bis ich fündig wurde. Zunächst ebnete ich alles wieder ein, um dann in einigen Nächten großflächig die Erde über der Bernsteinschicht abzutragen und säckeweise kleine Bernsteine zum Auto zu bringen. Vor Anbruch jeden Morgens verfüllte ich das große Loch wieder. Später wurde ich immer frecher und grub und siebte sogar am helllichten Tag.

Mondlandschaft.
Foto © Monika Schipplick

Zusammengeschwemmter Bernstein.

Leider begann in der zweiten Hälfte der 90er Jahre die Rekultivierung, die steilen Hänge wurden abgeflacht und die bernsteinträchtigen Schichten verschüttet, die Pumpen abgestellt, so dass die Gruben langsam vollliefen – AUS DER TRAUM eines jeden Bernsteinsammlers.

Ein Bitterfeldbesuch lohnt sich aber auch heute noch: Die vollgelaufenen Gruben, die bewachsenen Ufer laden zu Wanderungen und Wassersport ein!

Es ist und bleibt ein Rätsel, warum sich diese riesigen Bernsteinmengen so örtlich begrenzt auf wenigen Quadratkilometern angehäuft haben.

In älteren Veröffentlichungen wird von einem eigenständigen miozänen Bernstein gesprochen, ca. 20 Millionen Jahre alt. Neuere Untersuchungen zeigten, dass die Fauna mit der des Baltischen Bernsteins (ca. 40 Millionen Jahre alt) fast identisch ist – sogar identische Arten sind gefunden worden. Im Miozan herrschte ein wesentlich kälteres Klima als im warm-gemäßigten bis subtropischen Klima vor 40 Millionen Jahren, identische Arten waren also nach so langer Zeit bei so verändertem Klima undenkbar. Das zeigt sich besonders bei den sehr empfindlich reagierenden Spinnenarten, die eine hohe Evolutionsgeschwindigkeit aufweisen: Schon allein die Beschreibung der kleinen Spinne *Mysmena groehni* aus der Familie Anapidae (Zwergkugelspinnen) sowohl im Bitterfelder als auch im Baltischen Bernstein reichte als Beweis schon aus, dass der Bitterfelder Bernstein auch Bernsteine eozänen Alters enthalten muss. Andererseits ist z. B. ein Käfer aus dem Bitterfelder Bernstein beschrieben worden, dessen Verwandte heute ein eher kühles Klima bevorzugen – also ein Hinweis auf miozänes Alter.

Gibt es vielleicht Bernsteine beider Altersstufen in der Bitterfelder Lagerstätte und der Streit um die Altersstellung (vgl. KRUMBIEGEL als Vertreter des miozänen Alters und WEITSCHAT für die eozäne Altersstellung) ging von falschen Annahmen aus? Ja, möglich – aber die Ausführungen dazu sprengten den Rahmen dieses Buches. Demnächst werden durch Ivo Rappsilber und Carsten Gröhn Bücher mit ausführlichen Informationen dazu erscheinen.

Ausführliche Beschreibungen dieser aufregenden Bitterfelder Bernsteinsammelzeit können Sie auf ca. 150 Seiten in meinem Buch **»Bernstein – Abenteuer Bitterfeld«** lesen und fantastische Bilder anschauen.

In einer Rezension heißt es: »... Von diesen Bernstein-Abenteuern wird ausführlich berichtet, dabei aber nicht die wissenschaftliche und kulturhistorische Seite vergessen. Berichte und Fotos von der Flutung der Gruben und der Rekultivierung schließen den Kreis.«

Die Erinnerung bleibt an unvergessliche Stunden in einer wüsten, gefährlichen Grube, die eher an eine Mondlandschaft erinnerte, die andererseits aber auch idyllisch und schön sein konnte. Vor allem, wenn man sich völlig erschöpft nach nächte- und tagelanger Arbeit hinsetzte und sich einen Schluck Wasser gönnte und den Sonnenuntergang genoss.

Schön war es auch, weil man stets gleichgesinnte Bekannte und Freunde traf, mit denen man abends die Abenteuer des Tages bereden konnte – tagsüber waren sie Konkurrenten.

Bitterfelder Bernstein – Förderung heute

Nachdem 1993 die Bernsteinförderung eingestellt wurde, begannen die Rekultivierungsarbeiten. Die Grube wurde entrümpelt, die Hänge abgeschrägt und langsam sollte dann die Grube geflutet werden, einerseits durch Überläufe aus der benachbarten Mulde, andererseits durch das einsickernde Grundwasser. Man schätzte, dass die Flutung frühestens im Jahr 2010 abgeschlossen sein würde.

Und dann kam es überraschend ganz schnell anders: Die große Flut von 2002 schaffte in kürzester Zeit vollendete Tatsachen. Nach starken Regenfällen führten Elbe und Mulde so viel Wasser, dass ein Damm brach und innerhalb von nur zwei Tagen der gesamte ehemalige Tagebau geflutet war.

Nun fragten sich viele, ob es nicht möglich sein könnte, weiterhin Bernstein zu fördern – nun aber vom Seegrund. Hobbytaucher haben es versucht und festgestellt, dass man keinen Krümel Bernstein am Seegrund findet. Visionäre verbrachten schlaflose Nächte und grübelten über Möglichkeiten des Bernstein-Nass-Abbaus.

Einer dieser Visionäre und Pioniere war Hans-Werner Müller aus Idar-Oberstein. Ab 2008 entwarf er einen Plan zur Bernsteinförderung von einer auf dem Wasser schwimmenden Anlage. Er listete eine umfangreiche Betriebskalkulation auf, beschrieb die einzusetzende Technik und entwickelte einen Zukunftsplan. Leider verweigerten die örtlichen Behörden die Genehmigung.

Die Situation änderte sich mit dem Verkauf der Goitzsche an die Blausee GmbH im Jahr 2013. Nun war auch der unter dem Seegrund liegende Bernstein in privater Hand.

Hans-Werner Müller und Carsten Gröhn erreichten im Frühjahr 2014 eine Genehmigung für einen Feldversuch zur Bernsteinförderung. Die Testphase dauerte lange. Zunächst erkundeten Taucher den Seegrund und pumpten Bodenmaterial auf eine schwimmende Plattform. Später erfolgte die Förderung mit der Airlift-Technik. Starke Wasserstrahldüsen lockerten den Boden auf, der dann in ein großes Sieb auf der schwimmenden Plattform gesogen wurde.

2016 übernahm die Bernstein-Goitzsche Gmbh & Co OHG die Förderung mit hochprofessioneller Technik. Ein Schwimmbagger mit einem starren Saugrohr, an dessen Ende ein großer hydraulisch betriebener Bohrkranz montiert war, konnte nun bis zu 50 kg Bernstein pro Tag fördern.

Feldversuche für den Bernstein-Nassabbau auf dem Goitzsche-See.

Über den Bitterfelder Bernstein sind zwei neue Bücher geschrieben worden. 2022 brachte Ivo Rappsilber das Buch „BITTERFELDER BERNSTEIN Geschichte, Vielfalt, Entstehung“ heraus. Es folgt das Buch von Carsten Gröhn BITTERFELDER BERNSTEIN Abenteuer, Förderung, Zukunft“ (in Planung). Diese beiden Bücher ergänzen sich sehr gut, sind in Absprache entstanden und haben unterschiedlichste Themen.

Bernstein-Nassabbau auf dem Goitzsche-See. Foto © Steffen Schellhorm

Spülen von Bernstein

Im Weser-Ems-Gebiet, in der gesamten Norddeutschen Tiefebene, über Mecklenburg-Vorpommern bis hin ins Weichseldelta kommt in verschiedenen Tiefen Bernstein vor, siehe auch Kapitel über Kiesgrubenbernstein.

Wie kommt man an diesen tief im Erdreich verborgenen Bernstein heran? Durch Spülen mit Wasserlanzen.

NEUBAUER besuchte nicht nur fast alle Kiesgruben im Weser-Ems-Gebiet, sondern benutzte für die Entdeckung weiterer Bernsteinvorkommen eine Wasserlanze. Die Ausrüstung:

Spülausrüstung.

Ein leichter aber stabiler Aluminiumwagen mit großen Rädern (Eigenbau, in Kleinteile zerlegbar und in einem Kombi transportierbar) kann auch in unwegsamem Gelände gut bewegt werden.

Ein kräftiger Motor pumpt durch einen Feuerwehrschlauch Wasser in eine aus mehreren Teilen zusammensteckbare Lanze. Der starke Wasserstrahl spült sich senkrecht in das Erdreich. Wird eine Schicht erreicht, in der Bernstein vorkommt, merkt man es meist zuerst am hochgeschwemmten »Sprockholz«, an schwarzen Holzstückchen verschiedener Größe, wie man sie auch am Strand im Spülsaum findet.

Aus diesen unterirdischen Linsen wird der Bernstein zusammen mit dem Holz durch den Auftrieb des Wassers empor getragen und kann aufgesammelt werden. Damit der Bernstein nicht unkontrolliert wegfließt, kann man sich eine Einfassung um den Spülbereich bauen, mit einem Ablauf, vor dem ein Netz angebracht ist.

Voraussetzung für diese Methode der Bernsteingewinnung ist eine größere Menge Wasser. Also kann man nur in der Nähe eines Sees, eines Flusses, eines Wasser führenden Grabens arbeiten – oder einen Hydranten in der Nähe haben, dessen Benutzung allerdings illegal ist.

Im Weichseldelta habe ich diese spannende Bernsteingewinnung miterleben dürfen. Der Geschäftsführer der Nordschmuck Produktions- und Vertriebsgesellschaft mbH, Dipl.-Ing. Knut Rudloff, hatte mich zu einer seiner zahlreichen Geschäftsreisen nach Polen eingeladen und mir viel neue Erkenntnisse über den Bereich Bernstein verschafft.

Der Bernstein kommt im Weichseldelta in Tiefen zwischen 5 und 15 m vor. Bei ca. 12 m ist die Grenze erreicht, die man beim Spülen per Manneskraft bewältigen kann.

Das von uns besuchte Spülfeld zeigte schon viele alte Krater, die auf rege Wasserlanzentätigkeit hinwiesen. Wir verabredeten uns mit dem sechs Mann starken Spültrupp für den nächsten Tag, um alles hautnah miterleben zu können.

Ein schwerer Motor, der einem Traktor entnommen war, pumpte das Wasser durch einen sehr dicken Ansaugschlauch in zwei Feuerwehrschläuche, die dann durch ein V-Stück in einen

Schwere Pumpausrüstung.

Spitze der Wasserlanze.

Düse und Kescher.

Schlammentfernung mit dem Feuerwehrschlauch.

12-Meter-Lanze.

100m langen weiter führenden Schlauch mündeten. Dadurch sollte der Wasserdruck erhöht werden. Am Ende des Schlauches befand sich eine dornenbesetzte Metalldüse mit einer Halterung für die Führungslanze. Die Führungslanze bestand aus sechs Zweimeterstücken, die aneinander schraubbar waren.

Die lange Lanze mit dem Schlauch kann anfangs nur von 2–3 Personen in den Boden getrieben werden. Ist dann der sandige Untergrund erreicht, bewältigt ein Mann die Aufgabe. Die anderen sind damit beschäftigt, den Metallkranz um das Spülloch abzusichern, das Netz regelmäßig zu leeren, die Bernsteine aus dem schwarzen Holz zu sammeln, seitlich entwischten Bernstein aufzusammeln, die Lanze zu verlängern oder einfach mal Pause zu machen oder zu telefonieren. Solch ein anstrengender Arbeitstag dauert ca. 8 Stunden, danach wird der Bernstein sortiert und »an den Mann gebracht«.

Ein- bis dreimal am Tag gibt es unangenehme Zwischenfälle: Die Lanze hat sich in großer Tiefe »festgefressen«, d.h. Erdreich ist nachgerutscht, der Spülkanal verstopft. Nun lässt sich die Lanze nicht mehr bewegen oder befreien, auch nicht, wenn vier Männer anpacken. Die Lösung des Problems: Motor abstellen, eine zweite Lanze mit Feuerwehrschlauchdüse positionieren und mit Hilfe eines Führungsringes an der ersten Lanze bei vollem Wasserdruck in die Tiefe stoßen. Nun sind alle Hände gefragt: In dem Moment, wenn sich die erste Lanze bewegen lässt, müssen beide Teile sofort aus der Gefahrenzone gezogen werden. Und die Arbeit beginnt von vorne...

Die Spüler gaben an – und wir konnten es an einigen Tagen hautnah miterleben, dass sie pro Tag zwischen 5 und 8 kg Bernstein fördern. Meist geschieht das sieben Tage die Woche und von März, wenn der Frost aus dem Boden gezogen ist, bis Ende Oktober. Das sind 7–8 Monate mal 30 Tage = 225 Fördertage im Jahr. Das ergibt für einen Spültrupp bis zu 1,5 Tonnen Bernstein pro Jahr, wenn alles optimal verläuft, mindestens aber eine Tonne Bernstein. Diese Menge widerspricht den Angaben aus der Literatur deutlich, wir haben es aber aus erster Hand erfahren und selbst gesehen.

Abgegrenztes Spülloch.

Verwendung eines Steerts zum Auffangen des kohligen Holzes mit Bernstein, der dann aussortiert wird.

Verlassene Spüllöcher.

Es gibt das legale und das illegale Spülen. Für das legale Spülen sind mehrere Schritte notwendig:

- Beantragung einer Lizenz, die selbstverständlich kostenpflichtig ist,
- Entfernen der Ackerkrume bzw. Humusschicht im Bereich des geplanten Spülfeldes,
- Das Spülen in einem in der Lizenz festgelegten Zeitraum,
- Rekultivierung, d. h. Wiederaufbringung der zwischengelagerten Humusschicht.

Beim illegalen Spülen, das meistens in der Nacht stattfindet, wird durch die Humusschicht hindurch gespült und dadurch die Umwelt insofern zerstört, als dass die herausgespülten Sande die Humusschicht überlagern und die Spüllöcher offen bleiben.

Carsten Gröhn und Knut Rudloff mit der Tagesausbeute des Spültrupps.

Es stellt sich die Frage, warum sich überall im Boden des Weichseldeltas so viel Bernstein befindet – und nicht nur linsenartig begrenzt wie bei uns im Norddeutschen Raum, sondern anscheinend großflächiger verteilt.

Das Weichseldelta ist wie jedes andere Flussdelta im Laufe der letzten Jahrtausende stetig und schnell gewachsen, d. h. es hat sich immer weiter in die Ostsee vorgeschoben. Dort, wo jetzt der Bernstein tief im Boden lagert, war vor gar nicht langer Zeit eine Meeresbucht.

Hat die Weichsel selbst den Bernstein mit sich geführt und im Delta abgelagert? Das ist auszuschließen, denn der Bernstein kommt meist in Sanden zusammen mit dem typischen schwarzen kohligen Holz vor – und nicht im schlammigen Sediment des Flusses. Außerdem müsste die Weichsel dann auch heute noch etwas Bernstein mit sich führen und durch Gebiete geflossen sein, aus denen der Bernstein ausgespült worden ist. Die Gebiete mit Bernsteinvorkommen wie z. B. die Kurpie-Region o. a., liegen weit außerhalb des Weichseleinzugsgebietes.

Lag also der Bernstein relativ gleichmäßig verteilt auf dem Grund der Ostsee und wurde überlagert? Die früher weiter nach Süden reichende Danziger Bucht könnte durchaus prädestiniert gewesen sein, dass sich große Mengen Bernstein in ihr ablagerten. Die an der Küste entlang ziehende West-Ost-Strömung, die die Ausgleichsküste mit den Nehrungen geschaffen hat, stößt an die Küste Kaliningrads, die fast in Nord-Süd-Richtung verläuft. Durchaus denkbar, dass dort eine Strömung zurück in die Weichselbucht entstand. Und da die Blaue Erde mit dem darin reichlich enthaltenen Bernstein vor dieser Küste den Grund der Ostsee erreicht, wäre es denkbar, dass dieser durch Spülen gewonnene Bernstein fast direkt aus der Blauen Erde stammt. Oder wäre es denkbar, dass bei starken Nord-Nordwest-Stürmen an der Westküste von Kaliningrad eine Strömung in südliche Richtung in die Danziger Bucht entstand?

Fischen von Bernstein

Nicht jedem wird sich diese Möglichkeit erschließen, doch vielleicht ergibt sich beim Urlaub an der Nordsee doch die Gelegenheit, an einer Kutter-Fangfahrt teilzunehmen. Es müssen Kutter sein, die mit einem Grundschleppnetz arbeiten und dabei die Chance besteht, dass der auf dem Grund der See liegende Bernstein mit aufgenommen wird. Fast jeder dieser Fischer hat schon Bernsteine in seinen Netzen gehabt, auch größere Exemplare.

Ganz ungewöhnliche Bernsteinfunde hörte ich von einem Fischer vom Darß. Er hatte schon zweimal beim Ausnehmen von gefangenen Dorschen Bernstein im Darm des Fisches gefunden. Dorsche stürzen sich auf alles, was blitzt und blinkt, das weiß jeder Angler; warum sollte ein Dorsch nicht auch einen bei Sonnenschein blinkenden Bernstein verschlucken?

Schleppnetz und Fang.
Fotos © Knut Rudloff

Die Bernsteinsammler

Der »richtige« Bernsteinsammler ist meist extremer Individualist. Es macht ja auch wenig Sinn, mit einer größeren Gruppe loszuziehen, um Bernstein zu suchen; vor allem nicht am Strand, wo es nur **einen** Spülsaum gibt.

Es gibt die Hektiker, die keine Minute Ruhe geben können und pausenlos hin und her laufen. Es gibt die Systematiker, die Meter für Meter akribisch genau absuchen und ihre Wegstrecke mit nachgeführtem Haken markieren. Es gibt die »Bauunternehmen«, die immer alles bei sich tragen: großer Rucksack, Schaufel, Harke, Kescher usw. Oder die »Fitzlesammler«, die jeden kleinsten Krümel Bernstein aufheben, während andere sich nur nach größeren Stücken bücken.

Ist man aber nicht alleine, sondern geht mit Gleichgesinnten sammeln oder man trifft sie beim Sammeln, dann offenbaren sich die verschiedensten Charaktere. Die Unterhaltsamen nutzen jede Gelegenheit, um mit anderen ins Gespräch zu kommen – der Bernstein steht an zweiter Stelle. Die Großherzigen machen dich auf einen Bernstein aufmerksam, den du übersehen hast. Die Gierigen stürzen sich vor deinen Füßen auf diesen Bernstein – meist sind dieses auch die Neider, die anderen Sammlern keinen guten Fund gönnen.

»Wer sich bückt, wird zum Feind«, heißt es bei einigen Bernsteinsammlern.

Gemeinsames Erleben und gemeinsame Freude am Bernstein ist immer noch das Schönste. In einem Steinbruch oder einer Kiesgrube im Team arbeiten und an einem schwierigen Bernsteinfundort zum Erfolg kommen, abends dann die Schätze ausbreiten und gerecht aufteilen – schöner kann's nicht sein!

Bernstein unter Eis und Schnee

Wie häufig habe ich mich schon geärgert, dass Schneefall die Bernsteinsuche beeinträchtigt oder sogar unmöglich gemacht hat. Oder starker Frost hat die Ostsee viele Meter zufrieren lassen, so dass auch bei Wind kein Spülsaum entstehen konnte.

Der Vorteil: Kein anderer Sammler kann Bernstein suchen und die eingeschneiten Spülsäume verbleiben undurchsucht unter der Schnee- oder Eisdecke. Nun heißt es: den richtigen Zeitpunkt abwarten, d. h. Tauwetter, und genau dann auf Suche gehen, wenn der Schnee so weit abgetaut ist, dass die vor dem Schneefall entstandenen Spülsäume freigelegt werden. Genauso konnte ich es zum Beispiel im Frühjahr 2019 in Bansin auf Usedom erleben, wie die Bilder zeigen.

Normalerweise finden sich nach einem Sturm viele Bernsteinsammler an der Küste ein, nicht so bei Windstille und verschneitem Strand. Da ergibt sich dann bei Tauwetter die seltene Gelegenheit, alleine und ungestört auf Bernsteinsuche gehen zu können. Und wenn nicht alleine, dann sind es meist Urlauber, die am verschneiten Strand wandern und nicht ahnen, dass auch bei dieser Wetterlage Bernstein gefunden werden kann.

Manchmal taut die Schneekante in Wassernähe so schnell ab, dass man eine Stunde später schon wieder neue freigelegte Spülsaume findet. So kann man einen oder mehrere Kilometer langen fündigen Strandabschnitt immer wieder hin- und herlaufen, was ohne Schnee unsinnig wäre.

Ähnliches habe ich vor langer Zeit auch in der Braunkohlegrube Bitterfeld erlebt: Nach Schneefall war die Bernsteinsuche unmöglich. Aber gerade in der Grube taute der Schnee viel schneller weg als im Umland und legte bei Tauwetter immer neue Flächen frei, auf denen man Bernstein suchen konnte – den vorher keiner weggesammelt haben konnte.

BERNSTEIN – BEGRIFFSBESTIMMUNG, ERSCHEINUNGSFORMEN, VERWENDUNG

BERNSTEIN – BEGRIFFSBESTIMMUNG, ERSCHEINUNGSFORMEN, VERWENDUNG

Naturbernstein und behandelter Bernstein

Er lagerte ursprünglich im Großbereich des Samlandes (früher Königsberg/Palmnicken, heute Kaliningrad/Jantarny) in der sogenannten Blauen Erde. Heute finden wir ihn nicht nur dort. Durch die Umlagerung durch Gletscher, die Schmelzflüsse der Eiszeit usw. gelangte er sowohl in die See als auch in Ablagerungen, die wir heute in vielen Kiesgruben finden, zum Beispiel in der Berliner Gegend und im Emsland.

Wir können also den **Seebernstein** (Ostsee/Nordsee) und den **Erdbernstein** (irgendwo in der Erde gelagert) unterscheiden.

Der Erdbernstein hat eine stärkere Verwitterungskruste, je nachdem, mit wie viel Luft er in Kontakt geraten ist. Lagerte er ohne Unterbrechungen im Grundwasser, so ist diese Verwitterungskruste minimal oder nicht vorhanden. Lagert er längere Zeit oberhalb des Grundwasserspiegels, bildet sich eine Verwitterungskruste, die im Laufe der Zeit immer tiefer in den Bernstein zieht, bis er schließlich zerfällt.

Beim Seebernstein ist durch den ständigen Rieb im Sand eine eventuell vorhanden gewesene Verwitterungskruste abgeschliffen worden. Auch finden wir beim Seebernstein viel weniger Schlaubenbernsteine, da diese leichter durch die Brandung zerschlagen werden.

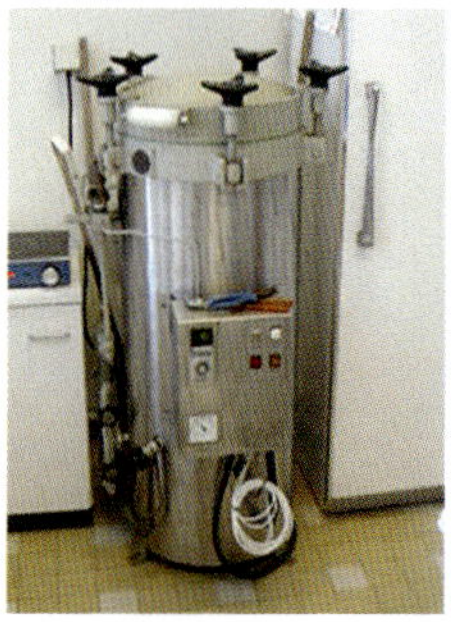

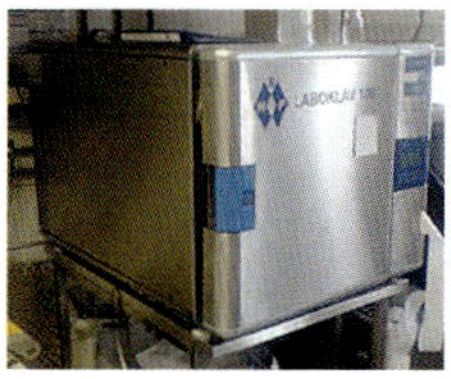

Autoklaven und autoklavierter Bernstein.

Beide Bernsteine bezeichnet man als **Naturbernsteine**, da sie durch den Menschen nicht künstlich behandelt wurden.

Bernstein kann durch Erhitzen (früher zum Beispiel im Ölbad oder im Backofen) geklärt werden, d. h. Trübungen verschwinden. Der Bernstein wird dabei zwischenzeitlich weicher. Er ist aber kein Naturbernstein mehr, sondern **Geklärter Bernstein = Gekochter Bernstein = Modifizierter Bernstein.**

Um den Namen »Echter Bernstein« nicht zu verwenden, wird behandelter Bernstein häufig als »Echt Bernstein« bezeichnet.

Eine weitere Möglichkeit der **Modifizierung von Bernstein** ergibt den **Autoklavierten Bernstein.**

Noch klarer und härter bekommt man den Bernstein, wenn man ihn in einer **Autoklave** behandelt. In diesen Geräten, die auch in der Industrie zum Sterilisieren, zum Vulkanisieren, zum Aushärten von Baustoffen usw. Verwendung finden, wird ein unglaublich hoher Druck aufgebaut (bis zu 80 und mehr Atmosphären, für den Bernstein ca. 25 atm). Es gibt kleine und große Autoklaven.

Dabei entsteht starke Hitze, der Bernstein wird weich. Risse und Blasen können verschwinden. Nach dem Erkalten haben wir einen klaren, sehr festen Bernstein – er wird immer noch als **Echter Bernstein** bezeichnet. Aber eigentlich hat er nicht mehr viel mit Bernstein zu tun, denn viele typische Eigenschaften sind verloren gegangen – vor allem sind viele ätherische Duftstoffe entwichen, die den Naturbernstein beim Schleifen so angenehm riechen lassen. Und wer an die Heilkräfte des Bernsteins glaubt, der will Naturbernstein verwenden.

Beim Klären des Bernsteins kann man verschiedene Farben herstellen – man erkennt eigentlich aber sofort, dass es sich nicht um einen naturfarbenen Bernstein handelt.

Man kann den Autoklaven aber auch schonend einsetzen – und das mit guten Ergebnissen auch bei Einschlüssen im Bernstein. Einige Inklusen (Einschlüsse im Bernstein, z.B. Insekten) sind

Autoklavierter Bernstein in schwarz und klar und Naturbernsteinkette.

Fliege im autoklavieren Bernstein.

Fliege im Naturbernstein.

häufig einseitig weißlich »verlumt«. Beim richtigen Einsatz des Autoklaven (und das sind die Geheimnisse der Spezialisten) kann man diese unschönen störenden Verlumungen zum Teil oder gänzlich auflösen. Das funktioniert hervorragend bei Einschlüssen, die einen harten Panzer haben, z. B. bei Käfern oder Asseln.

Unschöne Ergebnisse gibt es bei zarteren Einschlüssen, z. B. Mücken oder Fliegen, die dann schwarz und zusammengepresst aussehen, wobei manchmal auch die Flügeläderung kaum noch zu erkennen ist.

Da der Bernstein im Autoklaven vorübergehend weich wird, verschwinden normalerweise durch den Druck auch Luftbläschen bzw. werden diese stark zusammengepresst. So werden auch die Einschlüsse (die ja nur Hohlräume im Bernstein sind) zusammengepresst und sehen dann verschrumpelt und schwarz aus. Der Vergleich einer autoklavierten Fliege mit einer Fliege im Naturbernstein zeigt es deutlich.

Warum ist so viel autoklavierter Bernstein auf dem Markt? Zeit bedeutet Geld, auch in Russland. Und so werden die Rohbernsteine nicht mehr aufwändig daraufhin untersucht, ob sie Einschlüsse enthalten könnten, sondern direkt im Autoklaven behandelt.

Der autoklavierte Bernstein ist fester und besser zu Schmuck zu verarbeiten – und der »normale« Käufer findet den klaren autoklavierten Bernstein sogar noch schöner, zumal er Farben bekommen kann, die Naturbernsteine nicht aufweisen. Wie häufig werde ich gefragt, ob ich nicht auch den »seltenen grünlich-klaren Bernstein« habe …!

Eine dritte Möglichkeit der **Bernstein-Modifizierung** führt zum **Pressbernstein:**

Sehr viele Schmuckbernsteine sind aus Pressbernstein hergestellt. Dazu benutzt man ein Gerät, in dem in ein Rohr Bernsteinreste, kleine Bernsteine usw. eingefüllt und dann sehr stark zusammengepresst werden – so stark, dass der Bernstein durch den hohen Druck und die Hitze weich wird (Bernstein wird zwischen 140 und 200 Grad Celsius formbar). Alle enthaltenen Bernsteine verschmelzen zu einer einheitlichen Masse. Vorher wird das Rohr begast, d. h. die sauerstoffhaltige Luft wird ersetzt. Außerdem muss der Bernstein vorher von Verunreinigungen und Krusten befreit und sortiert werden. Es werden bis zu dreißig Farbstufen unterschieden. Nur die wirklich gleich beschaffenen Bernsteine werden zusammen gepresst und ergeben dann auch die einheitlich aussehenden Pressbernsteinstäbe. Dieses Verfahren wurde schon in der Königsberger Bernstein – Manufaktur in großem Stil angewendet und es wurde tonnenweise Pressbernstein hergestellt. Das Produkt sind Bernsteinstangen, die dann zersägt und zu Perlen verarbeitet werden. Auch in der Elektroindustrie fand dieser Pressbernstein Verwendung.

Apparatur zur Herstellung von Pressbernstein.
Fotos © Jens von Holt

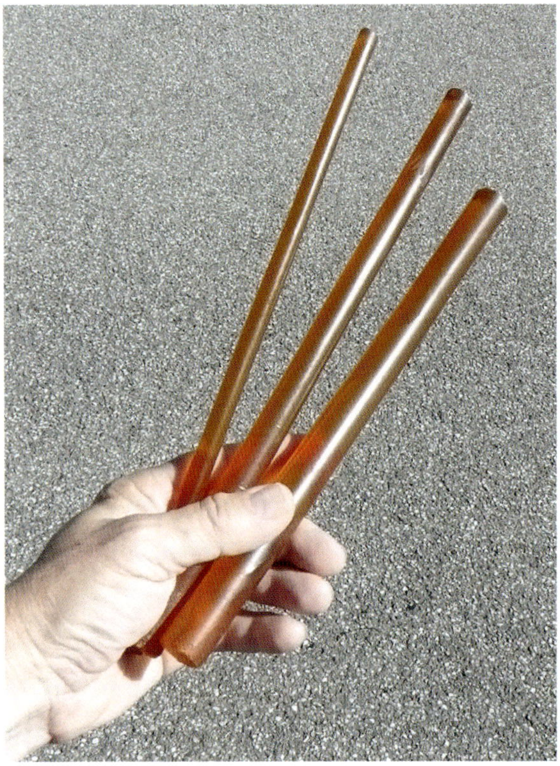

Pressbernsteinstangen.
Foto © Jörg Wuttke

Pressbernstein.

Fazit: Naturbernstein hat seine ureigene Farbe. Nach dem Schleifen kommt diese Farbe optimal zur Geltung. Man findet kaum zwei Naturbernsteine, die sich in Farbe und Struktur gleichen. Das kann man nur erreichen, indem man einen größeren Naturbernstein zersägt.

Halskette, die Bernsteinscheiben aus einem Stück gesägt.

Sieht man also eine klare Bernsteinkette, bei der alle Perlen die identische Farbe haben, dann kann man zwar davon ausgehen, dass es Echter Bernstein ist, aber kein Naturbernstein, sondern ein durch Hitzebehandlung so gleichmäßig hergestellter. Das machte man auch schon vor hundert Jahren durch Erhitzung im Ölbad und solche alten Ketten sind durchaus wertvoll. Aber Naturbernstein ist es eben nicht!

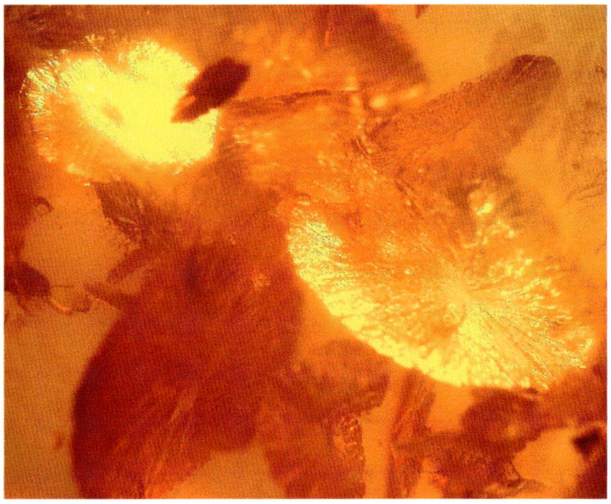

Sonnenflinten.

Die Herstellung von **Sonnenflinten,** einer in der Schmuckherstellung sehr beliebten Variante der Bernsteinveränderung, ist eine Kunst für sich. Die landläufige Meinung ist, dass diese hübschen rundlichen »Risse« im Bernstein entstehen, wenn man erhitzten Bernstein schockartig abkühlt. Das ist ganz sicher falsch. Vielmehr entstehen diese »Flinten« beim Erhitzungsvorgang. Wie das genau abläuft, das bleibt das Geheimnis einiger weniger Eingeweihter.

Nach dem Erhitzen muss der Bernstein langsam wieder abgekühlt werden. Geschieht das zu schnell, kann er zerspringen.

Die Internationale Bernstein Vereinigung (International Amber Association) hat eine **»Terminologie und Definitionen für Edelsteine aus dem Baltischen Bernstein (Succinit)«** erstellt, deren Wortlaut heißt (aus www.amber.org.pl):

»Der natürliche Baltische Bernstein (Succinit) – Edelstein, der nur mechanisch bearbeitet wurde (zum Beispiel durch Schleifen, Schneiden, Rollen, Polieren), ohne irgendwelche Veränderung der natürlichen Eigenschaften.

Der modifizierte Baltische Bernstein (Succinit) – Edelstein, der nur thermischer oder Hochdruckbearbeitung unterzogen wurde, die die Änderung der körperlichen Eigenschaften, unter anderem des Durchsichtigkeitsgrades und der Farbe, verursacht, oder der unter gleichen Bedingungen aus einem Klumpen gestaltet wurde, der früher auf die gewünschte Größe zugeschnitten worden war.

Der rekonstruierte (gepresste) Baltische Bernstein (Succinit) – Edelstein, der aus Stücken vom unter erhöhter Temperatur und Hochdruck gepressten Baltischen Bernstein ohne zusätzliche Bestandteile gewonnen wird.

Der verbundene Baltische Bernstein (Succinit) – Edelstein, der aus zwei oder mehr Teilen des natürlichen, modifizierten oder rekonstruierten Baltischen Bernsteins besteht, die mithilfe von möglichst geringer Menge farblosen Bindemittels, das für die Verbindung der Stücke notwendig ist, zusammengeklebt wurde.

In Bezug auf die Beschreibung der durchgeführten Modifikationen der Edelsteine können folgende Abkürzungen angewandt werden:

N – ohne Modifikationen (no modification)
H – Heizung (heating)
HPHT – Hochdruck und Hochtemperatur (high pressure high temperature)"

Der Vorstand des Internationalen Vereins der Bernsteinhandwerker (u. a. Mitglied von International Colored Gemstone Association) hat diese Klassifikation mit letzter Änderung vom 2.2.2010 angenommen.

Gesetz zum Schutz des Bernsteins

Im »Reichsgesetzblatt Nr. 48, Tag der Ausgabe: Berlin, den 4. Mai 1934« wird festgelegt, dass der Begriff »Bernstein« geschützt ist. Mit dem Wort »Bernstein« darf »im geschäftlichen Verkehr nur Naturbernstein oder ein Erzeugnis bezeichnet werden, das aus Naturbernstein ohne nachahmenden Zusatz besteht«.

Interpretation: Ein »Erzeugnis« aus Naturbernstein wäre zum Beispiel Pressbernstein oder autoklavierter Bernstein.

Dieses Gesetz hatte bis in die Bundesrepublik überdauert und war gültig.

Gesetz zum Schutze des Bernsteins.
Vom 3. Mai 1934

Die Reichsregierung hat das folgende Gesetz beschlossen, das hiermit verkündet wird.

§1

(1) Mit dem Worte „Bernstein", einem zusammengesetzten Worte, das den Bestandteil „Bernstein" enthält, oder einem entsprechenden Warenzeichen darf im geschäftlichen Verkehr nur Naturbernstein oder ein Erzeugnis bezeichnet werden, das aus Naturbernstein ohne nachahmenden Zusatz besteht.
(2) Abs. 1 gilt nicht für Bernsteinlack.

§2

Zur Kennzeichnung von Bernstein als Bernstein ist nur der erste Verkäufer, zur Kennzeichnung eines Bernsteinerzeugnisses als Bernsteinerzeugnis ist nur der Hersteller berechtigt; der Kennzeichnende muß der Kennzeichnung seinen Namen, seine Firma oder ein für ihn eingetragenes Warenzeichen deutlich hinzufügen.

§3

Wer vorsätzlich oder fahrlässig den Vorschriften der §§ 1 oder 2 zuwiderhandelt, wird mit Geldstrafe bestraft.

§4

Der Reichswirtschaftsminister kann zur Durchführung dieses Gesetzes Rechts- und allgemeine Verwaltungsvorschriften erlassen. Soweit er es für nötig hält, kann er Vorschriften ergänzenden Inhalts treffen; er kann auch Ausnahmen von dem Gesetz zulassen.

Es wurde mit Wirkung vom 1.1.2005 überarbeitet (Fundstelle: BGBl I 1994, 3082 (1995 I 156):

Gesetz zum Schutz des Bernsteins in der im Bundesgesetzblatt Teil III, Gliederungsnummer 7127-2, veröffentlichten bereinigten Fassung.

Erst mit Wirkung vom 25.4.2006 wurde dieses Gesetz aufgehoben (Fundstelle: BGBl I 2006, 894):

»Erstes Gesetz zur Bereinigung des Bundesrechts im Zuständigkeitsbereich des Bundesministeriums für Wirtschaft und Technologie und im Zuständigkeitsbereich des Bundesministeriums für Arbeit und Soziales (BMWiT/BMASBerG 1)«.

Stern.de vom 4.5.2005 schreibt dazu in »Regierung entstaubt Gesetzbuch«: »Dass nur echter Bernstein als Bernstein bezeichnet werden darf, ist längst an anderer Stelle geregelt. Auf ein spezielles »Gesetz zum Schutz des Bernsteins« kann daher getrost verzichtet werden...«.

In der CIBJO (Confederation Internationale Bijouterie Juweliere Overterie), Stand 1997, steht sinngemäß, dass als Naturbernstein nur der Bernstein bezeichnet werden darf, der wie der in der Natur gefundene Bernstein beschaffen ist.

Begriffsbestimmung und Eigenschaften

Seit altersher ist bekannt, dass Bernstein brennt. Im Niederdeutschen heißt brennen »börnen« und Stein »Steen«, also »Börnsteen« = Brennstein, daraus wurde dann (falsch übersetzt) Bernstein.

Im Altdeutschen hieß der Bernstein »Agtstein« oder »Ait Stein«, vom Altdeutschen Verb »aiten« = brennen. Im Holländischen heißt Bernstein »Barnsteen« oder »Brandsteen«, im Schwedischen »Bärnsten«, im Polnischen »Bursztyn« usw., also überall dieselbe Bedeutung.

Die Römer nannten den Bernstein »electrum«, die Griechen »electron«: Reibt man Bernstein auf Wolle, dann kann man einen kleinen Papierschnipsel oder Watte damit aufheben, er wird elektrostatisch angezogen.

Physikalische Eigenschaften:
(Angaben aus GANZELEWSKI – Bernstein, Tränen der Götter)

Die **Härte** beträgt 2–3 auf der 10-teiligen Mohsschen Härteskala, es handelt sich also um ein recht weiches Material, das sich gut mit einfachen Mitteln bearbeiten lässt (schleifen, bohren, sägen).

Die **Dichte** liegt zwischen 1,05–1,096 Gramm pro Kubikzentimeter. Bei starkem Bläschengehalt (oder beim Knochenbernstein) kann die Dichte sogar unter 1 sinken und damit schwebt dieser Bernstein im Wasser oder treibt sogar auf. Je salziger das Wasser, desto schwerer ist es und umso leichter ist der Bernstein im Vergleich zum Salzwasser. Je kälter das Wasser, desto größer seine Dichte. Seine maximale Dichte erreicht das Wasser bei exakt 4 Grad Celsius, weshalb der Bernstein unter diesen Bedingungen im Verhältis am leichtesten ist und am besten aus dem Wasser an den Strand gespült werden kann – Winterzeit!

Schmelzpunkt: Einen richtigen Schmelzpunkt besitzt Bernstein nicht. Bei ca. 170 Grad Celsius wird er schon weich und formbar, so dass man aus Bernsteinresten Pressbernstein herstellen kann. Bei diesen Temperaturen werden aber die Einschlüsse schwarz, eine Fälschung ist auf diese Weise nicht herzustellen. Oberhalb von 300 Grad schmilzt der Bernstein und zersetzt sich dabei, kann also nicht wieder zu richtigem Bernstein abkühlen.

Bernstein enthält viele **flüchtige Bestandteile**, ätherische Öle usw., die im Laufe der Millionen Jahre z. T. heraus gedunstet, aber immer noch im Bernstein vorhanden sind. Deshalb riecht Bernstein beim Schleifen so angenehm harzig, ein Indiz für Naturbernstein.

Gepresster Bernstein, erhitzter Bernstein, autoklavierter Bernstein riecht beim Schleifen nicht mehr, weil flüchtige Stoffe entwichen sind. Trotzdem wird er noch als Echter Bernstein bezeichnet, aber er ist kein Naturbernstein mehr!

Röntgenstrahlen passieren sogar 10 mm dicken Bernstein fast ohne Verlust.

Der elektrische Widerstand ist sehr hoch, die Dielektrizitätszahl (dielektrische Permitivität) sehr niedrig – für Naturbernstein liegt sie bei 2,9, das entspricht ungefähr dem Wert von sehr trockenem Holz (zum Vergleich: Wasser hat einen Wert von ca. 80). Deshalb wird der Baltische Bernstein auch heute noch als Isolator in Spezialgeräten eingesetzt, meist wird dafür Pressbernstein benutzt. Der Widerstand liegt bei ca. 1018 Ohm.

Bernstein verhält sich **elektrostatisch**: Etwas an Wolle gerieben, lädt sich der Bernstein elektrostatisch auf und zieht z. B. Wattebäuschchen oder Papierschnitzel an. Wohl aus dem Wissen über solche Experimente heraus schlugen dann Stoney und Helmholtz den Namen »Elektron« für eine postulierte einheitliche »elektrische« Elementarladung vor.

Bei **UV-A-Bestrahlung** (also »Schwarzlicht« mit einer Wellenlänge zwischen 315 und 380 nm, das auch in der Disco verwendet wird) leuchtet Naturbernstein ohne Verwitterungskruste etwas bläulich, älterer Bernstein leuchtet eher olivgrün. Es gibt Bernsteinarten, wie einige Dominikanische Bernsteine, die unter Schwarzlicht intensiv blau leuchten.

Die **Infrarotspektroskopie** lässt eine sichere Unterscheidung zwischen Succinit (dem »normalen« Baltischen Bernstein) und anderen fossilen Harzen zu. Die mit dieser Methode gewonnenen IR-Spektren sind für jede Harzart verschieden und stellen sozusagen ihren Fingerabdruck dar.

Löslichkeit:
Bernstein ist weitgehend beständig gegen organische Lösungsmittel, ein Riesenvorteil für den Bernsteinsammler (siehe Lackkonservierung, Prüfung auf Echtheit usw.). Benzin, Lösungsmittel, Benzylbenzoat usw. hinterlassen auch nach vielen Stunden keine sichtbaren Spuren. Auch starke Säuren wie z. B. 50%ige Schwefelsäure und starke Laugen bleiben auch bei längerer Einwirkungsdauer ohne Einfluss auf den Bernstein.

Beständigkeit:
Farbveränderungen, »Krakel«-Bildung = Risse auf Oberfläche, Verwitterungsrinde, Alterung, Konservierung sind Stichworte zu diesem Thema und werden gesondert behandelt.

Chemische Eigenschaften:
Kohlenstoff (C) 67–81 %, Rest besteht aus Wasserstoff (H) und Sauerstoff (O), manchmal etwas Schwefel (unter 1%) und noch weniger Stickstoff. Wenn mineralische Bestandteile mit eingelagert wurden, kann man auch andere Elemente finden.

C, H und O als Hauptelemente sagen aber absolut nichts aus, denn auch Traubenzucker, Stärke, Zellulose, Fette u.v.m. bestehen nur aus diesen drei Elementen. Bernstein ist ein Gemenge aus unterschiedlichsten Stoffen sowie deren Oxidationsprodukten. Die Elemente sind in langen Fadenmolekülen (Polymere) gebunden. Nachgewiesen sind z. B. Abietinsäure, Isopimarsäure, Agathendisäure, Sandaracopimarsäure – die alle den löslichen Anteil des Bernsteins ausmachen. Bei dem unlöslichen Anteil handelt es sich um Ester, die als Succinin (oder Resen, Sucinoresen) bezeichnet werden (Angaben aus »Tränen der Götter«, S. 26). Es wurden bisher über 70 verschiedene organische Verbindungen nachgewiesen, die am Aufbau unseres Baltischen Bernsteins = Succinit beteiligt sind! Ganz sicher sind es sehr viele mehr: In Werner Freudenbergers Dokumentation »Götter und magische Steine« wird von bis zu 3000 Inhaltsstoffen berichtet.

Fossile Harze, die viel Bernsteinsäure enthalten, werden Succinite genannt, enthalten sie wenig oder keine Bernsteinsäure, nennt man sie Retinite.

Eine neuere Klassifizierung nach Crelling und Anderson (1995) teilt die Harze nach sogenannten Monomereinheiten in Gruppen ein. Das näher auszuführen überstiege den Zweck dieses Buches.

Wie erkenne ich Bernstein?

Geruch:
Immer wieder, wenn ich Rohbernstein schleife, bin ich fasziniert von seinem Geruch. Einige schnelle, kräftige Schleifbewegungen auf dem groben Vorschliffpapier und schon werden ätherische Öle freigesetzt, ein Geruch fast wie im sommerlichen Kiefernwald. Auch beim schon fertig polierten Naturbernstein tritt dieser Effekt auf, wenn man ihn weiter schleift.

Wie anders, wie befremdend die Erfahrung, wenn »gekochter« Bernstein geschliffen wird: Er ist härter, »kälter« und riecht nach nichts – es hat sich nämlich durch die Erhitzung der Großteil der natürlichen Duftstoffe verflüchtigt; ganz extrem ist das beim autoklavierten Bernstein. Mag es für die Schmuckindustrie ein Segen sein, aus einem milchigen oder schlaubigen oder brüchigen Bern-

Bernstein brennt und riecht dabei aromatisch harzig.
Foto © Ole Friedrich

stein einen klaren, festen Bernstein schaffen zu können – für mich ist es eine »Vergewaltigung« des Bernsteins, auch wenn manchmal von »Veredelung« gesprochen wird. Zum Glück kann man bei diesen Temperaturen (bei denen der Bernstein weich wird) keine Organismen einbetten, die würden sofort schwarz verbrennen. Fälschungen auf diese Weise sind also nicht möglich.

Bernstein brennt und riecht beim Anzünden aromatisch harzig, Plastik stinkt!

Nun muss man nicht gleich sein fragliches Stück verbrennen, um die Echtheit zu testen. Eine mit dem Feuerzeug an der Spitze zum Glühen gebrachte Nadel kann an einer »unschädlichen« Stelle (z. B. bei Schmuckstücken in der Bohrung) an den Bernstein gehalten werden, während man gleichzeitig schnuppert. Einfach mal ausprobieren, etwas Erfahrung braucht man allerdings. Der erfahrene »Schnupperer« lässt die Feuerzeugflamme nur über den Bernstein streichen und erkennt ihn sofort am Geruch. Kopal und Kunstharze schmelzen schon bei ca. 150° C, Bernstein viel später (Heißlufttest)!

Elektrostatik:
Bernstein lädt sich beim Reiben an Wolle statisch auf und zieht Papierschnitzel an. Achtung: Auch einige Plastiksorten zeigen ansatzweise ähnliche Eigenschaften.

Verwitterungsspuren:
Alternder Bernstein zeigt auf der Oberfläche krakelige Risse (als wenn lehmiger Boden trocknet und aufreißt), Plastik nicht. Das ist anfangs nur bei großer Vergrößerung zu erkennen, mindestens 10-fach-Lupe benutzen!

Salzwassertest:
Bernstein ist leichter als Plastik und schwimmt oder schwebt in Salzwasser bestimmter Konzentration: 15 g Salz in einer Tasse Wasser lösen (100 ml), 150 g Salz auf ca. 1 Liter Wasser. Ich habe auf meinen Streifzügen über Floh- und Antikmärkte immer ein kleines Gefäß mit Salzwasser dabei, ein zweites mit klarem Wasser zum Spülen und einen Lappen zum Abtrocknen. So habe ich schon so manche vermeintliche Bernstein-Zigarettenspitze als Plastik-Spitze entlarvt.

Pressnähte:
»Pressbernstein« (oder autoklavierter Bernstein) hat nie Pressnähte, wie man sie bei gefälschten bernsteinfarbenen Plastikkugeln oder gefälschten Perlen findet.

Sternhaare:
Sternhaare der Eiche (sternförmig ausgebildete Pflanzenhaare) kommen in dieser Form und Menge nur im Baltischen Bernstein vor.

Verlumungsspuren:
Sind im Bernstein Einschlüsse enthalten, dann betrachte ich beide Seiten. Sind auf der einen Seite Verlumungen (weißliche milchige Stellen, die durch feinste Bläschen hervorgerufen werden) zu erkennen, dann ist es ganz sicher Bernstein.

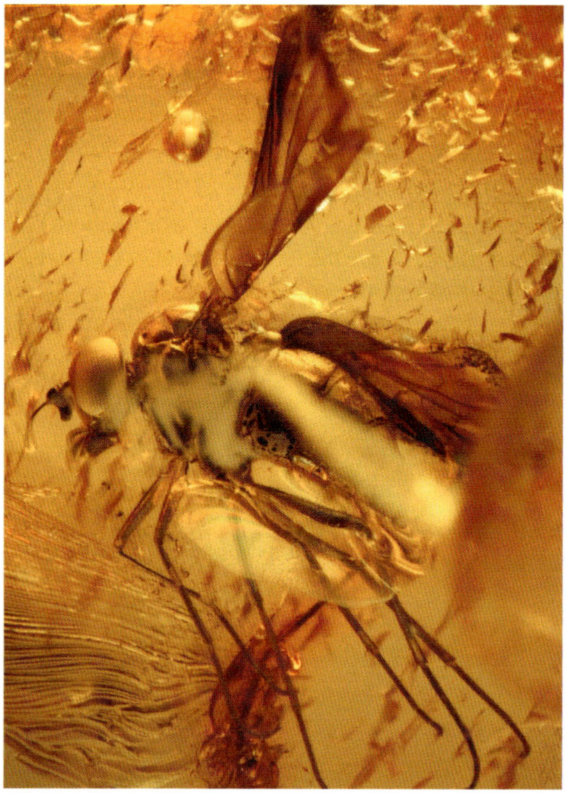

Einseitig verlumte Schnepfenfliege.

Acetontest:
Man taucht ein Wattebäuschchen o. ä. in Aceton und reibt damit auf der Oberfläche des Bernsteins. Er darf nicht abfärben oder sich lösen! Bernstein ist gegenüber Aceton resistent, junge Harze wie Kopal (Ausnahme: autoklavierter Kopal) oder die meisten Kunstharze nicht, sie werden angelöst und schmieren!

Entscheidung am Strand:
Stein oder Bernstein? Bei größeren Stücken merkt man es schon am Gewicht, bei kleineren Stücken: An die Zähne klopfen oder an den Zähnen reiben. Ein Stein »klackt« hart und es fühlt sich sehr unangenehm an, Bernstein dagegen erscheint weich. Aber ACHTUNG: Es gibt auch unangenehme Materialien, die auf den ersten Blick wie Bernstein aussehen, die man aber nicht in den Mund bekommen sollte: Gehärtete Seife, Phosphor usw.

Entstehung des Bernsteins

Anfangs harzt ein Baum. Die flüchtigen Bestandteile diffundieren aus der zunächst klebrigen Masse, das Harz verfestigt sich. In der getrockneten Masse beginnt die Polymerisation, so dass man schon nach wenigen Jahren von Kopal sprechen kann, ein subfossiles Harz, das dem Bernstein schon sehr ähnlich sehen kann. Beim Bearbeiten bemerkt man aber sofort den Unterschied: Er ist viel weicher, er schmiert, kann gar nicht oder schlecht poliert werden. Außerdem trocknet er relativ schnell aus und wird rissig. Diese Zwischenstufe kann zwischen wenige Jahre, Jahrzehnte oder Jahrhunderte alt sein, wie zum Beispiel die meisten Madagaskar-Kopale, aber auch einige Jahrtausende bis einige hunderttausend Jahre, wie z. B. der Kolumbianische Kopal. Irgendwann nach ca. 1 Million Jahren hat sich der Kopal bei entsprechenden Bedingungen (Luftabschluss, Druck) durch einen fortwährenden Polymerisationsprozess in den festen Bernstein verwandelt – vergleichbar mit der Steinkohle, die sich über die Zwischenstufen Torf und Braunkohle gebildet hat. Bernstein ist also ein fossiles Harz, das mindestens 1 Million Jahre alt ist, meist aber viel, viel älter!

Damit Bernstein entsteht, müssen besondere Bedingungen vorgelegen haben. Damit das frische Harz nicht durch Austrocknung brüchig wird, muss es relativ schnell unter Luftabschluss geraten sein.

Der Baltische Bernstein ist über 40 Millionen Jahre alt. Im Zeitalter des Eozäns herrschte ein feuchtes, warmgemäßigtes, subtropisches Klima. Wahrscheinlich hat es sehr häufig geregnet und mit dem Wasser ist das Harz in Tümpel, Seen, Bäche und Flüsse geschwemmt worden, d. h. unter Luftabschluss geraten. Erd- oder Schlammschichten haben sich über das Harz gelagert, es war vor Verwitterung geschützt. Nun bedurfte es nur noch langer Lagerungszeit tief in der Erde, bis das Harz zu Bernstein wurde.

Begünstigt wurde dieser Prozess, wenn das Harz bzw. der Kopal durch einen Fluss ins Meer geschwemmt wurde und sich in größerer Tiefe im Schlamm ablagerte, wo dann auch ein höherer Druck herrschte – siehe Entstehung der Blauen Erde.

Erscheinungsformen

Führen wir uns vor Augen, wo an und in einem Baum Harz auftreten kann, dann kommen wir auch auf die verschiedenen Erscheinungsformen von Bernstein und können Rückschlüsse ziehen, wie das Harz vor über 40 Millionen Jahren geflossen ist.

Auch ohne eine Verletzung führt ein Nadelbaum Harz in seinen Harzkanälen. Es hat eine Schutzfunktion und verschließt Wunden, die dem Baum z. B. durch Käferlarvenfraß oder mechanische äußere Verletzungen zugefügt wurden. Aber auch durch das natürliche Wachstum des Baumes über das Kambium zwischen Holzteil und Rinde entstehen Spannungen und Risse, vor allem in der Rinde, weil sie nicht entsprechend mitwachsen kann. Hier tritt dann Harz nach außen, aber auch unter die Borke und in die Rinde in sogenannte Taschen.

Nach außen gelangtes Harz kann entweder flächig auf der Oberfläche des Stammes abfließen oder von einem Ast abtropfen. So ergeben sich die folgenden Naturformen:

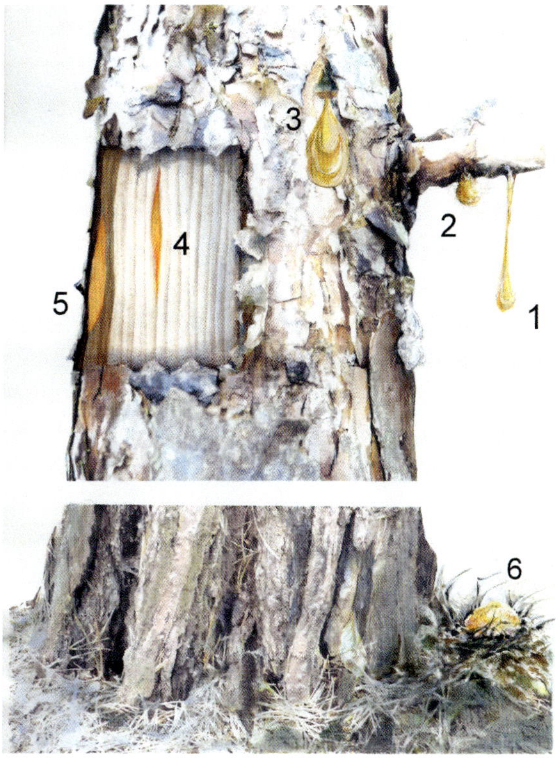

1 Stalaktiten und Stalaktitentropfen
2 Tropfen
3 Schlauben
4, 5 Harztaschen (Hohlraum- und Rissfüllungen)
6 Harzkissen

Illustration © Gabriele Diebel

Tropfen

Ab und zu findet man lose Bernsteintropfen. Man erkennt sie einerseits an der Tropfenform (die allerdings unregelmäßig oder durch den Aufprall auf den Boden abgeflacht sein kann), andererseits an der typischen »Hirnstruktur«, d. h. die Oberfläche sieht aus wie eine Gehirnoberfläche mit vielen Furchen.

Wird ein Tropfen vor dem Abfallen von weiteren Harzschichten umflossen, so findet man ihn ab und zu auch im Bernstein erhalten; entweder als kugeligen Tropfen mit einem dünnen ehemaligen Hängefaden oder als langgezogenen Tropfen, eher stalaktitenförmig, man spricht deshalb von Stalaktitentropfen.

Es kann auch sein, dass der Tropfen abgefallen und ein langer, dünner Harzfaden übrig geblieben ist, der dann von weiterem Harzfluss eingeschlossen wurde und heute als »Nadel« im Bernstein erhalten ist.

Verschiedene Tropfenformen.

Stalaktitentropfen.

Schlaubenbernsteine

Das sind die für den Sammler von Einschlüssen (Inklusen) interessantesten Bernsteine. Eine Harzschicht ist über die andere geflossen – und jedesmal gab es die Chance, dass sich ein Insekt auf dem klebrigen Harz verfing, bevor die nächste Harzschicht darüber floss. Solche Schichtungen = Schlaubenschichten kann man im Bernstein aber auch Stalaktiten-Schlauben.

Bernsteinformen, die auf der einen Seite eine konvexe Wölbung zeigen, auf der anderen Seite eine konkave Wölbung, lassen darauf schließen, dass das Harz auf dem Stamm oder unter der Borke die Stammrundung abgebildet hat. Ein Fossil-Rezent-Vergleich verdeutlicht dieses.

Auf der konvexen Innenseite des Bernsteins ist sogar noch die Holzfaserstruktur zu erkennen, die darauf hinweist, dass das Harz wohl nicht außen auf der Borke geflossen ist, sondern innen unter der Borke, vielleicht sogar unter der Rinde zwischen Bast und Holzteil.

Die »Karbonade«.

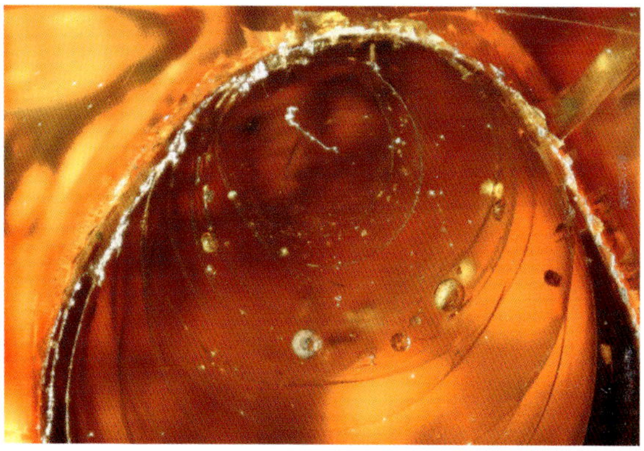

Stalaktitenschlaube.

Fossil: Bernstein,
konkave Außenseite und konvexe Innenseite.

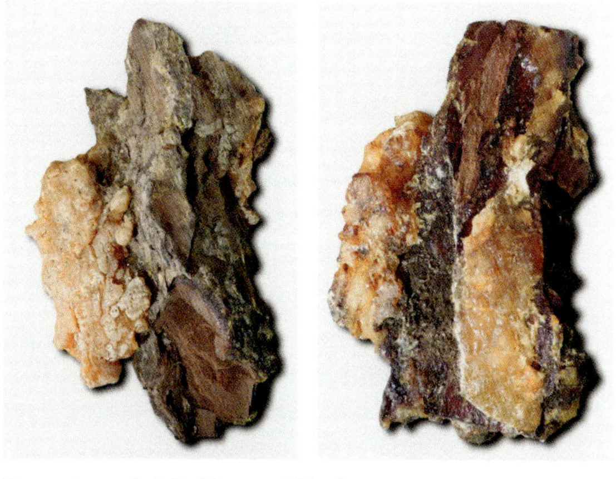

Rezentvergleich: Harz auf Borke,
Außenseite und Innenseite.

Bernsteinfarben

Der typische, jedem bekannte Bernstein hat eine klar-honiggelbe bis klar-bräunliche Farbe, ist eben bernsteinfarben. Aber nur 10 % des geförderten Bernsteins gehört zu dieser Kategorie.

Die »normale« Bernsteinfarbe, wie sie der Urlauber kennt:

Es gibt eine Fülle von weiteren **Farbvarianten:**

Submikroskopisch kleine Bläschen trüben den Bernstein (sog. »matte«, »flohmige«, »flumige« Bernsteine). Die Bläschengröße schwankt zwischen 0,0008 mm und 0,002 mm und kann bis zu 900.000 Bläschen pro Quadratmillimeter betragen (Angaben aus GANZELEWSKI – Bernstein, Tränen der Götter). Allerfeinste Bläschen ergeben die **reinweiße Farbe** des Bernsteins, die recht selten ist, feine Bläschen lassen den Bernstein **milchig-gelblich-trüb** erscheinen.

Diese gelblichen Bernsteine nennt man **Bastard-Bernsteine**, ein schlimmes Wort für solch schöne Bernsteine. Es ist eine Sammelbezeichnung für trübe Bernsteine. Die Trübungen können einheitlich sein oder örtlich begrenzt, dann entstehen Wolken. Der gräulich-gelbe Bernstein wird auch als perlfarbener Bastard bezeichnet, der bräunlich-gelbe Bernstein als kumstfarbiger Bastard (bräunlichgelb wie der Kumst = ostpreußischer Sauerkohl).

Auch die Zeit hinterlässt ihre Spuren. Ein rein weißer Bernstein bekommt nach einigen Jahren eine Patina, d. h. verfärbt sich oberflächlich zunehmend ins Gelblich-braune. Ein milchig-gelber Bernstein wird dunkler und rotbrauner. Die Verwitterung schreitet von außen nach innen fort; dieser Bernstein zeigt eine schon fast 1 cm dicke Verwitterungskruste. Am Ende des Kapitels sind verschiedenste Farbvarianten vorgestellt, einige davon zeigen schon deutliche Alterungsspuren, sowohl in der Farbe als auch der Oberflächenverwitterung.

Von außen verwitternder Bastard.

Knochenbernstein, auch Kreidebernstein genannt (nicht zu verwechseln mit dem Erdzeitalter Kreide), ist ebenfalls ein trüber Bernstein von weißlich bis gelblichbrauner Farbe, aber mit größeren Bläschen und lange nicht so hart wie der rein weiße Bernstein.

Knochenbernstein.

Noch gröber und lufthaltiger in der Struktur ist der **schaumige Bernstein**, der sogar im Süßwasser aufschwimmen kann.

Unstrittig ist, dass die **Trübungen** mit **Feuchtigkeit** zu tun haben. Doch wie ist die Feuchtigkeit ins Harz gelangt? Man dachte früher, dass es wetterabhängig sei und das Harz (und der daraus entstandene Bernstein) bei regnerischem oder nebligem Wetter trübe wird und bei Sonnenschein klar. Das widerspricht der Tatsache, dass Harz hydrophob, d. h. Wasser abweisend ist. Schon als Kinder haben wir diese Eigenschaft ausgenutzt und ein Ende eines Streichholzes oder dünnen Holzscheites mit Harz bestrichen und auf die Wasseroberfläche gelegt. Das Holzstückchen wurde durch die wasserabstoßende Wirkung des Harzes angetrieben.

Die Trübung wird von innen her verursacht, d. h. das trübe Harz ist wetterunabhängig entstanden. In einem Baumstamm gibt es wasserleitende und saftleitende Gefäße neben Harzkanälen. Tritt nur Harz aus Harzkanälen an die Oberfläche aus, ist das Harz und der später daraus entstandene Bernstein klar. Wurden auch benachbarte Saftkanäle verletzt (das ist bei größeren Wunden immer der Fall), tritt Baumsaft zusammen mit Harz aus und bildet eine trübe Emulsion. Wir können das bei gefällten Kiefern oder Windbruch beobachten, aber auch selbst den Versuch machen:

Diese Fichte wurde gezielt im Rindenbereich verletzt. Das Ergebnis nach einiger Zeit ist ein trübes milchiges Harz. Solch ein Harz würde bei Bedingungen, die Bernstein entstehen ließen, sicher in einigen Millionen Jahren einen milchig-trüben Bernstein ergeben.

Harzende Fichte.

Rotbrauner Bernstein: Eine von außen beginnende Verwitterung, zunächst mit dem Auge nicht sichtbar, färbt den vorher klaren oder honiggelben Bernstein immer dunkler, bis er rotbraun aussieht. Diese Verwitterung kann durch Risse oder Löcher nach innen fortschreiten (siehe Kapitel über Verwitterung).

Rotbraune Verwitterungskruste.

Brauner Bernstein: Von sich aus braunen Bernstein gibt es nicht. Diese Farbe kommt meist durch Holzreste zustande, die den Bernstein vollkommen ausfüllen können (siehe auch Brack).

Auch durch Alterung von weißem/milchigem Bernstein oder durch feinste bräunlich gefärbte Bläschen kann der Bernstein bräunlich aussehen.

Brauner Bernstein.

Ein altes Sammlungsstück, bräunlich verfärbt.

Schwarzer Bernstein: Auch diese Farbvariante kommt durch starke Einlagerung von organischen Resten zustande (oder durch sehr starkes Erhitzen im Autoklaven).

Grüner Bernstein: »Richtigen« grünen Bernstein gibt es nicht, er kann nur durch Erhitzen zustande kommen, sogenannter geklärter Bernstein. Ein leichter Grünstich allerdings kann bei trübem Bernstein schon vorkommen. Meist findet man grünliche oder bläuliche Bernsteinfarben in Verbindung mit weißlichen Anteilen und meist in Bernsteinen, die Humus oder Holzraspel eingeschlossen haben.

Grüner Bernstein.

Brack, auch Schlack genannt: Extreme Form von pflanzlichen Einschlüssen, fast nur aus Pflanzenresten oder Humuserde bestehend, die durch das Harz zusammengehalten werden, häufig kaum als Bernstein erkennbar. Zur Schmuckverarbeitung war er bis vor kurzem nicht genutzt. Heute allerdings findet man häufig diesen sehr dunklen Brackbernstein zu Armbändern o. ä. verarbeitet. Wahrscheinlich ist dieser Bernstein durch Herabtropfen auf Humuserde entstanden oder Harz ist in mit Humus gefüllte Astlöcher geflossen oder holzbohrende Insekten (z. B. Käfer und ihre Larven) haben ihre Produkte der Bohrtätigkeit hinterlassen.

Brack.

Blauer Bernstein:
Selten ist ein Bernstein fast reinblau, meist kommt die bläuliche Farbe in Verbindung mit weißen Bereichen vor. Die Entstehung der blauen Farbe ist nicht endgültig geklärt. Wahrscheinlich kommt die blaue Farbe durch Lichtstreuung an kleinsten Einschlüssen (Bläschen) zustande, die alle genau dieselbe Größe haben müssen. Bei unterschiedlich großen Bläschen entsteht die weiße Farbe. Auf jeden Fall ist die blaue Variante der seltenste Bernstein. Eine andere Theorie besagt, dass die blaue Farbe durch Pyrit (Schwefelkies) zustande kommt.

Natürlich blauer Bernstein.

Nicht zu verwechseln ist diese »echte« blaue Farbe mit der blauen Farbe, den manche dominikanischen Bernsteine im Sonnenlicht oder unter UV-Licht zeigen. Dort spielt ein Fluoreszenzeffekt eine Rolle.

Dominikanischer Bernstein im UV-Licht.

Glasklarer, fast farbloser Bernstein:
Man nimmt an, dass Harz schon vor 40 Millionen Jahren klar wurde, wenn keine Feuchtigkeit im Spiel war. Dieses klare Harz bildete sich fast nur außen am Baum. So finden wir Einschlüsse auch nur in klarem Bernstein, äußerst selten in getrübtem Bernstein. Aus glasklarem Bernstein (typisch für Ukrainer Bernstein) schliff man früher sogar Brillenlinsen!

Einige Bernsteinsammler haben sich auf das **Sammeln von verschiedenen Farbvarianten** spezialisiert. Kein Bernstein gleicht dem anderen und es gibt immer wieder die schönsten Farbzusammenstellungen, die aber erst beim Schleifen zutage kommen.

Der Verwitterungsprozess ist an der Entstehung solch toller Farbspiele beteiligt, wie beim folgenden Bernstein im linken Bereich deutlich zu erkennen ist. Die dunkle Farbe im Verwitterungsbereich rührt von Pyrit her.

Schöne Farbvarianten entstehen auch, wenn Bernstein auf Humuserde fließt und auf einem humushaltigen Teil eine Schicht reinen Bernsteins aufgelagert ist.

Verwitterung, Lagerung

Der Bernstein konnte viele Millionen Jahre unverwittert überdauern, aber nur unter bestimmten Voraussetzungen. Er musste unter Luftabschluss gelagert und durfte nicht der Trockenheit ausgesetzt sein. Diese Bedingungen finden wir nur in der Erde unterhalb des Grundwasserspiegels und im Meer.

Die UV-Strahlung verändert die Zusammensetzung des Bernsteins und lässt ihn spröde werden.

Trockenheit erzeugt zunächst feinste Oberflächenrisse, die immer stärker werden. Luft, vor allem der Sauerstoff, begünstigt die Verwitterung. Diese Verwitterung beginnt im Prinzip sofort nach der Förderung aus dem schützenden Grundwasser oder dem Meer. Unter dem Mikroskop erkennt man bei falsch gelagertem Bernstein schon nach wenigen Jahren feinste Oberflächenrisse, so, als ob lehmige Erde austrocknet und aufreißt.

Nach weiteren Jahren falscher Lagerung kann man die Risse mit bloßem Auge erkennen und der Bernstein verfärbt sich zunehmend – er wird dunkler. Nach einigen Jahrzehnten Lagerung im Freien auf der Erdoberfläche ist ein kleiner Bernstein dann durch und durch verwittert und zerfällt (siehe auch im Kapitel über Bitterfelder Bernstein).

Bild: Ein Bernstein mit weißen Wolken, deutlich sind die tiefen Verwitterungsrisse auf der Oberfläche zu erkennen. Im Querschnitt zeigt dieser Bernstein, dass er schon zur Hälfte von außen nach innen verwittert ist, und zwei bräunliche Risse ziehen ganz durch den Bernstein hindurch.

Wie kann ich den Bernstein vor der Verwitterung schützen?

1. Bernstein, der länger als 20 Jahre ohne wesentliche Verwitterungserscheinungen überdauern soll, muss möglichst vor direktem Sonnenlicht geschützt werden und wenig Luft um sich haben. Die Aufbewahrung in einem MINIGRIP-BEUTEL (kleinem Plastikbeutel verschiedener Größe mit luftdichtem Verschluss, auch Druckverschlussbeutel oder ZipLock-Beutel genannt) bietet sich an, weil kaum Luft im Beutel verbleibt. Sie sind recht günstig zu erwerben und praktisch für das Aufbewahren nicht zu großer Bernsteine, siehe Kapitel »Aufbau einer Sammlung«. Auf diese Weise aufbewahrte Bernsteine zeigen auch nach 20 Jahren noch keinerlei oberflächliche Verwitterungserscheinungen.

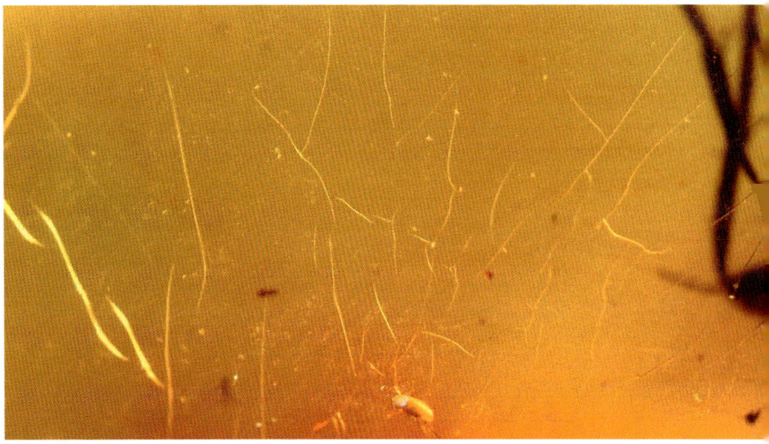

Feinste Verwitterungsrisse.

2. Dem Erfindungsreichtum sind keine Grenzen gesetzt. Es gibt Sammler, die bewahren ihre Bernsteine in Gläsern mit Wasser auf (Nachteil: Das Wasser wird im Laufe der Zeit trübe und riecht – da hilft nur eine kräftige Portion Salz). Andere Sammler ölen ihre Bernsteine, bevor sie sie in den Beutel legen. Wiederum andere benutzen ihr Vakuumiergerät ...

3. Soll der Bernstein auch nachfolgenden Generationen erhalten bleiben, wie zum Beispiel wissenschaftlich wertvolles Material, muss er konserviert werden, siehe Kapitel über Konservierung von Bernstein.

Von außen nach innen beginnende Verwitterung.

Verwendung, Bernsteinprodukte

Bernstein diente seit altersher nicht nur zur **Schmuckherstellung**. Weniger als 10 % des geförderten Bernsteins besitzt Schmuckqualität. Ein großer Teil des Bernsteins ging nach der Vorsortierung in die Schmelzfabriken und wurde in der chemischen Industrie weiter verarbeitet (Stichwort: Kolophonium). Ein Teil wird unter starkem Druck zu Pressbernstein verarbeitet, der in Platten oder Röhren gelagert wird. Ein anderer Teil wiederum findet in der Medizin Verwendung.

Medizin

Ein alter Apotheker bewahrte in diesem Gefäß Bernsteinpulver auf, um es bei Bedarf einer Salbe zuzugeben, die dann gegen Entzündungen helfen sollte.

Apothekerdose für Bernsteinpulver.

Seit Jahrhunderten wurden Bernsteinprodukte in Drogerien und Apotheken verkauft, als Salbe bei Hautleiden, als Pulver zum Trinken, bei Nervenleiden, Rheuma, Lungenentzündung usw. Bernsteinsäure, auskristallisiert käuflich, im Tee aufgelöst, soll gegen Infektionen helfen und kann als Zitronenersatz dienen, da sie sauer wie Zitrone schmeckt. Bernsteinsäure findet Anwendung in der Arzneimittelherstellung und als Desinfektionsmittel. Es gibt kaum eine Krankheit, die nicht mit Bernstein behandelt worden ist.

Manche behaupten sogar (und glauben fest daran), dass »normaler« Naturbernstein seine Wirkung erziele: Als Halskette getragen lindere er Halsschmerzen, die Babykette oder der Bernsteinschnuller verringere die Schmerzen beim Zahnen, der Schmeichelstein vertreibe Nervosität usw.

Bernsteinschnuller.

Sogar gegen Kropfbildung, Gicht, Malaria, bei Bauchschmerzen, Nierensteinen, Blutungen und Impotenz soll Bernstein helfen, so steht es in alten Büchern. Der Placebo-Effekt erzielt auch hier sicher einige Wirkung! In Russland und Litauen werden entsprechende Pulver und Pillen häufig angeboten.

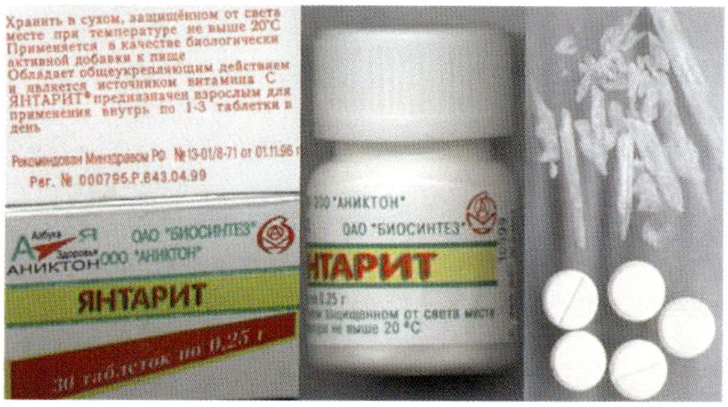

Bernsteinsäure und Ähnliches.

Auf der Website karrer-edelsteine.de ist zu lesen: »Die Wirkung des Bernsteins gilt als Unterstützung für positives Denken. Außerdem soll die Wirkung des Bernsteins helfen, dass sich tägliche Belastungen nicht »auf die Seele« schlagen. Bei der Anwendung im mentalen Bereich ist Sichtkontakt zum Bernstein genauso wichtig wie Körperkontakt. Nur in der Kombination bei einer Behandlung kann der Bernstein seine ganze Unterstützung geben…«

Wie positiv sich das warme Licht des beleuchteten Bernsteins auswirkt, erfahre ich immer wieder, wenn ich mich abends, vom Tag gestresst, ins Dunkle setze, nur die Bernsteinlampe darf Licht spenden. Es wird häufig von psychosomatischen Erkrankungen gesprochen. Ich kann mir vorstellen, dass eine Bernsteinlicht-Therapie unter bestimmten Umständen und wenn man fähig ist, sich darauf einlassen zu können, zu einer Entspannung und Heilung führen kann.

Bernsteinlampenschirm.

Weiter aus karrer-edelsteine.de: »Insbesondere gilt die Wirkung des Bernsteins als Unterstützung bei Allergien, wie zum Beispiel Heuschnupfen. Eine Behandlung mit Bernstein ist bei Heuschnupfen auch als vorbeugende Anwendung als Unterstützung zu werten. Das heißt, die Anwendung des Bernsteins sollte noch vor Beginn der klassischen Heuschnupfenzeit beginnen, damit die Wirkung des Bernsteins voll zur Geltung kommen kann…

Die Wirkung des Bernsteins soll darüber hinaus allgemeine entzündungshemmende Eigenschaften haben. Eine Anwendung mit Bernstein sei sowohl bei äußerlichen Entzündungen (z. B. Wunden), als auch zur Behandlung bei innerlichen Entzündungen (z. B. Gelenke, Unterleib) als positive Unterstützung zu werten. Die Abheilung von bestimmten Hauterkrankungen, wie z. B. Akne soll ebenfalls durch die Wirkung des Bernsteins unterstützt werden. Die Anwendung von Bernstein kann auch erfolgen, um die Entgiftung des Körpers zu unterstützen. Verschiedentlich wird berichtet, die Wirkung von Bernstein zeige sich auch positiv hinsichtlich der Unterstützung des Hormonhaushaltes (ausgleichende Wirkung).«

Die heilende bzw. Krankheiten vorbeugende Wirkung des Bernsteins erkannte schon Mathäus Praetorius (1680). Praetorius wurde in Memel geboren und studierte an der Universität Königsberg. Er war mit dem Bernstein vertraut und schrieb in seinem ersten Buch:

»In den Pestzeiten hat man nicht befunden, dass jemand von den Bernstein Arbeitern in Danzig, Memel, Königsberg, Libau, sei an der Pest gestorben«. Die Erklärung könnte darin liegen, dass in Pestzeiten Bernstein und andere Stoffe in den Zimmern verbrannt und dadurch Ratten ferngehalten wurden, die Überträger der Pest.

Gemline.ch schreibt zu Praetorius: »Dieselbe Quelle beschreibt im Weiteren anschaulich die Verwendung von Bernstein als Volksheilmittel und in der Alchemie dieser Zeit. So wird pulverisierter Bernstein zu Pflaster und Salbe weiter verarbeitet, in Oel gekocht, in Branntwein eingelegt und vor allem auf der Haut eingerieben. Neben vielen guten Wirkungen »gegen allerlei Gebresten«, schreibt MATHÄUS PRAETORIUS über den Bernstein: »Er benimmt das Zahnweh, stärkt auch die Zähne und benimmt sie des Schleimes.« Die ihm zugeschriebenen Kräfte können sich demnach auch bei äußerlichem Kontakt besonders gut entfalten. Seine ziehenden Eigenschaften versprachen denn auch eine gute Geburt und Hilfe beim Zahnen.

Religion

Große Mengen Bernstein orderte die Kirche: **Rosenkränze** wurden und werden millionenfach hergestellt, Bernsteinpulver wird gemeinsam mit **Weihrauch** und Myrrhe (einem dem Weihrauch verwandten Harz) in der Kirche verbrannt.

Gebetsschnüre aus stark autoklaviertem Bernstein.

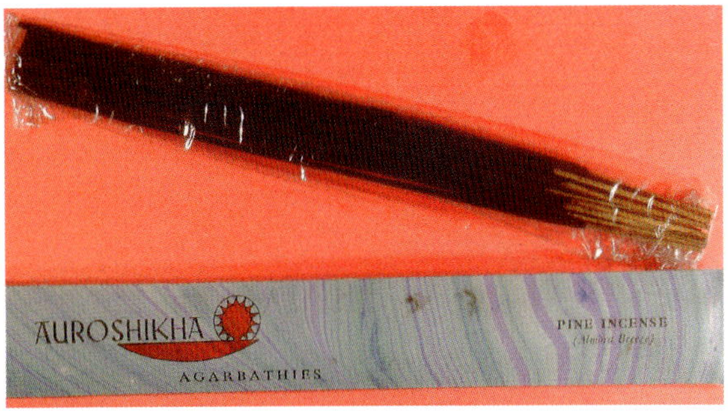

In einer Drogerie gekauft: Räucherstäbchen aus Bernsteinpulver.
Foto © Peter Laging

Der Bernsteindreher, auch Paternostermacher genannt, war schon im frühen Mittelalter ein eigenständiger Beruf. Schon um 1300 gab es in Brügge die erste Bernsteindreherzunft, ca. 100 Jahre später folgte die Lübecker Bernsteindreherzunft. Warum entstanden diese Zünfte weit weg vom eigentlichen Fundort des Bernsteins? Der Grund ist das Bernsteinregal, das Monopol zur Nutzung des Bernsteins an der Ostseeküste, das anfangs der Deutschritterorden für sich beanspruchte (siehe ausführlicher im Kapitel »Das Bernsteinregal«). Die Ritter des Deutschen Ordens besetzten in der Mitte des 13. Jahrhunderts die Ostseeküste u. a. des Samlandes und verboten die Ansiedlung von Bernsteindrechslern. Erst als über hundert Jahre später Rechte an die Stadt Danzig übertragen wurden, siedelten sich dort die ersten Bernsteindrechsler an. Im gesamten Abendland wurden so viele Rosenkränze benötigt, dass zeitweilig das Rohmaterial knapp wurde.

Werbung für Hunde-Bernsteinhalsbänder.
Quelle: © nordschmuck.de (2011)

Zeckenabwehr?

Manch ein Hundebesitzer benutzt ein **Hundehalsband** mit Bernsteinen, das gegen Zecken vorbeugen soll.

Ich habe lange im Internet gesucht, habe aber keinen wissenschaftlichen Beleg dafür gefunden, dass diese Wirkung auf Zecken wirklich stimmt. Wenn gesagt wird, dass behandelte Bernsteine (und damit müssten dann gekochte bzw. autoklavierte Bernsteine gemeint sein) keine Wirkung zeigen, dann wäre das eine Erklärung dafür, dass Zecken die ätherischen Öle oder andere Duftstoffe riechen können, die ein Naturbernstein ausströmt. Evolutionsbiologisch wäre das denkbar, denn Harz stellt eine Gefahr für Zecken dar und ein entsprechender Ausleseprozess könnte dazu geführt haben, dass Zecken, die Harz riechen konnten, besser überlebt haben. Aber das bleibt sicher weiterhin Spekulation.

Eine andere Erklärung könnte sein: Der Bernstein lädt sich bei Bewegung am Fell des Hundes elektrostatisch auf und das können die Zecken vielleicht spüren und diesen Hund meiden. Träfe das zu, würde auch gekochter Bernstein seine Wirkung zeigen.

Sonstige Verwendung

In der **Elektronik** ist Bernstein wegen seines hohen Widerstandes geschätzt. Der spezifische elektrische Widerstand ist höher als von Porzellan oder Bakelit!

Bei der Herstellung hochwertiger **Holzlacke** finden Bernsteinprodukte Verwendung. Näheres dazu im Kapitel über Kolophonium.

Die Wikinger nutzten Bernstein sogar als **Brennstoff,** was durch Auswertung von Feuerstellen belegt ist. Er war leicht, hatte einen höheren Brennwert als Holz und konnte auch bei Nässe bestens gezündet werden. Daher kommt übrigens auch der Name »börnsteen«, »börnen« = brennen. Das ist heute unvorstellbar, denn wir kennen den heutigen hohen Wert des Bernsteins. Zur Wikingerzeit aber müssen riesige Mengen Bernstein an den Küsten zu finden gewesen sein.

Große Bernsteine

Viele Menschen lieben Superlative und suchen nach dem Klügsten, dem Schnellsten, dem Kräftigsten, dem Größten. So taucht auch die Frage auf, wie schwer die größten gefundenen Bernsteine sind. Zunächst zum Baltischen Bernstein, der uns in diesem Buch am meisten interessieren soll. Ganz sicher gibt es mehr Großbernsteine als solche, die heute in den Sammlungen zu finden sind. Die meisten werden aber noch tief im Erdreich oder am Meeresgrund schlummern. Andere Exemplare sind beschädigt oder zerstört worden, denn es gibt viele Umstände, die dazu führen können:

- Schlaubenbernsteine brechen auseinander.
- Außerhalb des Grundwassers verwittert der Bernstein.
- Kreiselpumpen zerschlagen den Bernstein bei der Förderung, genauso Bagger und Hochdruckstrahler.
- Starke Brandung wirft den Bernstein auf einen Stein.
- Der Bernstein ist zersägt worden, um ihn zu verarbeiten oder unter den Findern aufzuteilen (gab es tatsächlich!).
- Und viele andere Umstände sind denkbar.

Die Mineralienmesse Hamburg wartet jedes Jahr mit Sonderausstellungen auf. Vor einigen Jahren waren große Bernsteine und Bernsteine aus aller Welt das Thema. Wir halfen bei den Aufbau- und Abbauarbeiten und durften den größten noch existierenden Baltischen Bernstein in unseren Händen tragen: 9750 Gramm. Er liegt im Museum für Naturkunde in Berlin, wurde 1890 im Kreis Cammin (Pommern) gefunden, also in der Nähe des Großen Haffs. Erstaunlich ist die sehr gute Erhaltung des Großbernsteins, was für entsprechend gute Lagerungsbedingungen in der Vergangenheit spricht.

Der größte bekannte Lausitzer Bernstein befindet sich in der Sammlung von Roland Noack und wiegt 770g. Er wurde im Braunkohletagebau Schlabendorf-Süd gefunden.

Der größte Baltische Bernstein.

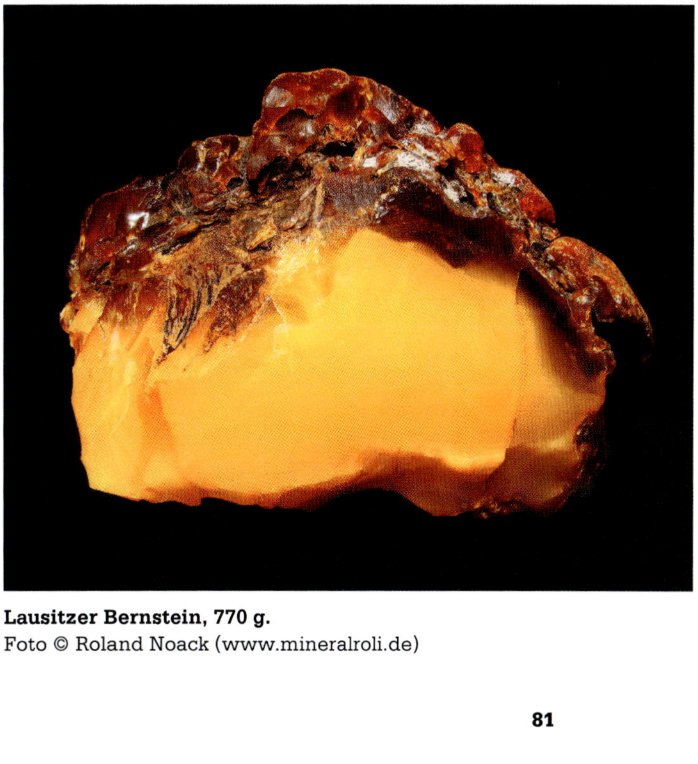

Lausitzer Bernstein, 770 g.
Foto © Roland Noack (www.mineralroli.de)

Ursprünglich über 10 kg schwerer Baltischer Bernstein.
Foto © House of Amber, Kopenhagen

Im Kopenhagener Bernsteinmuseum »Ravhuset« am Kongens Nytorv ist ein Bernstein ausgestellt, dessen ursprüngliche Größe weit über 10 kg betragen haben soll. Auf der Seite www.brost.se/ger/tyska.html ist zu lesen:

»... das bisher wohl größte gewogene Stück Baltischen Bernsteins wurde in Schweden gefunden. Ein dänischer Hummerfischer konnte es im Oktober 1969, weit von dem Fundgebiet in Schonen entfernt, an der schwedischen Westküste am Skagerrak vor Bohuslän aus dem Meer bergen. Es besaß zum Zeitpunkt des Fundes ein Gewicht von 10.478 g. Leider hat man davon etwas abgeschlagen. Jetzt wiegt es noch 8.886 g. Ursprünglich befand sich dieses Exemplar im Besitz der Fischerfamilie Eigil JENSEN in Gilleleje (Seeland). Später wurde es von der Bernsteinfirma Ravfehrn Kopenhagen erworben und ist seit Sommer 1994 im neu eingerichteten »Ravhuset« (Bernsteinhaus) am Nyhavn in Kopenhagen ausgestellt.«

Immer wieder wird von Riesenbernsteinen berichtet, die in der Nord- und Ostsee gefunden wurden. Von Stücken über 50 kg, ja sogar von einem »Bernstein« von 238 kg Gewicht kann man lesen. Letzteren Fund soll ein Trawler in der Ostsee geborgen haben; es stellte sich aber später heraus, dass es ein Klumpen rezentes Harz bzw. Kolophonium gewesen ist. Harze finden und fanden in der Lackindustrie Verwendung und wurden in Tonnen per Schiff transportiert. Gut vorstellbar ist, dass ein solches Fass über Bord gegangen ist und zu dem »Riesenbernsteinfund« geführt hat.

Auch von anderen Fundorten der Welt gibt es Bernstein-Riesenexemplare, wovon ich hier einige wenige erwähnen möchte.

Einer der größten Bernsteine aus der Dominikanischen Republik konnte auf der oben erwähnten Mineralienmesse Hamburg bewundert werden.

Dominikaner-Riese.

25 kg – Bernstein aus Burma (Myanmar).

Ursprünglich zentnerschwerer Bernstein aus Borneo.
Foto © SMNS (G. Bechly)

In Borneo (Fundstelle Sarawak) fand und barg Dr. Schlee den größten Bernstein der Welt (laut Guinnessbuch-Urkunde). Leider konnte er nicht im Ganzen geborgen werden, sondern musste vor Ort in drei Teile zerlegt werden, wovon zwei im Museum Kuching (Sarawak, Malaisia) liegen, eines in der Sammlung des Staatlichen Museums für Naturkunde Stuttgart.

Der größte an der litauischen Küste gefundene Bernstein wiegt 3820 g. Er wird im Bernsteinmuseum von Kaziemiras Mizgiris in Nida ausgestellt. Der Besatz mit Seepocken beweist, dass er aus dem Meer stammt.

Fast 3 kg schwerer Burma-Bernstein.

3 kg Mexikobernstein aus Chiapas.

BERNSTEIN-BEARBEITUNG

BERNSTEIN-BEARBEITUNG

Schleifen und Polieren

Für die Bernsteinbearbeitung benötigt man keine teuren Geräte. Bernstein ist ein relativ weiches Material, das sich mit handelsüblichem Schleifpapier mühelos schleifen lässt. Lästig und für die Atemwege sehr ungesund ist dabei aber der feine Bernsteinstaub.

Deshalb sollte man Nass-Schleifpapier verschiedener Körnungen benutzen, d. h. man schleife immer mit einigen Tropfen Wasser auf dem Schleifpapier. Das handelsübliche Baumarkt-Schleifpapier hat leider den Nachteil, dass es sehr schnell abnutzt. So empfiehlt es sich, ein paar Cents mehr auszugeben und ein Spezial-Nass-Schleifpapier zu kaufen. Es gibt aber nur sehr wenige Firmen, die auch feinstes Schleifpapier herstellen, das man für den Endschliff benötigt. In Baumärkten ist die Grenze meist beim 1500er Korn erreicht – die Oberfläche des Bernsteins ist damit aber immer noch matt. Bei einer Körnung von 4000 erreichen wir optischen Glanz und je abgenutzter das 4000er-Spezial-Nass-Schleifpapier ist, desto feiner wird der Glanz! Ich beziehe solche Papiere bei der Struers-Radiometer GmbH und benutze ein 120er Korn zum Vorschliff, ein 1200er Korn zum Feinschliff (Zwischenkorngrößen sind nicht notwendig, da das 1200er Schleifpapier sehr effektiv »frisst«) und ein 4000er Korn für den Endschliff.

Spezial-Nass-Schleifpapier.

ACHTUNG: Schleift man Rohbernstein, dann auf jeden Fall vorher gründlich waschen, um Sandkörner abzuspülen, die den Schleiferfolg erheblich beeinträchtigen können. Auch zwischen den Schleifgängen den Bernstein und die benutzten Finger waschen, um Schleifkörner abzuspülen!

Die Bezugsquelle für die Schleifpapiere, die ich für die besten halte: Firma Struers GmbH, Postfach 500429, 47871 Willich, Tel. (0 21 54) 4 86-0, Fax (0 21 54) 4 86-2 22, E-Mail: verkauf@struers.de

Art.Nr. 40400057
Nass-Schleifpapier 200mm, Korn 120
Art.Nr. 40400012
Nass-Schleifpapier 200mm, Korn 1200
Art.Nr. 40400014
Nass-Schleifpapier 200mm, Korn 4000

Diese Papiere sind nur im Pack von mindestens 50 Blatt zu beziehen. Ihr Preis per 100 Stück inkl. Verpackung und Porto und MwSt. beträgt bei 4000er Rundbögen ca. 140 Euro (Stand 2019).

Polieren

Auf glattem Tuch mit Stahlpoliturmilch oder Zahnpasta (Ajona ist die beste Zahnpasta zum Schleifen). So vermeidet man die lästige Schleifpaste, die sich in alle Risse und Vertiefungen setzt und den Bernstein unansehnlich macht und auch vor dem eventuellen Konservieren mühsam wieder entfernt werden muss. Dieser Polierschritt erübrigt sich aber eigentlich, denn das 4000er-Schleifpapier hat schon Polierwirkung – vor allem, wenn es abgenutzt ist, also nicht wegwerfen!

Schleifen mit Maschinen

Zwar bevorzuge ich das Per-Hand-Schleifen, doch wenn ich viel Bernsteinmasse abschleifen möchte, erleichtert eine Maschine die Arbeit. Solche Geräte müssen nicht teuer sein, es gibt sie für ca. 30 Euro in Baumärkten im Angebot. Am besten sind Doppel-Schleifer geeignet: Auf die eine Seite klebt man das entsprechende Schleifpapier, auf die andere Seite montiert man eine Stoff-Polierscheibe (die mit etwas Poliermittel versetzt werden kann). Um die lästige Staubentwicklung im Zimmer zu vermeiden, habe ich einen Kasten um das Schleifgerät gebastelt, der vorne oben mit einer Glasscheibe belegt ist und vorne und seitlich Eingrifflöcher für die Hände besitzt. Im linken und rechten Bereich sind Abzuglöcher, an die Schläuche montiert sind, die bei mir aus dem Haus heraus führen und an einen Industrie-Feinstaubsauger angeschlossen sind (früher habe ich einfach einen alten Staubsauger benutzt).

Doppelschleifmaschine.

Bohren und Sägen

Wer keine teure Diamantsäge oder elektrische Bandsäge (z. B. Proxxon) mit Wasserkühlung zur Verfügung hat, sägt mit einer kleinen Bügelsäge mit Silbersägeblättern.

Achtung: Langsam sägen, sonst wird das Sägeblatt zu heiß und frisst sich fest (Bernstein schmilzt bei hohen Temperaturen). Mit etwas Geduld kann man so per Hand auch über 1 cm dicke Bernsteine sauber durchsägen (erfordert allerdings etwas Fingerkraft in der »Haltehand«). Es eignen sich auch Kachelsägen aus dem Supermarkt (mit Wasserkühlung) mit sehr dünnem Sägeblatt. Als Auflage zum Sägen kann ein durchgesägtes Plastikbrett dienen.

Beim Bohren gilt das gleiche wie beim Sägen: Immer wieder das Bohren unterbrechen, sonst wird der Bernstein zu heiß und der Bohrer frisst sich fest; vor allem gilt das für die normalen Spiralbohrer (Bohrer für Holz eignen sich durchaus, Eisenbohrer nutzen nicht so schnell ab).

Der Spezialist bohrt allerdings mit sogenannten Schwertbohrern, das sind schwertförmig geschliffene Bohrer, die beim Drehen viel Luft mit in den Bohrkanal ziehen und dadurch gut kühlen. So kann man ohne Absetzen auch größere Bernsteine sauber durchbohren. Leider sind diese Spezialbohrer nicht im Handel erhältlich und

Schwertbohrer.

müssen selbst gefertigt werden. Das hat man schon früher getan, als es noch keine Spiralbohrer gab. Die Slawen nannten diese Bohrer aus einer Eisenspitze »suerdilo«, was so viel bedeutet wie »kleines Schwert«. Ich habe in Jantarny/Kaliningrad gesehen, wie solche Bohrer hergestellt wurden:

Von einem alten Regenschirm sägte man aus den früher noch runden Stahlstreben ca. 5-cm-Stücke, klopfte sie mit einem Hammer vorne flach und feilte eine Spitze. Die Schwierigkeit bestand darin, die Schwertseiten optimal scharf und gleichmäßig zu schleifen.

Bernstein trommeln

Will man nicht nur wenige Rohbernsteine bearbeiten, sondern einige Kilo, dann empfiehlt sich das Trommeln.

Es gibt handelsübliche Trommeln, die aber erstens sehr klein und zweitens unverhältnismäßig teuer sind. Die Profi-Trommeln sind für den Laien unerschwinglich. Anstatt einer Trommel kann man auch Rüttler oder Vibratoren verwenden, die allerdings geringere Schleiferfolge haben.

»Profi-Trommel« und Rüttler.

Also selbst basteln!

Für größere Mengen Bernstein: Eine Waschmaschinentrommel (Vorteil: Edelstahl und nicht rostend) an einen Waschmaschinenmotor oder Ventilator-Elektromotor (oder Ähnliches) anschließen, den man im besten Fall stufenlos regeln kann. Diese Trommel dreht sich dann in einer Wanne,

Selbstgebastelte Trommel.

in die man etwas Wasser füllt. Solche Trommeln habe ich in litauischen und russischen Werkstätten häufig gesehen, manchmal eine Reihe von bis zu 10 Maschinen.

Für kleinere Mengen Bernstein: Nicht ganz so kompakt und leichter zu bauen ist die Version mit einem Scheibenwischermotor, auf den man einen ovalen 25 kg-Plastikeimer (Farbeimer) setzt. Das Ganze schräg montiert, damit der Bernstein beim Drehen gut durcheinander gewirbelt wird.

Dem Tüftler sind da keine Grenzen gesetzt – Hauptsache, das Ding dreht sich langsam und Bernstein mit Wasser kann eingefüllt werden. »Mut zur Lücke«, aber Vorsicht mit der Elektrik!

Die Trommelschritte

Genau wie beim Schleifen, bei dem man mit grobem Schleifpapier beginnt und dann immer feineres Korn benutzt, muss man auch beim Trommeln vorgehen.

Anfangs mengt man grobe Schleifkörner unter den zu trommelnden Bernstein, ich selbst nehme »scharfen« Sand, d. h. Sandkörner, die nicht abgerundet sind (das Sandmaterial unter dem Mikroskop betrachten). Dann lässt man die Wasser-Sand-Bernstein-Mischung 1–2 Wochen trommeln (je nach Umdrehungszahl und »Schärfe« der verwendeten Schleifkörner). Zwischendurch sollte man hineinschauen und notfalls das schaumige Wasser erneuern, wenn sich zu viel Schaum gebildet hat.

Die folgenden Trommelschritte sind nur bei Verwendung von gekauften, d. h. handelsüblichen Körnern möglich. Zwischen jedem Trommelschritt muss gründlich gewaschen werden, damit keine groben Körner in den nächsten Schleifgang gelangen. Am einfachsten geht das mit einer gehörigen Portion Salz, das den Bernstein in der entstandenen Brühe aufschwimmen lässt – wobei die schwereren Körner fest am Boden liegen bleiben. Es empfiehlt sich, mehrere Trommeln zu verwenden, damit man in einer Trommel immer nur mit einer Körnung arbeiten kann.

Abschließend kommt der schwierigste Gang: Das Polieren in der Trommel mit Trommelholz und Politurpaste. Dabei wirklich hochglänzend polierte Bernsteine als Endprodukt zu erhalten, ist nicht ganz einfach.

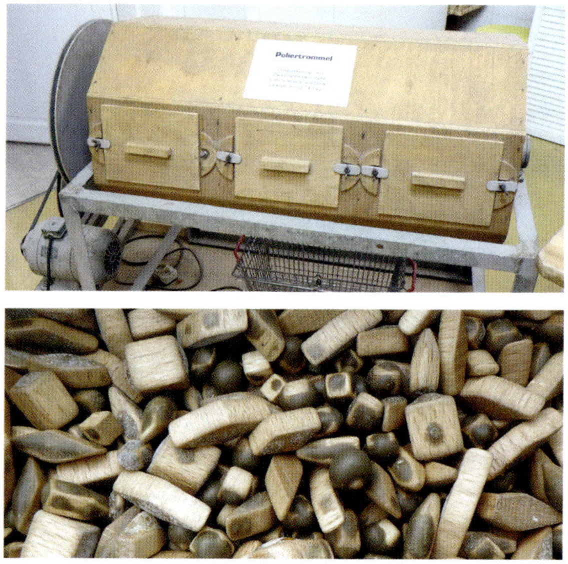

Poliertrommel, Trommelholz.

Konservierung

Konservierung von Bernstein nach der Lackmethode

Die Beschichtung wird vorgenommen mit Einkomponenten-Polyurethanharz, hier im Folgenden »Lack« genannt.

Viele Bernstein-Inklusensammler haben sich in der letzten Zeit entschlossen, ihre Sammlungsstücke zu konservieren. Ich meine, das ist der richtige Weg. Denn schließlich sollen die Inklusen auch nach einigen Jahrzehnten noch sichtbar und erhalten sein, möglichst noch viel länger für die nächsten Generationen. Konservierung nach der Lackmethode dient dem Schutz gegen Oberflächenverwitterung des Bernsteins durch vornehmlich Sauerstoff und Austrocknung. Langzeiterfahrungen haben wir selbst noch nicht; meine ersten Bernsteine konservierte ich 1994, die Oberfläche hat sich in fast 30 Jahren in keinster Weise verändert. Die Firma Rüegg spricht von mittlerweile über 50-jähriger Erfahrung: Keine Veränderung!

Der Bernstein kann jederzeit trotz Lack-Beschichtung mit normalen Schleifmitteln weiter bearbeitet/geschliffen werden. Will man brüchige Bernsteine oder nicht ganz feste Schlaubenbernsteine schleifen, dann ist es häufig sinnvoll, zunächst eine Lackbeschichtung zur Stabilisierung vorzunehmen. Dabei dringt der Lack in die Risse ein und festigt den Bernstein.

Es gibt verschiedene geeignete Lacke, am besten lufttrocknende, feuchtigkeitshärtende, einkomponentige Holzbodenversiegelungslacke auf Polyurethanbasis. Die besten Ergebnisse habe ich erzielt mit dem uns lange bekannten Lack:
ACRÜDUR R 40 einkomponentig + Acrüdur-Verdünner der Firma Adolff C.C. Rüegg GmbH&Co.
ACRÜDUR R 40 wird unter diesem Namen nicht mehr hergestellt, es gibt ein Folgeprodukt mit identischer Rezeptur. Geeignet ist auch: Beckocoat VPU 6072/38 LG der Firma Yachticon.

Andere geeignete Lacke hatten immer irgendeinen Nachteil, wie z. B. nicht widerstandsfähig gegen kurzfristigen Kontakt mit Reinigungsbenzin oder Benzylbenzoat (wichtig für die Fotofreunde) zu sein oder dass die Oberfläche rau (bei starker Vergrößerung zu erkennen) oder nicht hart genug oder matt war.

Vorsicht: Harz und Verdünner sind gesundheitsschädlich, beim Arbeiten sollte man gut lüften! Aushärtungszeit: Nach einem Tag belastbar (besser: 2 Tage warten).

Vorbereitungsarbeiten

- Staubfreien Raum schaffen, z. B. in einem Schrank, großer Schachtel, Kiste o. ä. Das Behältnis so stellen, dass der Deckel nach vorne aufgeht. Noch komfortabler, weil man hineinschauen kann: Eine Glasscheibe als Frontabdeckung benutzen. Unter die Oberseite Styropor kleben, in das die Nadeln später gesteckt werden können.
- Viele Nadeln mit ca. 10 cm Zwirnsfaden versehen. Die Nadeln mit Fäden können vielfach wieder verwendet werden, da man sie später direkt am Bernstein abschneidet.
- Bernsteine entsprechend schleifen (bis zum 4000er-Schliff, nicht mit Poliermasse polieren (wenn polieren, dann mit Zahnpasta oder Edelstahlpflege-Milch), gut säubern, evtl. vorhandene alte Poliermasse entfernen (mit feinster Nadel die Ritzen säubern), staubfrei lagern.
- Fadenende an den Bernstein kleben, gegenüber der dünnsten, spitzesten Stelle des Bernsteins. Am besten eignet sich ein Zweikomponentenkleber, z. B. UHU plus schnellfest, aber auch Sekundenkleber ist geeignet (Vorteil: Schnellere Aushärtung, Nachteil: Schwierigere Verarbeitung). Achtung: Der Zweikomponentenkleber muss mindestens einen halben Tag aushärten (besser ein Tag), sonst löst der Lack ihn wieder an und der Bernstein fällt ab! Die Bernsteine mit den angeklebten Fäden staubfrei lagern. Erst kurz vor dem Tauchen Deckel abheben.

Tauchen vorbereiten

- Entscheiden, ob der Lack unverdünnt oder mit Verdünner verwendet werden soll. Für die »normale« Konservierung kann der Lack unverdünnt benutzt werden.
- Oder: Lackmischung (verdünnt) in einem möglichst kleinen Gefäß herstellen, z. B. in einem Filmdöschen (dieses Plastik löst sich nicht, andere Plastiksorten lösen sich – Achtung!) die entsprechende Menge Lack und Verdünner verrühren. Die Verdünnung richtet sich nach dem, was man erreichen will.
- Normale Erstbeschichtung: Verhältnis Lack:Verdünner = 4:1 oder 3:1. Soll der Lack in feinste Risse, Schlaubengrenzen hineinziehen, dann sogar Verdünnung bis 2:1.
- Zweitbeschichtung (frühestens nach ca. 6 Stunden – dann verbindet sich die Erstbeschichtung noch sehr gut mit der zweiten; aber auch später

Tauchkasten ohne die Glasplatten-Vorderfront.

ist eine Zweitbeschichtung jederzeit möglich) ist sinnvoll bei kleinen oder dünnen Bernsteinen oder wenn der Einschluss sehr dicht unter der Oberfläche liegt.

- Nur so viel Lack anrühren, wie man in den nächsten Tagen verwenden will und immer sofort wieder verschließen, sonst verdunstet zu viel (ungesund und Lack wird zähflüssiger).
- Achtung: Ist z. B. ein Flügel angeschliffen oder die Inkluse offen oder ein Riss reicht bis zur Inkluse hin, dann zieht der verdünnte Lack in die Inkluse hinein, der Flügel kann optisch verschwinden oder die Inkluse wird dunkel. Bei solchen Inklusen sollte man mit dem Zweikomponentenkleber, mit dem man den Faden anklebt, die offene Inkluse oder den Riss verschließen. Dafür eignen sich feine Nadeln (ich benutze Einwegspritzen oder Nadeln, die zum Fixieren und Spannen von Insekten geeignet sind).
- Grundsätzlich gilt: Je stärker die Verdünnung ist, desto besser zieht der Lack in die Risse und Schlaubengrenzen ein. Das ist meist ja auch wünschenswert, denn der Stein wird dadurch fester und Oberflächenrisse (auch Altersrisse) schließen sich, werden meist sogar unsichtbar.

Tauchen

- Den Bernstein am Faden ca. eine halbe Minute in den angerührten Lack hängen; soll der Lack tief in Risse einziehen, dann 1 Minute oder länger; soll er es nicht, dann entsprechend nur wenige Sekunden. Vorteil des längeren Eintauchens: Feinste Luftbläschen, die aus dem Bernstein kommen (aus den Rissen, Löchern), schwimmen auf und können sich nicht im Lack halten. Da der Bernstein von dem Lack nicht angegriffen wird, ist eine längere Tauchzeit kein Problem.
- Nun den Bernstein am Faden langsam aus dem Lack ziehen, etwas abtropfen lassen und in den vorbereiteten Kasten hängen (Nadel ins Styropor stecken).
- Nach spätestens 1 Minute (nicht länger warten) mit einer Nadel den letzten Tropfen, der noch unten am Bernstein hängen geblieben ist, abnehmen.
- Klappe zu, staubfrei trocknen lassen.
- Trocknungszeit: Handtrocken schon nach einem halben Tag, voll durchgehärtet nach einem Tag. Soll der Stein noch weiter geschliffen werden, dann besser zwei Tage härten lassen.
- Faden direkt am Bernstein abschneiden, fertig! Ich lasse bewusst das Fadenende am Bernstein, damit ich auf den ersten Blick sehe, ob er getaucht ist.
- Mini-Bernsteine kann man nach dem Tauchen sogar noch in Kunstharz eingießen: Eine weitere Konservierungsmethode, siehe »Konservierung mit Kunstharz«.

Was so alles beim Konservieren passieren kann

- Der Faden fällt ab, weil der Lack + Verdünner den Kleber angelöst haben. Das passiert, wenn man nicht so lange gewartet hat, bis der Kleber wirklich durchgehärtet ist (beim UHU-Zweikomponentenkleber z. B. mindestens einen Tag).
- Kleine Körnchen und Staub und Fussel verunstalten die schöne glatte Lackoberfläche. Grund: Nicht staubfrei genug gearbeitet. Also: Verwitterte Krusten abkratzen, Schleifmittel aus den Ritzen kratzen, gründlich im Wasser abbürsten (Zahnbürste). Mit Tuch abtrocknen, das nicht fusselt (Spezial-Glasreinigungstuch). Sofort den Bernstein in einen Minigripbeutel stecken, da Bernstein Fussel durch elektrostatische Aufladung stark anzieht.

In letzter Zeit befassen sich die Institute, die Bernsteinsammlungen besitzen, immer mehr mit diesem Thema. Sogar Doktorarbeiten, die sich mit der Alterung des Bernsteins, der Konservierung, dem Autoklavieren beschäftigen sollen, sind geplant.

Ich habe vor einigen Jahren einen Mitarbeiter des Deutschen Bernsteinmuseums Ribnitz-Damgarten und in Folge an der Hamburger Universität

Konservierte Bernsteine.

einen Biologen aus Göttingen in die Kunst des Konservierens eingewiesen. Er hat diese Methode so vertieft, dass er eine Veröffentlichung herausbrachte: »Die Königsberger Bernsteinsammlung ist gefährdet! Konservierung – aber wie? Bericht über Voruntersuchungen zur Konservierung von gealtertem Bernstein, 2002, Dwillies & Jahnke, Geowissenschaftliches Zentrum Göttingen«.

Mittlerweile sind wohl fast alle großen Bernsteinsammlungen konserviert. Leider geschah das z. T. viel zu spät und wertvolles altes Bernsteinmaterial ist stark verwittert. Ich hörte von einem Spinnenexperten, der eine ca. 70 Jahre alte Bernsteinsammlung mit Spinneneinschlüssen untersuchen wollte, dass fast das gesamte Inklusenmaterial unbrauchbar geworden war, weil die Bernsteine dunkelbraun verwittert und die Verwitterungsrisse bis tief in die Bernsteine gezogen waren.

Konservierung von Bernstein im Kunstharzblock

Das Eingießen von Bernsteininklusen in einen Kunstharzblock ist nicht nur für die wissenschaftliche Bearbeitung und morphologische Bestimmung vorteilhaft. Bei wertvollen Einschlüssen in kleinen Bernsteinstückchen oder gar Splittern sowie bei beschädigten oder schlecht einsehbaren Objekten hat sich diese Methode bewährt.

Langzeiterfahrungen stehen verständlicherweise noch aus (Wechselwirkungen zwischen Bernstein und Gießharz), doch sind die von den Inklusensammlern hergestellten Kunstharzblöcke nach über 30 Jahren noch ohne sichtbare Veränderungen.

Ich verwende Gießharz auch nicht generell, sondern nur bei Problemstücken.

Um die hässliche Trennschicht des herkömmlichen Eingießens zu vermeiden, bevorzuge ich die »Einblockmethode«:

Ein kleines Plastiksammelkästchen mit 15 g Gießharz und 10 Tropfen Härter, gut verrührt, füllen (die Mengenangabe gilt nur für das von mir verwendete Kunstharz). Bei ca. 20° C Raumtemperatur dauert die Gelierzeit etwa 20 Minuten. Die Oberfläche des Inklusenstücks muss durch mehrmaliges Drehen in der flüssigen Masse blasenfrei werden (Blasen steigen auf). Etwas Geduld ist angebracht, da der Bernstein immer wieder auftreibt. Kurz vor dem Gelieren mit einem Zahnstocher oder einer Nadel den Stein in die gewünschte Tiefe und Position drücken und warten, bis der Auftrieb stockt. Das geht dann in Sekundenschnelle! Oberfläche mit Klarsichtfolie abdecken.

Problemloser und mit fast genauso schönen Ergebnissen funktioniert die Zweischichtmethode: Zunächst wird wie oben beschrieben im kleinen Kästchen das Kunstharz angerührt, doch nur halb gefüllt. Der Bernstein wird mehrmals im flüssigen Kunstharz gewendet, damit er ringsherum gut benetzt ist. Er darf jetzt auftreiben, d. h. an der Oberfläche schwimmen. Nach Beginn des Gelierens wird eine zweite Lage vorher angerührten Kunstharzes darüber gegossen (5 Minuten nach dem Anrühren der ersten Mischung kann schon die zweite Mischung angerührt werden). Sie verbindet sich mit der noch nicht durchgehärteten ersten Lage gut und fast ohne sichtbare Trennschicht.

Nach einigen Stunden bis nach einem Tag der Aushärtung (je nach Produkt des Gießharzes) ist die Weiterbearbeitung möglich. Plastikkästchen wegbrechen, schleifen, polieren, GENIESSEN!

Im Internet nachzulesen: »Klaus-W. Voss, Eingießtechnik mit Polyester«.

BERNSTEIN-EINSCHLÜSSE (INKLUSEN)

BERNSTEIN-EINSCHLÜSSE (INKLUSEN)

Entstehung von Einschlüssen (Inklusen)

In einem Satz formuliert: Das Lebewesen muss ins Harz geraten und dieses dann unter glücklichen Umständen zu Bernstein geworden sein.

Bei oberflächlich fließendem Harz ist die Wahrscheinlichkeit, dass sich ein Insekt verfängt, wesentlich größer als bei Harz, das im Baum fließt. So finden wir in Harztaschen und Rissfüllungen innerhalb eines Baumes nur im Ausnahmefall einen Einschluss (z. B. eine Holz fressende Käferlarve), der obendrein meist schlecht erkannt werden kann, weil dieses Harz und der daraus entstandene Bernstein milchig-trübe ist.

Außen am Baum fließendes Harz ist wesentlich häufiger klar und bildet beste Voraussetzungen dafür, dass ein Tier auf ihm kleben bleibt und sich nicht befreien kann. Es muss aber noch ein nächster Schritt folgen: Das Tier muss vollständig vom Harz umflossen werden, damit es vor Verwesung und Verwitterung geschützt ist. Das ist bei sogenannten Schlauben-Bernsteinen der Fall gewesen, bei denen vor über 40 Millionen Jahren auf eine erste Harzschicht eine oder mehrere weitere Harzschichten geflossen sind. Die auf der jüngeren Harzschicht gelegenen und festgeklebten Tiere oder Pflanzen wurden durch den weiteren Harzfluss eingeschlossen und geschützt.

Nun befindet sich das Lebewesen zwar geschützt im Harz, es ist aber lange noch kein Bernstein! Es folgt der lange Prozess der Bernsteinentstehung, der schon vorne ausführlich behandelt wurde.

Die Schlauben-Bernsteine sind die für den Inklusensammler begehrtesten Bernsteine. Es gibt nichts Interessanteres als solch einen Rohbernstein selbst zu schleifen und auf eingeschlossene Insekten zu prüfen. Beim vorsichtigen Wegschleifen der mehr oder weniger starken Verwitterungskruste erhält man den ersten Einblick und kann dann entscheiden, wie weit man noch weiter schleifen darf, um keinen Einschluss zu beschädigen. Solche Roh-Schlaubenbernsteine werden sehr teuer gehandelt, denn es könnte ja etwas sehr Seltenes darin enthalten sein. Und die Chance, dass man in einem Schlaubenbernstein etwas findet, ist doch recht groß! Immer wieder gönne ich mir das Erlebnis, gerade für die Urlaubszeit, wenn ich etwas mehr Zeit habe, und nehme mir ein halbes Kilo gekaufter Schlauben zum Schleifen mit. Groß ist dann die Spannung, welche Einschlüsse ich heraus schleifen kann. Und auch wenn es einmal keine Raritäten gewesen sind, so habe ich immer genug gefunden, um zufrieden zu sein und habe vor allem die Spannung und den Spaß gehabt.

Wir sehen unten eine undurchsichtige Rohschlaube, die kurze Zeit später geschliffen die Sicht auf eine seltene Wespe freigibt.

Von der Rohschlaube zum sichtbaren Insekt.

Warum finden wir so viele Insekten im Bernstein?

Schauen wir uns den Insektenforscher an, wie er seine Proben sammelt. Er stellt ein knallgelbes Fanggefäß auf, ein Gelb wie bei einem Scharbockskraut. Dieses intensive Gelb zieht viele Insekten mehr an als alle anderen Farben. Und auch Harz (später: Bernstein) kann eine recht intensive Gelbfärbung zeigen.

Zusätzlich könnte der Harzduft Insekten angelockt haben. Es ist interessant, einen frisch harzenden Baum näher zu betrachten und zu untersuchen, was sich alles im frischen Harz verfangen hat. Aber nicht alles, was ins Harz gerät, wird vielleicht später zu einem Bernsteineinschluss werden können. Dieser große Käfer zum Beispiel ragt aus schon getrocknetem Harz heraus und wird in absehbarer Zeit verwittern, weil er nicht völlig vom Harz eingeschlossen gewesen ist.

Spinne im Harz: Diese Spinne wäre schon eher prädestiniert, einen dauerhaften Einschluss zu ergeben, denn die Wunde des Baumes erzeugt noch weitere Harzschübe, die die Spinne bald vollständig einschließen werden. Außerdem ist dieses Harz klar und lässt einen Blick in sein Inneres zu.

Gelbes Insektenfanggefäß.
Foto © Peter Laging

Käfer ragt aus Kiefernharz.
Foto © Peter Laging

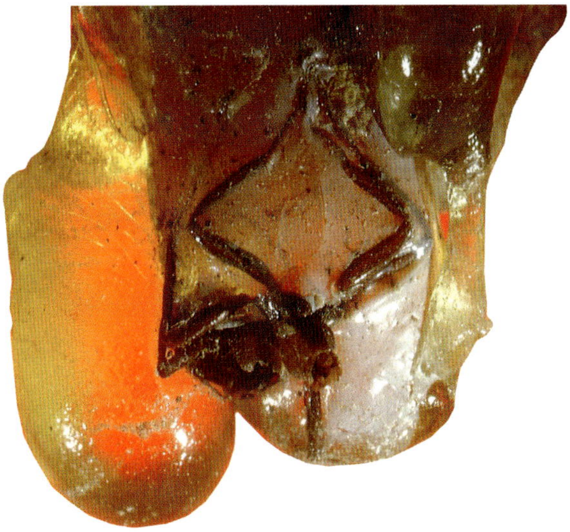

Spinne in frischem Harztropfen.
Foto © Peter Laging

Häufigkeit von Einschlüssen im Bernstein

Um die tatsächliche Häufigkeit der verschiedenen Einschlüsse aus den Tierordnungen und -familien beurteilen zu können, darf man nicht von bestehenden Bernsteinsammlungen ausgehen. Jede Sammlung hat ihren Schwerpunkt und dadurch eine verfälschte Häufigkeitsverteilung. Man muss selbst Rohbernsteine am Fundort sammeln, schleifen und auswerten.

Ich habe viele, viele Kilo Bernsteine in den letzten Jahrzehnten gesammelt und geschliffen, vor allem aus der nun leider gefluteten Grube Bitterfeld/Sachsen. Man erkennt nach einiger Zeit eine recht gute, gesicherte Häufigkeitsverteilung, die natürlich nur für den Baltischen/Bitterfelder Bernstein Gültigkeit besitzt.

Verständlicherweise sind die Insekten am häufigsten, gefolgt von den Spinnentieren. Die anderen Großgruppen wie Tausendfüßer, Krebse, Wirbeltiere folgen erst mit großem Abstand, sind also auf jeden Fall SELTEN! Und bei den Spinnentieren führt die Liste natürlich die Gruppe der Milben an (fast 75%), die vor allem als winzige Jungmilben sehr häufig vorkommen, gefolgt von den Spinnen (ca. 25 %). Weberknechte und Pseudoskorpione als dritte und vierte Gruppe der Spinnentiere machen weniger als 1 % aus!!

Bei den Insektenordnungen ist die Reihenfolge (nach HOFFEINS 2003, prozentual gerundet) im Baltischen Bernstein:

Diptera (Zweiflügler = Fliegen und Mücken) 64 %
Collembola (Springschwänze) 12 %
Hymenoptera (Wespen, Ameisen) 10 %
Hemiptera (Zikaden u.ä.) 5,5 %
Coleoptera (Käfer) 5,4 %.

Alle anderen Ordnungen (Felsenspringer, Silberfischchen, Eintagsfliegen, Ohrwürmer, Stabschrecken, Steinfliegen, Schaben, Heuschrecken, Staubläuse, Thripse, Netzflügler, Schmetterlinge, ja sogar Köcherfliegen) kommen jeweils mit weniger als 1 % vor!

Aufschlüsselung der Diptera = Zweiflügler

1. Mücken:
Chironomidae (Zuckmücken) 37,5 %
Sciaridae (Trauermücken) 19,8 %
Mycetophilidae (Pilzmücken) 8,6 %
Ceratopogonidae (Gnitzen) 6,1 %
Cecidomyiidae (Gallmücken) 2,9 %
Psychodidae (Schmetterlingsmücken) 2,5 %
Tipuloidea (Schnaken, Stelzmücken) 2,1 %
Alle anderen Mückenfamilien sind nur mit unter 0,1 % vertreten!

2. Fliegen:
Dolichopodidae (Langbeinfliegen) 13,3 %
Phoridae (Rennfliegen) 3,2 %
Empididae (Tanzfliegen) 3,0 %
Rhagionidae (Schnepfenfliegen) 0,3 %
Acalyptratae 0,2 %
Alle anderen Fliegenfamilien sind nur mit unter 0,1 % vertreten!

Käfer

Die Käfer sind in der HOFFEINS-Veröffentlichung nicht aufgeschlüsselt.

Meine Statistik, die auf der Auswertung vieler tausender Käfereinschlüsse beruht, möchte ich hier ergänzen. Sie beruht sowohl auf den sehr vielen Eigenfunden als auch der Auswertung unsortierten Materials bei Händlern, auf Messen usw. Da das wissenschaftlichen Ansprüchen in dieser Form nicht genügt, belasse ich es bei der reinen Häufigkeitsverteilung ohne Prozentangaben!

Betrachtet man die drei ganz großen Käfersammlungen aus Berlin, Kopenhagen und die KLEBS-Sammlung, dann fällt auf, dass die Häufigkeitsverteilung nicht übereinstimmt. Beispiel:

Reihenfolge der Häufigkeit Coll. Berlin:
Sumpfkäfer, Schnellkäfer, Pochkäfer, Kurzflügler usw.

Reihenfolge der Häufigkeit Coll. KLEBS:
Sumpfkäfer, Schnellkäfer, Pochkäfer, Laufkäfer (rangieren bei Coll. Berlin erst an 15. Stelle!) usw.

Reihenfolge der Coll. Kopenhagen:
Sumpfkäfer, Ameisenkäfer (rangieren bei Coll. Berlin erst an 12. Stelle!) usw.

Daran kann man deutlich sehen, dass mit unterschiedlichen Präferenzen gesammelt wurde. Das soll hier in meiner Statistik korrigiert werden, so dass Sie eine hoffentlich richtige Verteilung finden.

Unzweifelhaft ist die Vormachtstellung der Sumpfkäfer (Scirtidae = Helodidae), die auch darauf hinweisen, dass es viel feuchte Biotope im Bernsteinwald gegeben haben muss.

Ich halte diese Reihenfolge für die richtige:
1. Scirtidae (Sumpfkäfer)
2. Aderidae (Baummulmkäfer)
3. Anobiidae (Pochkäfer)
4. Elateroidea (Schnellkäfer, einschließlich Schienenkäfer und Hüpfkäfer)
5. Scraptidae (Seidenkäfer)
6. Staphylinidae (Kurzflügler, einschließlich Palpenkäfer)
7. Mycetophagidae (Baumschwammkäfer)
8. Mordellidae (Stachelkäfer)
9. Scolytidae (Borkenkäfer)
10. Serropalpidae (= Melandryidae, Düsterkäfer)

Dass in einigen Sammlungen Laufkäfer (Carabidae), Rüsselkäfer (Curculionidae), Weichkäfer (Cantharidae) so häufig vorkommen, liegt allein daran, dass sie so attraktive und/oder große Käfer sind und deshalb vornehmlich gesammelt wurden.

Kleines Rechenbeispiel, das veranschaulicht, wie selten einige Einschlüsse wirklich sind:

Wenn man annimmt, dass die Weichkäfer nur mit einer Häufigkeit von 2 % der Käfer vorkommen, dann täuscht diese Zahl, denn Käfer machen in der Gesamtstatistik nur 5,4 % aus. Und von diesen 5,4 % muss man wiederum die 2 % berechnen: Also kommt man auf eine relative Häufigkeit von 0,054 x 0,02 = 0,00108, das entspricht 0,108 %!

Da nur jeder tausendste Bernstein einen gut erhaltenen Einschluss enthält, müssen wir die berechneten, abgerundeten 0,001 noch mal mit 0,001 multiplizieren und wissen jetzt:

Um einen gut erhaltenen Weichkäfer zu finden, muss man 1 Mio. Rohbernsteine durchsuchen!

Wert eines Einschlusses (einer Inkluse)

Wer den Wert eines Einschlusses im Bernstein wirklich beurteilen/einschätzen will, der sollte einmal selbst Rohbernsteine gesammelt und geschliffen haben. Erst dann kann man sich ein Urteil erlauben und stellt fest, dass die Preise, die auf dem Markt erzielt werden, eigentlich sehr viel zu gering ausfallen!

Ich selbst habe Tausende Rohbernsteine gesammelt und geschliffen und festgestellt, dass nur ca. jeder Fünfzigste bis Hundertste Bernstein einen Einschluss enthält. Dieser ist dann aber meist schlecht erhalten, beschädigt, schlecht sichtbar oder ein sehr häufig vorkommender Einschluss. Nur jeder Tausendste Bernstein enthält eine gut erhaltene und gut sichtbare, aber trotzdem meist häufige Inkluse. Und nur jeder Zehntausendste Bernstein enthält einen seltenen und obendrein auch noch gut erhaltenen Einschluss.

Wenn man bedenkt, welche Mühe es kostet, einen Rohbernstein bis zur Endpolitur zu schleifen, dann kann der Wert z. B. einer Fliege gar nicht hoch genug eingeschätzt werden. Wenn ich sehe, dass Einschlüsse in eBay manchmal für wenige Euro versteigert werden, dann blutet meine Bernsteinseele. Dann hoffe ich zumindest, dass der Käufer sich riesig freut und es zu schätzen weiß, dass er ein RIESENSCHNÄPPCHEN gemacht hat.

Ein GUT erhaltener Einschluss in einem nicht zu kleinen Bernstein sollte mindestens 10 Euro Wert haben! Nach oben gibt es dann keine Grenze: Ein äußerst seltener Einschluss kann ohne weiteres den Wert eines Kleinwagens oder auch Luxusautos haben!

Es kommt beim Wert einer Inkluse nicht auf die Größe des Bernsteins an, sondern auf den Inhalt! Das bedenken viele Sammleranfänger nicht und sind manchmal enttäuscht, wenn ihr schöner Einschluss sich in einem nur 10 mm großen Bernstein befindet. Es ist wie beim Menschen: **Auf den Inhalt kommt es an!**

Außerdem muss man bedenken, dass Einschluss nicht gleich Einschluss ist. Es gibt schlecht erhaltene, beschädigte, schlecht einsehbare Einschlüsse und es gibt die absolut perfekt erhaltenen 1A+ Einschlüsse. Letztere sind selten, auch wenn es »nur« ein Käfer ist.

Perfekt erhaltener Rindenkäfer.

Ein Beispiel für eine sehr teure Inkluse ist ein perfekt erhaltener Floh aus dem Baltischen Bernstein, wissenschaftlich beschrieben als *Palaeopsylla groehni*. Der Bernstein ist nur 12 mm klein, der Wert aber immens!

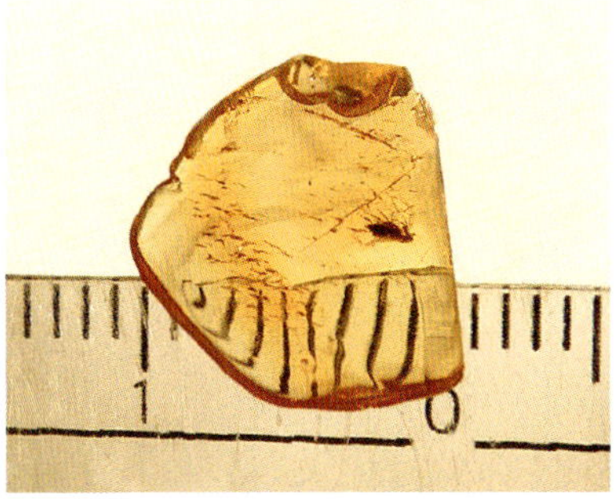

Floh im Bernstein (*Palaeopsylla groehni*).

Häufigste Einschlüsse im Baltischen Bernstein

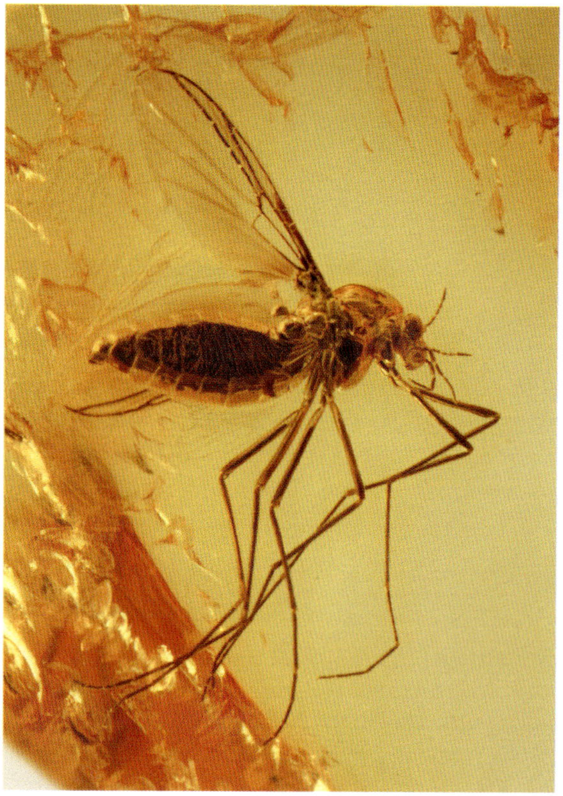

Zuckmückenweibchen (Chironomidae).

Zuckmückenmännchen (Chironomidae).

Pilzmücke (Mycetophilidae).

Trauermücke (Sciaridae).

Langbeinfliege (Dolichopodidae).

Sumpfkäfer (Scirtidae).

Übersicht der Tiere im Bernstein (Systematik)

Es sind nur die Gruppen aufgeführt, die im Bernstein gefunden worden sind bzw. deren Vorkommen im Bernstein wahrscheinlich ist. Die Auflistung erhebt keinen Anspruch auf Vollständigkeit.

1	Nematoda		Fadenwürmer
2	Annelida	Oligochaeta	Ringelwürmer
		Polychaeta	Vielborster
3	Gastropda		Schnecken
4	Crustacea	Isopoda	Asseln
		Amphipoda	Flohkrebse
5	Myriapoda	Chilopoda	Hundertfüßer
		Symphyla	Zwergfüßer
		Diplopoda	Doppelfüßer
6	Arachnida	Scorpiones	Skorpione
		Pseudoscorpiones	Pseudoskorpione
		Opiliones	Weberknechte
		Acari	Milben
		Araneae	Spinnen
		Solifugae	Walzenspinnen
7	Diplura		Doppelschwänze
8	Collembola		Springschwänze
9	Thysanura	Machilidae	Felsenspringer
		Lepismatidae	Silberfischchen
10	Ephemeroptera		Eintagsfliegen
11	Odonata		Libellen
12	Plecoptera		Steinfliegen
13	Embioptera		Tarsenspinner
14	Mantodea		Gottesanbeterinnen
15	Blattodea		Schaben
16	Dermaptera		Ohrwürmer
17	Isoptera		Termiten
18	Phasmida		Stabschrecken
19	Raptophasmatodea		Raubschrecken
20	Orthoptera	Ensifera	Langfühlerschrecken
		Caelifera	Kurzfühlerschrecken
21	Trichoptera		Köcherfliegen = Haarflügler
22	Diptera	Nematocera	Mücken
23	Diptera	Brachycera	Fliegen
24	Siphonaptera		Flöhe
25	Hymenoptera	Symphyta	Pflanzenwespen
		Apocrita-Formicoidea	Ameisen
		Apocrita-Apoidea	Bienenartige
		Apocrita-Vespidae	Wespen
26	Psocoptera		Staubläuse = Rindenläuse

27	Thysanoptera		Fransenflügler = Thripse
28	Heteroptera	Enicocephaloidea	
		Corixoidea	Ruderwanzen
		Gerroidea	Wasserläufer, Bachläufer
		Hydrometroidea	Teichläufer
		Velioidea	Hüftwasserläufer
		Anthocoridae	Blumenwanzen
		Miridae	Weichwanzen
		Reduvioidea	Raubwanzen
		Tingoidea	Gitterwanzen
		Aradoidea	Rindenwanzen
		Lygaeoidea	Langwanzen
		Piesmatoidea	Meldenwanzen
29	Hemiptera	Aphidoidea	Pflanzenläuse
		Cicadomorpha	Rundkopfzikaden
		Fulgoromorpha	Spitzkopfzikaden
30	Coccoidea		Schildläuse
31	Aleurodoidea		Mottenschildläuse
32	Megaloptera	Corydalidae	Großflügler
		Sialidae	Schlammfliegen
33	Rhaphidioptera		Kamelhalsfliegen
34	Neuroptera	Sisyridae	Netzflügler - Schwammfliegen
		Nevrorthidae	
		Hemerobiidae	Blattlauslöwen
		Coniopterygidae	Staubhafte
		Chrysopidae	Florfliegen
		Osmylidae	Bachhafte
35	Mecoptera	Panorpidae	Skorpionsfliegen
		Bittacidae	Mückenhafte
36	Coleoptera		Käfer
37	Strepsiptera		Fächerflügler
38	Vertebrata	Amphibia	Lurche
		Reptilia	Kriechtiere
		Aves	Vögel
		Mammalia	Säuger

Bitte beachten:
Für viele dieser Gruppen gibt es ständig sich verändernde systematische Einteilungen. Zum Beispiel: Die Langfühlerschrecken, Gespenstschrecken und Kurzfühlerschrecken werden von einigen Wissenschaftlern mittlerweile zur Obergruppe der Geradflügler (Orthopteroidea) zusammengefasst. Die Untergruppen können hier nicht für alle Ordnungen erfasst werden, es folgen nur für die Mücken, Fliegen, Wespen und Käfer die Auflistungen der Familien, ohne den Anspruch auf Vollständigkeit (es gibt z. B. bei den Käfern über 100 im Bernstein gefundene Familien!).

Auflistung der Familien für Mücken, Fliegen, Wespen, Käfer

Mücken
Anisopodidae (Pfriemenmücken)
Bibionidae (Haarmücken)
Bolitophiidae (Schmutzmücken)
Cecidomyiidae (Gallmücken)
Ceratopogonidae (Gnitzen)
Chaoboridae (Phantommücken = Büschelmücken)
Chironomidae (Zuckmücken)
Corethrellidae
Culicidae (Stechmücken)
Cylindrotomidae (Moosmücken)
Ditomyiidae
Dixidae (Doppeladermücken)
Keroplatidae (Platthornmücken)
Limoniidae (Stelzmücken)
Lygistorrhinidae
Macroceridae (Langfühlermücken)
Mycetophilidae (Pilzmücken)
Nymphomyiidae (Nymphenmücken)
Pediciidae (Sumpfmücken)
Psychodidae (Schmetterlingsmücken)
Ptychopteridae (Faltenmücken)
Rangomaramidae (Langflügel-Pilzmücken)
Scatopsidae (Dungmücken)
Sciaridae (Trauermücken)
Simuliidae (Kriebelmücken)
Tanyderidae
Tipulidae (Schnaken)
Trichoceridae (Wintermücken)

Fliegen
Acalyptratae: siehe nächste Spalte
Acroceridae (Spinnenfliegen)
Agromyzidae (Minierfliegen)
Anthomyiidae (Blumenfliegen)
Asilidae (Raubfliegen)
Atelestidae
Athericidae (Ibisfliegen)
Aulacigastridae (Baumsaftfliegen)
Bombyliidae (Wollschweber)
Brachystomatidae
Chloropidae (Halmfliegen)
Conopidae (Dickkopffliegen)
Dolichopodidae (Langbeinfliegen)
Empididae (Tanzfliegen)
Hybotidae (Buckeltanzfliegen)
Oreogetonidae (früher zu Tanzfliegen)
Phoridae (Rennfliegen = Buckelfliegen)
Pipunculidae (Augenfliegen)
Rachiceridae
Rhagionidae (Schnepfenfliegen)
Scenopinidae (Fensterfliegen)
Stratiomyidae (Waffenfliegen)
Syrphidae (Schwebfliegen)
Tabanidae (Bremsen)
Therevidae (Stilettfliegen)
Vermileonidae (Wurmlöwen)
Xylomyiidae (Holzwaffenfliegen)
Xylophagidae (Holzfliegen)

Acalyptrate Fliegen
Acartophthalmidae
Anthomyzidae
Asteiidae (Feinfliegen)
Camillidae
Campichoetidae, früher: Diastatidae
Carnidae (Gefiederfliegen)
Chamaemyiidae
Chloropidae (Halmfliegen)
Chyromyiidae
Clusiidae
Conopidae (Dickkopffliegen)
Cryptochetidae (Schild- oder Blattlausfliegen)
Cypselosomatidae
Diopsidae (Stielaugenfliegen)
Drosophilidae (Frucht- oder Taufliegen)
Dryomyzidae (Baumfliegen)
Heleomyzidae (Scheu- oder Dunkelfliegen)
Hoffeinsmyiidae
Lauxaniidae (Faulfliegen)
Megamerinidae (Schenkelfliegen)
Micropezidae (Stelzfliegen)
Milichiidae (Nistfliegen)
Natalimyzidae
Neurochaetidae
Odiniidae
Pallopteridae (Zitterfliegen)
Periscelididae
Proneottiophilidae
Pseudopomyzidae
Psilidae (Nacktfliegen)
Sciomyzidae (Netz- oder Hornfliegen)
Sepsidae (Schwingfliegen)
Sphaeroceridae (Dungfliegen)

Wespen
Tenthredinoidea (Tenthredinidae)
Cephoidea (Cephidae)
Siricoidea (Siricidae)
Stephanoidea (Stephanidae)
Megalyroidea (Megalyridae)
Ceraphronoidea (Ceraphronidae)
Ceraphronoidea (Megaspilidae)
Evanioidea (Evaniidae)
Evanioidea (Aulacidae)
Ichneumonoidea – Ichneumonidae (Echte Schlupfwespen), Braconidae (Brackwespen)
Proctotrupoidea – Diapriidae, Proctotrupidae, Cryptoserphidae, Pelicinidae
Platygasteroidea – Platygasteridae, Scelionidae
Cynipoidea – Figitidae, Cynipidae

Mymarommatidae
Chalcidoidea – Eurytomidae, Torymidae, Pteromalidae, Eupelmidae, Encyrtidae, Trichogrammatidae, Mymaridae (Zwergwespen)
Chrysidoidea – Scolebythidae, Dryinidae, Bethylidae, Chrysididae
Vespoidea – Pompilidae, Mutillidae, Vespidae
Formicidae – Formicinae (Schuppenameisen), Ponerinae (Stechameisen), Myrmicinae (Knoten- = Stachelameisen), Dolichoderinae (Drüsenameisen)
Apoidea, Spheciformes – Sphecidae, Crabronidae, Pemphredonidae
Apoidea – Megachilidae, Apidae (Echte Bienen)

Käfer
Aderidae (Moderholzkäfer)
Alleculidae (Pflanzenkäfer)
Anaspididae (Scheinstachelkäfer)
Anobiidae (Pochkäfer)
Anthicidae (Blütenmulmkäfer)
Anthribidae (Breitrüßler)
Artematopodidae
Aspidiphoridae (Staubpilzkäfer)
Bostrychidae (Holzbohrkäfer)
Bruchidae (Samenkäfer)
Buprestidae (Prachtkäfer)
Byrrhidae (Pillenkäfer)
Cantharidae (Weichkäfer)
Carabidae (Laufkäfer)
Catopidae (Nestkäfer)
Cerambycidae (Bockkäfer)
Cerylonidae (Rindenkäfer)
Chrysomelidae (Blattkäfer)
Cicindelidae (Sandlaufkäfer)
Ciidae, früher Cisidae (Schwammkäfer)
Cleridae (Buntkäfer)
Coccinellidae (Marienkäfer)
Colydiidae (Rindenkäfer)
Corylophidae (Faulholzkäfer)
Cryptophagidae (Schimmelkäfer)
Cucujidae (Plattkäfer)
Cupedidae (Netz-Urkäfer)
Curculionidae (Rüsselkäfer)
Dascillidae (Moorweichkäfer)
Dasytidae (Wollhaarkäfer)
Dermestidae (Pelzkäfer)
Drilidae (Schneckenräuber)
Dryopidae (Hakenkäfer), inkl. Helmininae
Dytiscidae (Schwimmkäfer)
Elateridae (Schnellkäfer)
Elmidae (Klauenkäfer)
Endomychidae (Staublingskäfer)
Erotylidae (Pilzkäfer)
Eucinetidae (Purzelkäfer)
Eucnemidae (Schienenkäfer)
Gyrinidae (Taumelkäfer)
Scirtidae/früher Helodidae (Sumpfkäfer = Jochkäfer)
Heteroceridae (Sägekäfer)
Histeridae (Stutzkäfer)
Hydrophilidae (Wasserkäfer)
Lagriidae (Wollkäfer)
Lampyridae (Leuchtkäfer)
Latridiidae (Moderkäfer)
Limnichidae (Uferpillenkäfer)
Liodidae (Schwammkugelkäfer)
Lucanidae (Hirschkäferartige)
Lycidae (Rotdeckenkäfer)
Lyctidae (Splintholzkäfer)
Lymexylonidae (Werftkäfer)
Malachiidae (Zipfelkäfer)
Meloidae (Ölkäfer)
Melyridae (Wollhaarkäfer)
Merophysiidae (früher zu Latridiidae gerechnet)
Micromalthidae (Urkäfer)
Mordellidae (Stachelkäfer)
Mycetophagidae (Baumschwammkäfer)
Nitidulidae (Glanzkäfer)
Oedemeridae (Scheinbockkäfer)
Ostomidae
Paussidae (Fühlerkäfer)
Phalacridae (Glattkäfer)
Ptiliidae (Federflügler)
Ptilodactylidae
Ptiniidae (Diebskäfer)
Pythidae (Drachenkäfer)
Salpingidae (Scheinrüßler)
Rhipiphoridae (Fächerkäfer)
Rhizophagidae (Wurzelkäfer)
Scaphidiidae (Kahnkäfer)
Scarabaeidae (Blatthornkäfer)
Scolytidae (Borkenkäfer)
Scraptiidae (Seidenkäfer)
Scydmaenidae (Ameisenkäfer)
Serropalpidae = Melandryidae (Düsterkäfer)
Staphylinidae (Kurzflüglerkäfer), inkl. Pselaphidae (Palpenkäfer)
Tenebrionidae (Schwarzkäfer)
Throscidae (Hüpfkäfer)
Trogossitidae (Jagdkäfer)

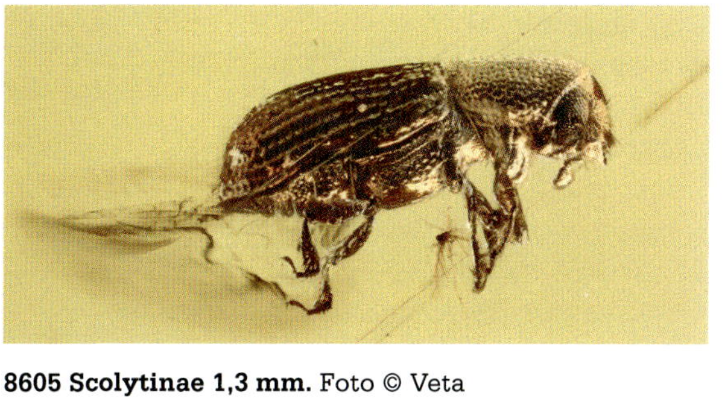

8605 Scolytinae 1,3 mm. Foto © Veta

Übersicht der Pflanzen im Bernstein
(Systematik, nach WEITSCHAT/WICHARD)

Weder zu Pflanzen noch zu Tieren gehörig:
Fungi (Pilze)

Pflanzengroßgruppen:
1. Hepaticae (Lebermoose)
2. Musci (Laubmoose)
3. Pteridophyta (Farne)
4. Gymnospermae (Nacktsamer)
5. Angiospermae (Bedecktsamer)

Gymnospermae (Nacktsamer (Nadelhölzer)
mit Araukariengewächsen (Araucariaceae), Zypressengewächsen (Cupressaceae), Kieferngewächsen (Pinaceae), Eibengewächsen (Taxaceae), Schirmtannengewächsen (Sciadopityaceae) u. a.

Angiospermae (Bedecktsamer: Einkeimblättrige und Zweikeimblättrige)

Liliopsida, früher:
Monocotyledonae (Einkeimblättrige)
Araceae (Aronstabgewächse)
Commelinaceae (Kommelinengewächse)
Poaceae = Gramineae (Süßgräser)
Liliaceae (Liliengewächse)
Najadaceae (Nixenkrautgewächse)
Palmeae (Palmen)

Dicotyledonae (Zweikeimblättrige)
Aceraceae (Ahorngewächse)
Apocynaceae (Hundsgiftgewächse)
Aquifoliaceae (Stechpalmengewächse)
Betulaceae (Birkengewächse)
Campanulaceae (Glockenblumengewächse)
Caprifoliaceae (Geißblattgewächse)
Celastraceae (Spindelbaumgewächse)
Chenopodiaceae (Gänsefußgewächse)
Cistaceae (Zistrosengewächse)
Clethraceae
Asteraceae = Compositae (Korbblütler)
Connaraceae
Brassicaceae = Cruciferae (Kreuzblütler)
Dilleniaceae (Hartheuartige)
Droseraceae (Sonnentaugewächse)
Ericaceae (Heidekrautgewächse)
Euphorbiaceae (Wolfsmilchgewächse)
Fagaceae (Buchengewächse)
Geraniaceae (Storchschnabelgewächse)
Hamamelidaceae (Zaubernußgewächse)
Hippocastanaceae (Roßkastaniengewächse)
Lauraceae (Lorbeergewächse)
Loranthaceae (Mistelgewächse)
Magnoliaceae (Magnoliengewächse)
Myricaceae (Gagelstrauchgewächse)
Myrsinaceae
Olacaceae (Olaxgewächse)
Oleaceae (Ölbaumgewächse)
Oxalidaceae (Sauerkleegewächse)
Papilionaceae (Schmetterlingsblütler)
Pentaphylaceae
Pittosporaceae
Polygonaceae (Knöterichgewächse)
Proteaceae
Pyrolaceae (Wintergrüngewächse)
Rhamnaceae (Kreuzdorngewächse)
Rosaceae (Rosengewächse)
Rubiaceae (Rötegewächse)
Saliaceae (Weidengewächse)
Santalaceae (Sandelgewächse)
Saxifragaceae (Steinbrechgewächse)
Scrophulariaceae (Braunwurzgewächse)
Theaceae (Teestrauchgewächse)
Thymelaeaceae (Seidelbastgewächse)
Tiliaceae (Lindengewächse)
Ulmaceae (Ulmengewächse)
Apiaceae = Umbelliferae (Doldengewächse)
Urticaceae (Brennesselgewächse)
Vitaceae (Weinrebengewächse)

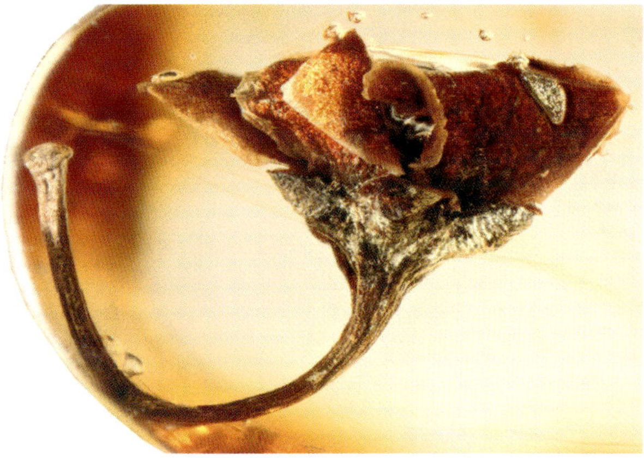

Rosenartige 8 mm.

Besondere Einschlüsse, Raritäten

Ich habe oben erläutert, warum jeder gut erhaltene Einschluss an sich schon eine Besonderheit darstellt. Das sollte beim Beginn der Sammelleidenschaft für Einschlüsse immer im Vordergrund stehen. Man muss nicht gleich nach den absoluten Highlights schauen, das kann man sich für später aufbewahren, wenn man »schon alles hat«.

An dieser Stelle sollen einige Einschlüsse vorgestellt werden, die zu den absoluten Raritäten im Bernstein gehören.

Systematische Kategorien

Damit auch der Laie die systematischen Kategorien einzuordnen weiß, hier ein kurzer Überblick. Man muss sich ein Riesengebäude vorstellen, das dem Reich der Tiere entspricht. Die einzelnen Stockwerke sind die verschiedenen Stämme der Tiere wie z. B. der Stamm der Wirbeltiere. So können wir die Unterteilungen immer weiter fortsetzen und finden innerhalb einer größeren Menge immer einige kleinere Mengen: Im Stamm der Wirbeltiere als große Menge befinden sich fünf kleinere Mengen = Klassen (Klassen der Fische, der Lurche, der Kriechtiere, der Vögel, der Säuger). Innerhalb jeder Klasse gibt es wieder Untermengen, die sogenannten Ordnungen, Beispiel: Die Klasse der Säuger hat als Untermengen die Ordnungen der Huftiere, der Wale, der Raubtiere, der Insektenfresser usw.

So erreichen wir über Reich, Klasse, Ordnung schließlich die Familien, dann die Gattungen, dann die Arten (die wiederum in Unterarten oder Rassen aufgegliedert werden können).

Beispiel:

Reich	Tiere
Stamm	Wirbeltiere
Klasse	Säuger
Ordnung	Raubtiere
Familie	Katzenartige
Gattung	Katzen
Art	Falbkatze (Hauskatze)
Rasse	Siamkatze

Ständig werden neue Arten entdeckt, sowohl heute lebende Arten (rezente Arten) als auch vor langer Zeit lebende Arten, wie im Bernstein (fossile Arten). Neue Gattungen werden schon wesentlich seltener entdeckt und neue Familien ganz selten. Die Entdeckung einer neuen Ordnung wäre schon eine wissenschaftliche Sensation, kommt bei Fossilien aber durchaus vor, siehe im Folgenden.

Alle wasserlebenden Tiere sind kaum im Bernstein eingeschlossen zu erwarten, trotzdem gibt es etliche Beispiele. Dazu ist 2009 ein interessantes Buch erschienen: »Wasserinsekten im Baltischen Bernstein« von WICHARD/GRÖHN/SEREDSZUS (Restexemplare bei den Autoren).

Welche Bedingungen müssen gegeben gewesen sein, dass ein wasserlebendes Tier ins Harz gerät? Aus physikalischen Gründen scheint es nicht möglich, dass Harz ins Wasser tropft und dann ein Tier einschließt. Also muss das Tier das Wasser verlassen haben, zum Beispiel, um sich zu verpuppen, oder um eine andere Wasserstelle zu erreichen, weil die erste ausgetrocknet war. Oder die toten Tiere einer ausgetrockneten Pfütze wurden vom Harz getroffen oder...

Alexander R. Schmidt vom Museum für Naturkunde der Humboldt- Universität Berlin (jetzt Georg-August-Universität Göttingen) und David Dilcher vom Florida Museum of Natural History wollten es genau wissen und starteten Freilandversuche in den Sümpfen Floridas. In einem Spiegel-online-Artikel (2007) heißt es dazu: »Aufgrund von Bernsteinfunden mit Wasserinsekten und deren Larven, die niemals das Wasser verlassen, kann man schließen, dass es in den urzeitlichen Bernsteinwäldern Bäche, Teiche und Tümpel gegeben haben muss«, erzählt Schmidt Spiegel Online. Demzufolge müssen zumindest einige der stark harzenden Bäume Kontakt zum Wasser gehabt haben.

Dann spielten Schmidt und Dilcher ganz einfach die Szenen nach, die sich in den Wäldern des Eozäns zugetragen haben müssen. Dafür gingen sie in die Sümpfe Floridas. »Dort finden sich viele stark harzende Kiefernbäume, die im Wasser stehen«, erzählt Schmidt. Perfekte Studienobjekte also. Schmidt und Dilcher sägten die Rinde einiger Bäume an und beobachteten, ob und wie das auslaufende Harz eine Todesfalle für Mikroorganismen und Insekten darstellte. Dabei stellte sich heraus, dass sich das Harz beim Kontakt mit dem Wasser in drei Fraktionen aufteilte. Ein dünner Harzfilm breitete sich auf der Wasseroberfläche aus. Allerdings trocknete er schnell aus und zerbrach. Er taugte nicht zur Bernsteinfalle. Kleinere Harztropfen jedoch von bis zu vier Zentimeter Länge blieben am Fuße des Stammes hängen – knapp unterhalb der Wasseroberfläche. Sie wurden sehr schnell zu Fallen für die Wasserinsekten und waren auch schon nach einer Woche ausgehärtet. Der größte Teil des Harzes aber floss den gesamten Stamm herunter und sammelte sich auf dem Sumpfboden zu einem großen Kissen. Dieses

Harz härtete nicht aus, solange es von Wasser bedeckt war, aber es wurde dennoch zu einer effektiven Falle, besonders für größere und sehr kleine Lebewesen. An seiner Oberfläche entwickelte sich nämlich mit der Zeit eine etwas festere Haut, die nur von größeren Lebewesen durchbrochen werden konnte. Kleinere Insekten waren dann im noch flüssigen Inneren des Harzkissens gefangen. Es konnte aber auch passieren, dass das Harzkissen, wenn es über eine raue Oberfläche floss, ganze Wassertropfen umschlang, die Kleinstorganismen enthielten.

Insgesamt beobachteten die Forscher schon nach zwei Tagen, dass in beiden Harzfraktionen Lebewesen vom Einzeller bis zum größeren Krebs – gefangen waren. Doch damit ein Wasserbewohner tatsächlich in einem Bernstein landet, reicht es nicht, dass Harz unter Wasser gelangt und sich Tiere darin verfangen. Wie Schmidt und Dilcher schreiben, muss sich auch die Wassertiefe ändern, damit das Harz freigelegt wird und aushärten kann.

Zur Langzeitkonservierung muss das Harz zudem später von Sedimenten bedeckt oder aus der Küstenregion ins Meer verschoben werden.

Gegen diese Möglichkeit, dass Wasserinsekten tatsächlich unter Wasser ins Harz gerieten, sprechen viele Schlaubenbernsteine, die neben den eingeschlossenen Wasserinsekten auch Mücken, Sternhaare, Springschwänze u. a. in der gleichen Schlaubenschicht zeigen. Einige Bernsteine könnten aber auch für diese Möglichkeit sprechen – das sind schlaubenlose Bernsteine, die z. B. nur eine Köcherfliegenlarve enthalten. Auf jeden Fall hat Alexander Schmidt die Diskussion um eingeschlossene Wasserinsekten neu entfacht. Es bleibt abzuwarten, ob der Bernstein selbst uns weitere Aufschlüsse zu diesem Thema bringt. Die mikroskopische Untersuchung einiger Bernsteine zeigte uns zweifelsfrei eingeschlossene limnische Algen und Protozoen – der Grund überhaupt für die Freilandstudien von Schmidt.

Einige Tiere kommen aber auch semiaquatisch vor, d. h. verlassen für kurze Zeit durchaus einmal das Wasser, um in feuchter Ufernähe nach Nahrung zu suchen. So gibt es also einige Szenarien, die zeigen, dass durchaus Wasserinsekten ins Harz geraten und demnach im Bernstein zu finden sein können.

Ein Beispiel sind Flohkrebse (Gammaridae) aus der Gruppe der Krebse (Crustacea). Flohkrebse gliedern sich in die auch heute noch lebenden Gammariden und Niphargiden. Gammariden kennen wir als die kleinen »Hüpfer« am feuchten Ufer, auch an der Küste im angeschwemmten Seetang. Sie sind seitlich abgeflacht und springen bei Störung schnell umher.

Niphargiden, die Brunnenkrebse, gibt es bei uns nur noch in tiefen Brunnen oder in unterirdischen, wasserführenden Höhlen. Umso erstaunlicher, dass GRÖHN im Jahre 1999 auf der Mineralienmesse Hamburg den Erstfund eines Niphargiden machte, der als *Niphargus groehni* beschrieben wurde.

***Palaeogammarus* sp.**

Erstfund eines Brunnenkrebses.

Typische wasserlebende Insekten und ihre Larven.

Taumelkäfer Gyrinidae.

Wasserkäfer-Larve Dytiscidae 3,5 mm.

Köcherfliegen-Larve Trichoptera 4,7 mm.

Eintagsfliegen-Larve Ephemeroptera Heptageniidae 5,2 mm.

Auch bei den Spinnentieren gab es einen sensationellen Erstfund von GRÖHN – eine Walzenspinne (Solifugae, *Palaeoblossia groehni*). Vertreter dieser Ordnung (!) waren bisher nicht im Bernstein bekannt. Wie oben schon im allgemeinen Teil erläutert, gehört die Entdeckung einer neuen Ordnung zu den wissenschaftlichen Sensationen.

Zu den teuersten Einschlüssen (erstens wegen der Seltenheit, zweitens wegen der Größe) gehören Echte Skorpione, von denen schon einige Exemplare gefunden wurden. Das ist erstaunlich, da diese Tiere recht kräftig sind und sich meist aus dem Harz befreien konnten.

Floh.

Erstfund einer Walzenspinne.

Großflügler.

Vollständig erhaltener Skorpion.

Aus der Gruppe der Insekten möchte ich zwei außergewöhnliche Funde erwähnen.

Erstens einen perfekt erhaltenen Floh, der als *Palaeopsylla groehni* wissenschaftlich beschrieben wurde. Flöhe leben als Parasiten auf Säugern und Vögeln und verlassen ungern ihren Wirt. Umso erstaunlicher, dass vor über 40 Millionen Jahren dieser Floh ins Harz geraten ist.

Zweitens eines der größten im Bernstein gefundenen Insekten – der Name sagt es schon: Ein Großflügler (Megaloptera), wissenschaftlich als *Chauliodes carsteni* beschrieben. Dieses Exemplar erreicht eine Flügelspanne von 55 mm und ist schon von weitem mit bloßem Auge im fast 10 cm großen Bernstein zu erkennen.

Kommen wir zum Stamm der **Wirbeltiere**, zu denen die Fische, Amphibien, Reptilien, Vögel und Säuger gehören.

Bis auf die Fische sind auch aus diesen Gruppen Vertreter im Bernstein gefunden worden oder zumindest Teile davon. Es wäre zwar eine Sensation, aber durchaus möglich, dass irgendwann auch ein kleines Fischchen im Bernstein gefunden wird. Ich denke an eine Wanderung vor langer Zeit im Harz, entlang eines kleinen Baches in einem schönen Frühjahr der siebziger Jahre. Das Hochwasser nach der Schneeschmelze war abgeklungen, das Bachbett verengte sich immer mehr. Langsam trocknet solch ein Bach gegen Sommer hin aus, in einem trockenen Frühjahr auch schon mal im Mai. Ich beobachtete die winzige Fischbrut in den seichten Mulden, wahrscheinlich Forellenbrut. Sogar in schon vom Bach abgetrennten Mulden tummelte sich die Fischbrut. Käme ich eine Woche später, sicher fände ich diese Mulden gänzlich ausgetrocknet – darin kleine vertrocknete Fischchen. Bäume überragen die Bachufer und schon – tropf-tropf – harzt ein Baum direkt auf diese Stelle und schließt ein Fischchen ein. Oder ein Windstoß wirbelt die leichten, vertrockneten Fischchen auf und trägt sie ins Harz.

Im Burmesischen Bernstein (ca. 95 Mio J. alt) ist kürzlich tatsächlich ein Fischchen gefunden worden, kurz danach ein kleiner Jungvogel und ein kleines, befiedertes Saurierschwänzchen.

Vor einigen Jahren stand eine sehr gut erhaltene Eidechse zum Verkauf, das Deutsche Bernsteinmuseum in Ribnitz-Damgarten erwarb dieses außergewöhnliche Stück. Ich hatte es damals zum Konservieren in den Händen, denn der Rücken war ausgefressen und offen, ansonsten war die Eidechse vollständig erhalten! Den offenen Rücken füllte ich mit Kunstharz, danach folgte die Konservierung nach der Lackmethode. Eidechsen gehören zu den absoluten Raritäten im Bernstein.

Vollständige Vögel und Kleinsäuger sind bisher nicht im Baltischen Bernstein gefunden worden, aber Teile von ihnen.

Vögel haben Federn hinterlassen – z. B. ist in dem Bernstein oben ein Federbüschel eingeschlossen.

Und Säuger haben natürlich Haare hinterlassen. Eine nähere Bestimmung der Funde ist generell schwierig. Allerdings fand der Kriminologe FOOS bei einem der Einschlüsse einen Hinweis:

»Bei der Untersuchung von 10 Bernsteinstücken mit Säugetierhaaren aus der Sammlung von Herrn

Federn.

Flaumfeder.

Eidechse.

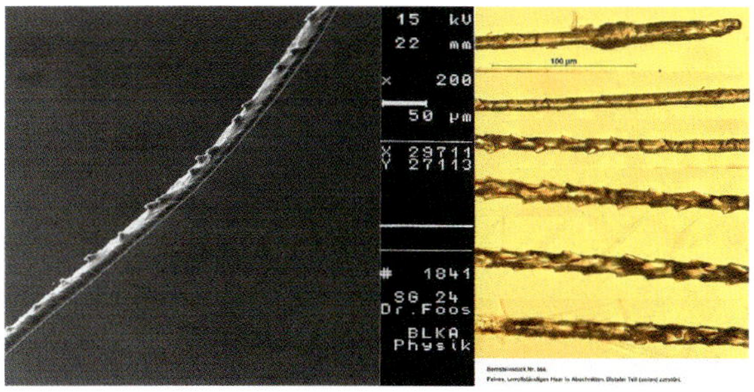

Haare mit Hakenstrukturen – typisch für Lemuren.
Foto © Karlheinz Foos

Säugerhaare.

Abschließend einige Leckerbissen aus dem Bereich der Pflanzen. Nur einige wenige Pilze (abgesehen von Pilzhyphen) sind bisher im Bernstein gefunden worden. Alexander R. Schmidt (Georg-August-Universität Göttingen) hat sie wissenschaftlich untersucht und beschrieben.

Sogar eine Aktion hat sich über 40 Millionen Jahre erhalten: Kleine Pilze sporen gerade aus. Wie vom Winde verweht ziehen hier Streifen von Sporen durch das Harz. Daran kann man erkennen, in welche Richtung das Harz damals geflossen ist.

Damit möchte ich die kurze Vorstellung einiger weniger Raritäten aus dem Baltischen Bernstein schließen Ausführlicher sind solche Inklusen im Buch »Einschlüsse im Baltischen Bernstein« und im Buch »Pflanzen – seit der Saurierzeit eingeschlossen – in Bernstein« von Carsten Gröhn beschrieben.

Carsten Gröhn fand sich ein Exemplar, das Haare mit einer sehr charakteristischen Besonderheit der Cuticulaschuppen eingeschlossen hat. Es handelt sich um eine Art Widerhaken, die in der Literatur m. W. bisher nur bei einigen Lemurenarten nachgewiesen wurden. Toldt (1935) erwähnt sie in seinem Standardwerk, wo er auf seine Veröffentlichung von 1912 hinweist. Dort vergleicht er diese Cuticulastruktur mit einer mehr oder weniger scharfen Adlernase; und Lambert und Balthazard (1910) vergleichen sie mit den Fußstützen an Stelzen.«

Diese Haare sind auch in der Grube Messel gefunden worden, deren Fossilien das gleiche Alter wie die des Baltischen Bernsteins haben. Sowohl die elektronenmikroskopische Aufnahme als auch das Mikrofoto (siehe vorherige Seite) zeigen diese Fortsätze deutlich.

Fruchtkörper von Pilzen.

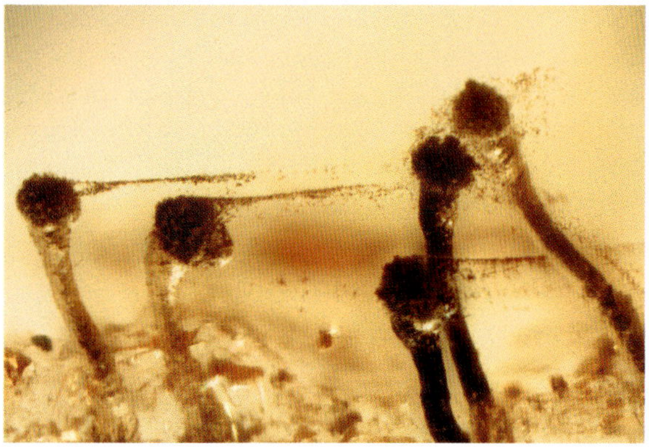

Pilzsporenfluss im Bernstein.

Aktionsstücke

Phoresie, Parasitismus, Copula usw. Eine besondere Art von Einschlüssen stellen Aktionsstücke dar. Sie zeigen uns nicht nur das Insekt, sondern dieses in einer Aktion begriffen – eine Momentaufnahme aus dem Leben dieses Insekts im Bernsteinwald. Verständlicherweise sind solche Inklusen bei Sammlern sehr begehrt – auf der folgenden Doppelseite eine kleine Auswahl.

Pseudoskorpione lassen sich gerne von größeren Tieren über längere Strecken transportieren. Sie klammern sich einfach an ihren Transporteur (in diesem Falle eine große Schnake – Tipuloidea) und lassen an einem anderen Ort wieder los. Diese Transportbeziehung nennt man Phoresie.

Manchmal ist es schwer zu entscheiden, ob es sich um eine Phoresie oder echten Parasitismus handelt, denn Milben heften sich gerne an einen Wirt, um sich transportieren zu lassen. Sind sie an einem Gelenk angeheftet, handelt es sich eindeutig um Parasitismus, denn die Milbe kann nur durch die zarten Gelenkhäute Hämolymphe absaugen, der Chitinpanzer wäre viel zu hart.

Dahingegen könnte es sich bei dem Aktionsstück einer Milbe auf dem Rücken einer Langbeinfliege durchaus um Phoresie handeln.

Wir sehen kopulierende Sumpfkäfer (Scirtidae), und Gnitzen (Ceratopogonidae) im wichtigsten Moment ihres Lebens vom Harz überrascht: beim Geschlechtsakt.

Eine ganz besondere Rarität stellt der Schlupfvorgang dar. Die Steinfliege (Perlidae) sieht man rechts im Bild als erwachsenes Tier, die Flügel noch nicht ganz auseinander gefaltet. Links davon befindet sich die leere Hülle des letzten Larvenstadiums.

Manche Fliegen, die sogenannten Deckelschlüpfer, befreien sich aus ihrer tönnchenförmigen Puppenhülle mit Hilfe einer Stirnblase (Ptilinum). Sie pressen ihre Hämolymphe in diese Ausstülpung des Kopfes und sprengen damit die Puppenhülle. Schon kurz nach dem Schlupf schrumpft die Stirnblase und die Flügel entfalten sich. Solch eine Momentaufnahme finden wir äußerst selten im Bernstein.

Ameisen haben den Bernsteinwald sicher genauso bevölkert wie den heutigen Wald und sind sehr häufig im Bernstein zu finden. Manchmal werden sie mitten im Kampf vom Harz überrascht: Die obere Ameise hat sich in den Fühler der unteren Ameise verbissen, umgekehrt hat

Ineinander verbissene Ameisen.

die untere Ameise ein Bein der oberen Ameise gepackt (nur von hinten zu sehen). Vielleicht ist aber auch kein Kampfgeschehen konserviert, sondern die Ameisen haben sich im Todeskampf ineinander verbissen.

Manch eine Ameise wird zum Opfer einer Spinne. Die gezeigte Ameise zeigt eine seltsame unnatürliche Haltung; schaut man genauer hin, entdeckt man viele feine Spinnfäden, die die Ameise gefangen halten.

Ameisen besuchen getrocknetes Harz, in dem sich Insekten verfangen haben, und fressen sie aus, bevor die nächste Harzschicht darüber läuft. Vornehmlich haben sie es auf den großen eiweißreichen Flugmuskel abgesehen – und deshalb zeigen viele im Bernstein eingeschlossene Insekten auf dem Rücken genau dieses Fraßloch. Bei dem Zuckmückenmännchen (Chironomidae) kann man in die Brustsegmente hineinschauen, die weißlich verlumt sind.

Eine Ameise ist beim Fressen in einem toten Laufkäfer vom Harz überrascht worden.

Rüsselkäfer (Curculionidae) bohren gerne Früchte oder Fruchtknoten an, um den innen liegenden nahrhaften Samen zu verspeisen. Sicher hat das Loch in der Frucht genau diesen Ursprung.

Auch Bewegungsspuren sind uns über 40 Millionen Jahre erhalten geblieben. Stammen die »Wellen« von den Flügeln der Trauermücke (Sciaridae), die noch mühsam einige Flügelbewegungen im zähflüssigen Harz versuchte?

Ins Harz eingesunken und später von einer weiteren Harzschicht bedeckt worden ist die geflügelte Blattlaus.

Schnake transortiert einen Pseudoskorpion.

Sumpfkäfer in copula.

Pseudoskorpion am Bein der Schnake.

Gnitzen in copula.

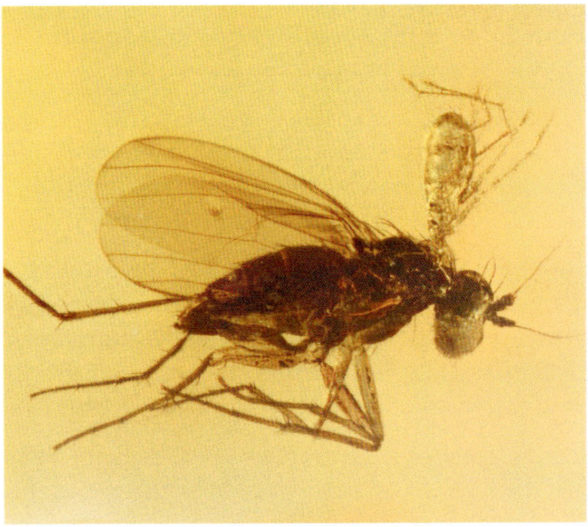

Milbe auf Langbeinfliege.

Ameise in Spinnfäden.

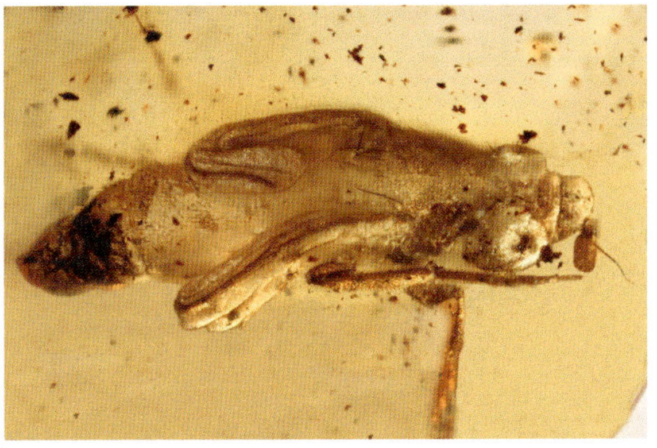

Fliegenlarve mit Stirnblase.

Schlüpfende Steinfliege, links Puppenhülle.

Bewegungsspuren?

Ausgefressene Zuckmücke.

Ameise im Körper eines Laufkäfers.

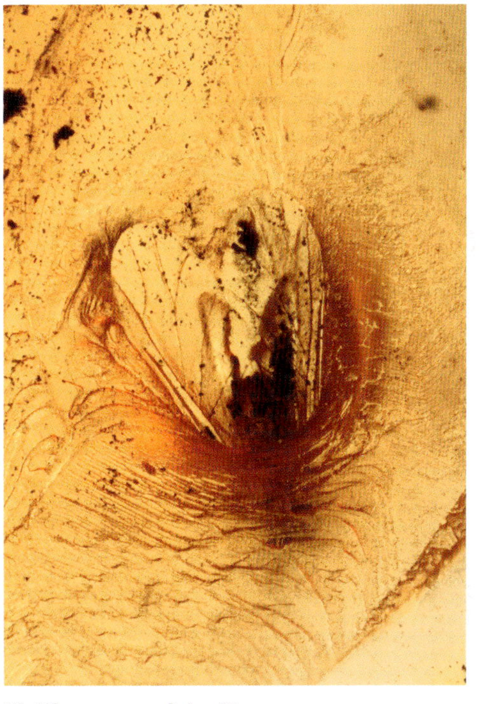

Blattlaus versank im Harz.

Bohrloch eines Rüsselkäfers.

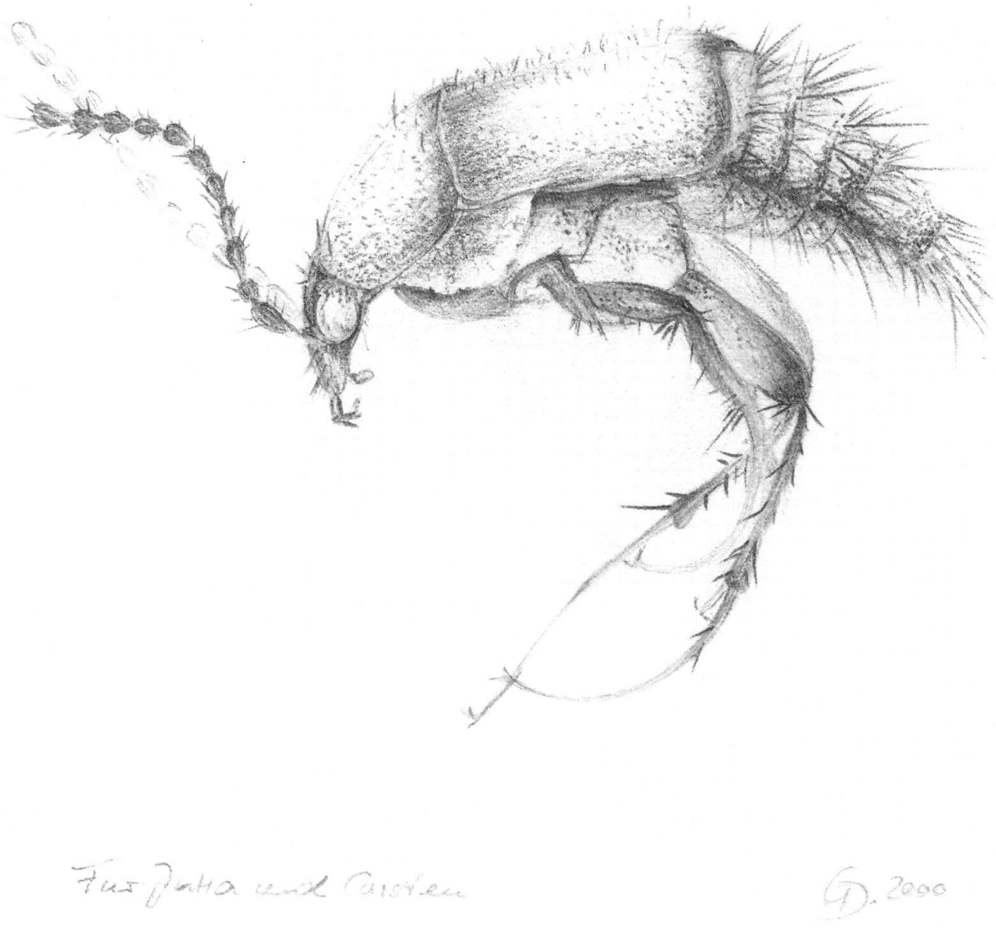

Kurzflüglerkäfer *Bolitobius groehni.*
Zeichnung: © Gabriele Diebel

Typenmaterial

Ein Typus ist ein Lebewesen, rezent oder fossil, das zur wissenschaftlichen Neubeschreibung dient. Wird dieses Lebewesen zur Neubeschreibung einer Art verwendet, nennt man es Holotypus. Dient es zur Aufstellung einer neuen Gattung, ist es ein Genotypus. Ist ein Typus verloren gegangen und ein anderes artgleiches Lebewesen dient zur Wiederbeschreibung dieser Art, nennen wir es einen Neotypus.

Neuerdings wird auch von einem Cybertypus gesprochen, das ist eine „digitale Kopie", die online einsehbar ist und einen Typus beschreibt. Es kommt vor, dass das Original eines Typus nicht mehr existiert, sondern nur noch die Beschreibung. So etwas kann z. B. dadurch geschehen, dass ein Fossil schichtweise abgetragen und dokumentiert wird. Nach Abtragen aller Schichten ist von dem Typus dann nur noch „Staub" übrig.

Der Wissenschaftler, der nach gründlicher weltweiter Recherche der Meinung ist, dass das betreffende Lebewesen eine neue Tierart darstellt und eine genaue Beschreibung vornimmt, hat auch das Recht, den Namen für diese Tierart festzulegen. Dabei wird die sogenannte binäre Nomenklatur in lateinischer Sprache verwendet, d. h. jedes Lebewesen hat einen Nachnamen und einen Vornamen.

Der Nachname stellt den Gattungsnamen dar und wird vorangestellt, der Vorname ist der Artname. Der Artname sollte einen konkreten Bezug zu dem Tier haben: Entweder wird der Name des Finders, des Besitzers oder eines Sponsors verwendet oder ein typisches Merkmal. »*Eodiprion groehni* SCHEDL 2007« sagt uns, dass es sich um eine fossile Wespe handelt (»eo« = alt und »diprion« = Name einer Wespengattung), dass GRÖHN sie gefunden hat und dass der Forscher SCHEDL sie 2007 beschrieben hat.

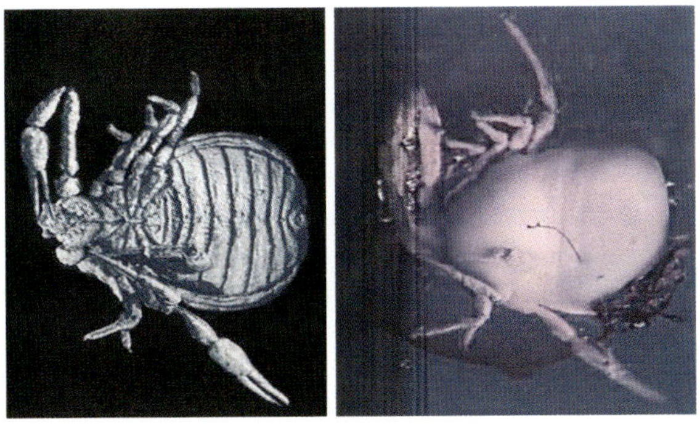

Pseudoskorpion *Pseudogarypus pangaea.*
Fotos © Hans Henderickx

Ein Typus dient anderen Wissenschaftlern als Vergleichsobjekt, soll jedem Wissenschaftler auf der Welt zur Verfügung stehen. Sinnvoll, aber nicht zwingend notwendig, ist es deshalb, dass diese Inkluse in einem Museum aufbewahrt wird. Dort bekommt der Typus eine Typennummer der Museumssammlung. Viele Wissenschaftler nehmen nur Artbeschreibungen vor, wenn die betreffende Inkluse in ein Museum kommt, als Spende oder als Verkauf. Auch einige Zeitschriften nehmen Veröffentlichungen nur an, wenn der Typus in einem Museum hinterlegt wurde. Der Privatsammler scheut sich häufig, sein Inklusenmaterial auf diese Weise zu »verlieren«. So schlummern sicher noch viele potentielle Holotypen in den Privatsammlungen.

Es sollte auf breiter Ebene die Diskussion eröffnet werden, dass Artbeschreibungen und der damit verbundene Holotyp grundsätzlich auch in einer Privatsammlung verbleiben darf. Privatsammler pflegen ihre Sammlung meist viel besser als Kustoden von Museen, die ja nicht nur eine Bernsteinsammlung pflegen müssen. Und es gibt Beispiele, dass Typenmaterial nach längerer Zeit nicht mehr im betreffenden Museum aufzufinden ist, sei es, dass es »verlegt« oder gestohlen worden oder durch mangelnde Pflege verwittert ist.

Ich habe aus meiner großen Inklusensammlung bisher über 300 Typen einem Museum gespendet, davon sind ca. 100 Typen mit einem „groehni“ oder „carstengroehni“ oder „carsteni“ benannt. Das erreicht man nur, wenn man mit einer Vielzahl von Wissenschaftlern aus aller Welt Kontakte pflegt.

Untersuchungsmethoden

Lichtoptische Betrachtung

Die einfachste Möglichkeit, einen Einschluss zu untersuchen, ist natürlich die normale Betrachtung durch das Mikroskop oder Binokular. Wenn ein Planschliff des Bernsteins über dem Einschluss vorliegt, kann man ihn fast verzerrungsfrei betrachten. Bei Vergrößerungen ab 40x stößt man meist an die Grenzen, weil der Bernstein eine scharfe Abbildung nicht mehr zulässt, auch wenn man dicht an das Objekt heran geschliffen hat. So sind auch Fotos ab diesem Vergrößerungsbereich lichtoptisch nicht mehr scharf zu schießen. Da hilft dann nur eine Zeichnung, die den Vorteil hat, dass man unwesentliche oder störende Dinge weglassen kann.

Aufnahmen mit einem Nano-CT-Scanner (X-ray Mikro-Computer-Tomografie)

Ich möchte anhand eines Beispiels eine neue Methode zur Untersuchung von Bernsteineinschlüssen vorstellen, die sich besonders für verlumte Inklusen eignet, d. h. für Einschlüsse, die einen weißen Belag haben, der die normale optische Sicht auf das Insekt unmöglich macht. Es handelt sich um die Untersuchung eines Pseudoskorpions, den ich Herrn Henderickx zur Verfügung stellte, ein Einschluss, der von unten total verlumt war. Dank der neuen Computer-Tomographie-Methode konnte Herr Henderickx die neue Art *Pseudogarypus pangaea* beschreiben.

8052 Jacobsoniidae *Derolathrus groehni*, CT
© Marie Hörnig

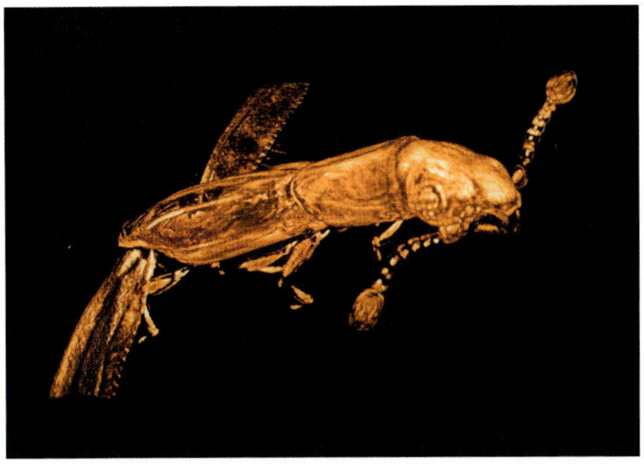

Dazu musste das dicke Bernsteinstück mit dem Pseudoskorpion stark geschliffen werden. Um das Risiko des Brechens zu verringern, wurde nach jedem Schliff mit Epoxidharz stabilisiert, dann weiter geschliffen, abschließend bis auf 0,1 mm (!) an den Einschluss heran. Die Aufnahmen wurden dann mit einem »3-dimensional X-ray microscope of UGCT« der Gent-Universität (Belgien) gemacht. Die ganze Ausrüstung ist in einen Granittisch eingelassen, um jegliche Erschütterung und Verschiebung des Objekts zu vermeiden und so Entfernungen im Nanometerbereich unterscheiden zu können. Der Bernstein wird während der Aufnahmen in feinsten Schritten um 360 Grad gedreht, so dass der Einschluss später von allen Seiten betrachtet werden kann. Man »fährt« um ihn herum, als ob er in der Luft schwebte und sieht ihn in 3D.

Spektroskopie von Bernstein

Es ist die sicherste Methode, mit der man beweisen kann, dass es sich bei einem Bernstein um echten Baltischen Naturbernstein handelt. Hier ein Beispiel einer Spektroskopie, durchgeführt mit dem Bernstein Nr. 1500 meiner Sammlung, die einen Fächerflügler enthält, der wissenschaftlich bearbeitet und beschrieben wurde: Strepsiptera Myrmecolacidae *Caenocholax groehni* HENDERICKX 2006.

Herr Henderickx wollte ganz sicher gehen, dass es sich um Baltischen Bernstein handelt und hat in Dänemark die kostspielige ATR-FTIR-Spektroskopie durchführen lassen. Als Vergleich besorgte er sich einen direkt aus der Blauen Erde von Jantarny geförderten Naturbernstein, den er parallel untersuchen ließ. Wie nicht anders zu erwarten, wiesen beide Bernsteine die typische »Baltische Schulter« auf.

Christian Kehlmaier schreibt zum Einsatz des CT (frei übersetzt):

„Oftmals wird ein unverstellter Blick auf die Inkluse durch Syninklusen, Verlumung, „Blitzer" oder aufgrund einer unnatürlichen Haltung des eingeschlossenen Insekts erheblich beeinträchtigt bzw. gänzlich verhindert. Auch können sich wichtige diagnostische Merkmale an schwer einsehbaren Körperstellen befinden, so dass eine sichere Ansprache des Taxons (Art, Gattung etc.) nicht möglich ist. Um dieses Probleme abzumildern, hat man vor einigen Jahren damit begonnen, Inklusen per Computertomographie zu untersuchen. Ursprünglich in der Medizin entwickelt, dient diese nicht-invasive Untersuchungsmethode zur Visualisierung interner Strukturen. Hierbei wird ein Objekt (der Bernstein) mit einer Röntgenquelle von allen Seiten durchstrahlt. Die gemessenen Dichteunterschiede werden per

Spektroskopie mit der Baltischen Schulter.
© Hans Henderickx, First record of the Strepsiptera genus *Caenocholax* in Baltic amber with the description of a new species

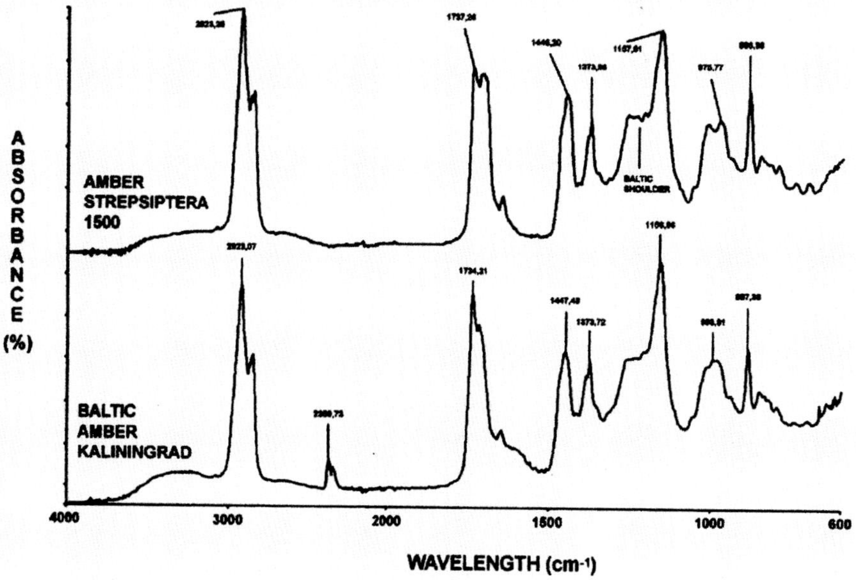

Acrylonitrile butadiene styrene (ABS) 3D model, *Eocenoxenos palintropos,* © Hans Henderickx & Jan Bosselaers, 2013.

Computer zu dreidimensionalen Bildern verarbeitet. Das Ergebnis ist eine virtuelle Inkluse, die nach Belieben gedreht und manipuliert werden kann. Durch das Ausblenden bestimmter Körperbereiche kann das Fossil sogar virtuell seziert werden, was Ansichten auf sonst verborgene Merkmalsstrukturen ermöglicht."

Im Fall des abgebildeten Käfers waren es insgesamt 1800 CT-Bilder, die mithilfe eines Computerprogramms in Schnittbilder umgerechnet werden. Aus diesen Schnittbildern kann man dann mit weiteren Programmen (hier mit Amira) Oberflächen rekonstruieren.

PolyJet-basierter 3D-Druck

Diese neue Technik erlaubt es, von den 3-D-Bildern Modelle aus Plastik herzustellen, hier gezeigt am Beispiel eines Fächerflüglerkopfes. Die Technik ist vergleichbar mit InkJet-basiertem Drucken von Dokumenten, doch statt Tintentropfen auf Papier zu bringen, bringen PolyJet-basierte 3D-Drucker Schichten aus flüssigem Photopolymer auf eine Bauplattform auf und härten diese mit UV-Licht sofort aus. Die feinen Schichten formen ein präzises 3D-Modell. Die Modelle können direkt nach der Entnahme aus dem 3D-Drucker bearbeitet und verwendet werden, ohne dass sie nachhärten müssen. Gemeinsam mit den ausgewählten Materialien trägt der 3D-Drucker auch ein gelartiges Stützmaterial auf, das Überhänge und komplexe Geometrien ermöglicht. Dieses lässt sich einfach mit der Hand oder mit Wasser entfernen.

7888 *Fealla groehni,* Henderickx, 2014, HT, GPIH 4413, ABS 3D model, © Henderickx

Inklusenbetrachtung/ Inklusenfotografie

Lupen

Das Einfachste ist natürlich eine normale Lupe. Aber auch da gibt es große Unterschiede. Normale Leselupen sind kaum geeignet, da sie nur 2 bis 4fach vergrößern – und die Einschlüsse im Bernstein sind meist recht klein. Auf Messen oder in Fachgeschäften kann man schon ab ca. 8 Euro recht gute Lupen mit einer Vergrößerung von 6fach, 8fach, 10fach, 12fach oder 15fach kaufen. Für den »Normalsammler« ist eine 8fach- oder 10fach-Lupe zu empfehlen. Hauptsächlich kommt es dann auf gute Beleuchtung des Bernsteins an.

Binokulare Betrachtungsweise

Die binokulare Betrachtungsweise ist auf jeden Fall einer einfachen Lupe vorzuziehen, da erst so die räumliche Wirkung und der eigentliche Genuss des Betrachtens zustande kommen.

Eine günstige Alternative zu den teuren Binokularen sind für den Einsteiger kleine, gut zu transportierende Binokulare mit fester Vergrößerung, meist 20 x.

Die Firma BRESSER bot da einige günstige, durchaus geeignete Produkte an, wie z. B. BIOLUX ICD mit Auflicht oder BIORIT ICD oder das Junior Auflicht-Mikroskop, alle für unter 50 bzw. 60 Euro zu erwerben.

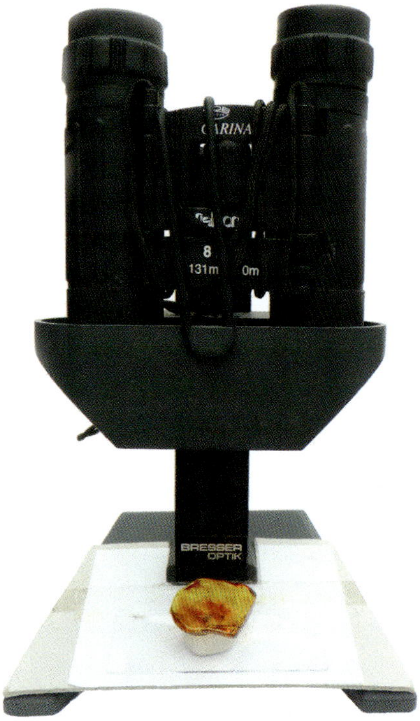

Makro-Stand.

Auch kleine Makroskope sind für den Einsteiger eine Alternative. Das Prinzip ist einfach: An einem Stativ befindet sich eine höhenverstellbare Halterung mit einem Linsensystem, das eine Zweifachvergrößerung hat. Darauf wird ein Taschenfernglas (Opernglas) gesetzt, das mit einem Gummi festgehalten wird. Mit einem 8 x 21 Fernglas kann man dann 16 x vergrößern. Die Kosten eines Makrostandes betragen ca. 30 Euro, die Kosten eines Fernglases ca. 20 Euro.

Eine bessere Optik, größeres Gesichtsfeld und verschiedene Objektive haben die »richtigen« Binokulare, die für den Inklusenbetrachter 6,4 x bis 40 x vergrößern sollten, bei Okularen mit 10 x oder 12 x Vergrößerung. Für 300–400 Euro gibt es schon recht brauchbare Geräte.

Wer aber den absoluten Genuss haben möchte, der muss schon einige tausend Euro investieren – und aufwärts sind da keine Grenzen gesetzt. Ich habe zum Beispiel ein Jahr lang auf Urlaub verzichtet und mir damals ein LEICA WILD M3C Binokular und als Beleuchtung eine Kaltlichtleuchte von SCHOTT KL 2500 LCD geleistet – und es nie bereut! Es folgte später die neuere komfortablere Version LEICA MS 5 mit höhenverstellbarem Okularaufsatz. Der echte Inklusen-Sammlerfreak sollte irgendwann einmal in solch ein teures Binokular investieren und dann sein Leben lang Freude daran haben!

Fotografieren

Der Höhepunkt ist eine Fotoausrüstung, mit der man seine Inklusen durch das Mikroskop fotografieren kann. Dieses ist ein weitläufiges Kapitel, das von einfachsten Fotos durch das Okular hindurch, über Tubus-Fotografie bis hin zu aus mehreren Einzelbildern zusammengefügten (gestackten) hochaufgelösten Fotos reicht. Bei der Fotografie von Einschlüssen unterscheiden wir die Makro- und die Mikrofotografie.

Für Einschlüsse bzw. Objekte, die 8–10 mm groß oder größer sind, eignet sich die kostengünstigere Makrofotografie. Es gibt spezielle Makroobjektive; in Kombination mit Balgengeräten oder Zwischenringen kann man mit der aufgesetzten Kamera sehr schöne Makroaufnahmen schießen.

Für kleinere Einschlüsse bzw. Objekte gehen wir in den Bereich der Mikrofotografie, also ab einem Abbildungsmaßstab von 1:1. Die etwas teureren Mikroskope bzw. Binokulare haben zusätzlich

Augen scharf.

Körper scharf.

Beine scharf.

einen Fototubus, auf den eine Kamera gesetzt werden kann. Entsprechende Adapter gibt es für jeden Kameratyp. Die digitale Kamera kann an einen Computer angeschlossen werden und die Einschlüsse, die fotografiert werden sollen, können unmittelbar am Bildschirm betrachtet werden.

Das Problem ist einerseits die gute Ausleuchtung, andererseits die geringe Schärfentiefe. Letzteres Problem kann durch Mehrschichtaufnahmen, die am Computer zusammengesetzt werden, behoben werden. Das an dieser Stelle näher zu erläutern, überstiege den Rahmen dieses Buches.

Bei einem »normalen« Foto ist nur eine Ebene scharf abgebildet. Im Vergleich dazu sehen wir ein gestacktes Foto; in diesem Fall ist die Langbeinfliege 80 mal in verschiedenen Ebenen fotografiert worden. Die Einzelfotos zeigen jeweils nur eine Ebene scharf, das gestackte Foto zeigt eine Tiefenschärfe, die nur mit dieser Methode zu erreichen ist. Es gibt Computerprogramme, die dieses „Stacking" übernehmen, wie z. B. Combine (Freeware) oder optimal, schnell und recht günstig: Zerene Stacker.

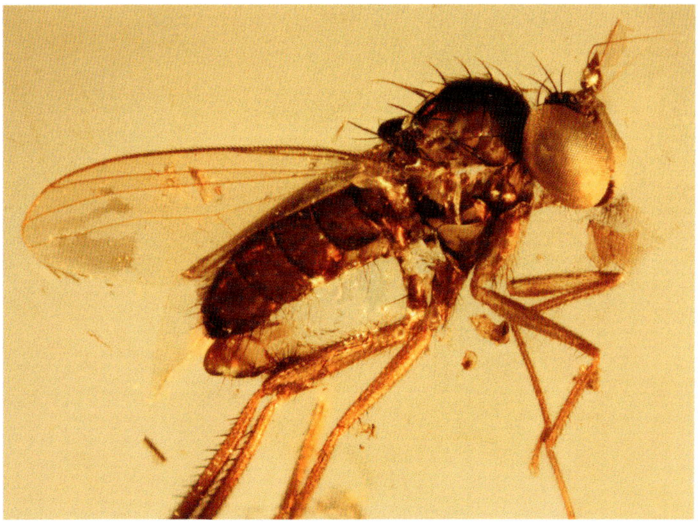

Alles scharf: Gestacktes Foto der Langbeinfliege.

Beleuchtung

Für die »normale« Betrachtung ohne starke Vergrößerung und ohne fotografische Hintergrundgedanken reicht eine kleine, niedrige Nachttisch- oder Schreibtischlampe mit einer Beleuchtung aus, die 40 Watt entspricht. IKEA bietet z. Z. eine Arbeitsleuchte für 9,99 Euro an, die sich ideal eignet: Auf einem sicheren Standfuß mit Transformator befindet sich ein langer Lichtleiter (»Schwanenhals«) mit einer 3-Watt-Leuchte, hervorragend in alle Richtungen zu biegen – Bezeichnung: JANSJÖ 701.236.82 / 19972.

Für größere Vergrößerungen ab 20fach muss man eine stärkere, gezieltere Lichtquelle benutzen, also am besten eine Kaltlichtleuchte mit mindestens zwei Lichtleitern. Für die Inklusenfotografie ist eine solche Ausrüstung unumgänglich.

JANSJÖ 701.236.82 / 19972, IKEA.

Langbeinfliege, oben: 10 mm tief im Bernstein gelegen, unten: nach dem Planschliff. Fotos © Kobbert

Schleifen oder nicht

Viele größere Bernsteine mit Einschlüssen habe ich früher stark beschliffen, um eine ganz bestimmte Inkluse besser einsehen und fotografieren zu können. Wenn man möglichst viel Bernsteinmaterial und Syninklusen erhalten will, liegen die Einschlüsse oft tief im Bernstein und sind schlecht zu fotografieren. Denn der Brechungsindex zwischen Bernstein und Luft ist verschieden, und Schlieren im Bernstein können zu Verzerrungen führen, die unter Umständen unzutreffende Merkmale vortäuschen.

Soll ein Einschluss fotografiert und/oder wissenschaftlich bearbeitet werden, dann führt kein Weg daran vorbei, den Bernstein über diesem Einschluss bis auf wenige Millimeter weg- und plan zu schleifen. Die beiden Fotos zeigen ein Beispiel. Über 10 mm tief im Bernstein gelegen ließ die Inkluse kein scharfes Bild zu. Nach dem Planschliff bis 1 mm an die Fliege heran wurde ein gestochen scharfes Foto möglich.

Um den dokumentarischen Wert eines Fotos zu erhöhen, d. h. möglichst viele Einzelheiten sichtbar zu machen, muss man viel mit der Beleuchtung »spielen«. Auflicht von einer Seite oder Durchlicht reichen häufig nicht aus; bessere Ergebnisse erzielt man mit zwei oder mehr Lichtquellen. Hilfreich kann auch die Dunkelfeldfotografie oder seitliches Licht sein.

Pilzfäden auf Substrat. Fotos © Kobbert

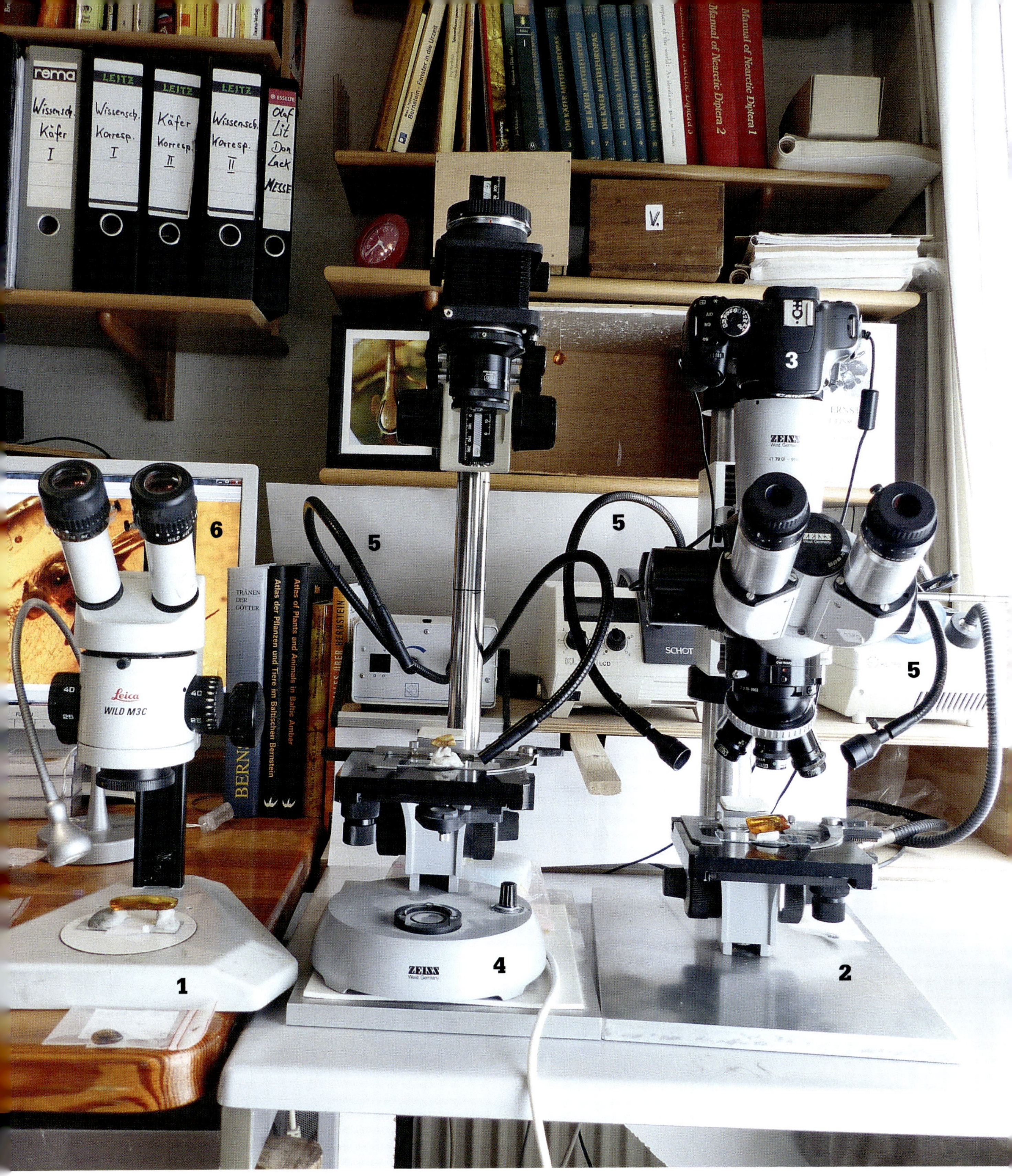

1 Leica WILD M3C Binokular
2 Binokular-Eigenbau aus Zeiss-Teilen
mit hochwertigen Objektiven (Luminaren)
3 Canon-Digitalkamera, angeschlossen
an Computer und Bildschirm
4 Makro-Fotografie-Einrichtung
5 Schwanenhals-Leuchten
6 Bildschirm, der das Kamerabild anzeigt

FÄLSCHUNGEN – WIE ERKENNE ICH EINE INKLUSEN-FÄLSCHUNG?

FÄLSCHUNGEN – WIE ERKENNE ICH EINE INKLUSENFÄLSCHUNG?

Dazu erinnere ich zunächst an das Kapitel über die »Eigenschaften des Bernsteins«. Sie zu kennen ist Grundvoraussetzung zum Erkennen von Fälschungen, die heute schon so geschickt gefertigt werden, dass der Laie Schwierigkeiten hat, sie zu entlarven.

Die häufigste Fälschungsmethode:
Ein Schlaubenbernstein wird an den Fließgrenzen geöffnet (gesprengt), in der Mitte ein Hohlraum geschaffen, ein Tier oder eine Pflanze eingelegt und mit Kunstharz aufgefüllt. Die Bernsteinhälften werden dann wieder zusammengeklebt. So finden wir außen nur Bernstein vor, in dem echte Inklusen enthalten sein können, in der Mitte liegt die Fälschung.

Wie erkenne ich solch eine Fälschung?

- Um die eingebettete Fälschung herum befindet sich ein andersartiges Medium, das unter dem Mikroskop als viel klarer und heller zu erkennen ist.
- Häufig sind auf den Schlaubenflächen und am Objekt Luftbläschen eingeschlossen, anders angeordnet als die »normal« im Bernstein vorkommenden Bläschen.
- Die Schlaubenfläche innerhalb des Bernsteins wirkt schlierig oder es sind **im Bernstein** Schleifspuren zu erkennen.
- Die Schlaubengrenzen liegen nicht exakt aufeinander, eine Klebenaht (oft sehr dünn – Lupe!) ist zu erkennen. Bei diesem Beispiel einer Federinklusen-Fälschung erkennt man unten um die angeschliffene Feder herum deutlich diese Klebenaht.

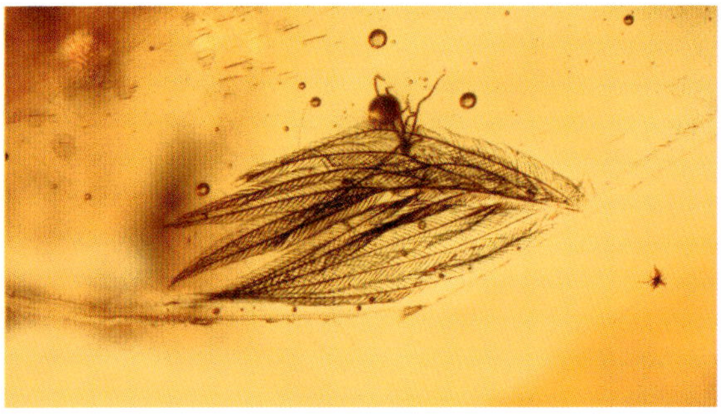

Klebenaht unterhalb der Feder.

- Bester Test auch für dicht aufeinander liegende Schlaubengrenzen: Nadel, die mit dem Feuerzeug vorher zum Glühen gebracht wurde, mit der Spitze kurz auf die Schlaubengrenze tippen. Ist es reiner Bernstein, erzeugt der geschmolzene Bernstein einen ringförmigen Wall um die Einstichstelle. Ist es Kleber, »sprotzt« dieser auseinander und verteilt sich ungleichmäßig um die Einstichstelle. Ist die Nadel noch rotglühend, dann verkohlt der Bernstein sogar an dieser Stelle, man findet schwarze Kohlespuren, wie auf der Abbildung zu erkennen. Der Kleber verkohlt nicht, sondern schmilzt, wird anschließend wieder fest und hat eine weißlich-durchsichtige Farbe, ebenfalls auf dem Foto zu erkennen.

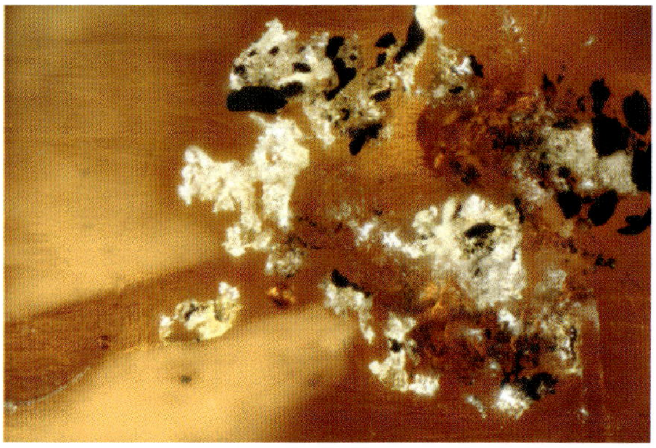

Geschmolzener heller Kleber und schwarz verbrannter Bernstein – nach dem Echtheitstest.

- Unter der UV-Lampe sind dickere Klebenähte vom Bernstein zu unterscheiden.
- Echte Inklusen im Baltischen Bernstein haben keine richtige, höchstens andeutungsweise Farberhaltung.
- Der Einschluss ist unnatürlich verformt oder gequetscht.
- Der Einschluss zeigt eine rezente, d. h. heute lebende Art. Arten überleben nicht so viele Millionen Jahre.
- »Toilettenmethode«: Alkohol (Eau de Toilette), Aceton und Äther lösen Kunstharze und junge Harze (Kopale). Bernstein wird nicht gelöst und schmiert nicht.

- Nicht für jeden möglich: Bestimmung des Brechungsindex mit einem Refraktometer (das Licht wird durch ein Prisma mit bekanntem Brechungsindex und dem zu prüfenden Stoff geschickt und der Brechungsindex verglichen): Der Brechungsindex ist n = 1,54 (Angabe aus gemline.ch). Dazu muss der Bernstein allerdings speziell vorgeschliffen werden.
- Verwendung eines Polariskops (es bezeichnet eine optische Anordnung von Polarisationsfiltern, mit der beispielsweise Spannungen im Medium sichtbar gemacht werden können). Es wird insbesondere bei der Untersuchung von Edelsteinen und Halbedelsteinen verwendet, die im Polariskop zwischen zwei Polarisationsfiltern um 360 Grad gedreht werden. Dabei lassen sich schnell Klassifizierungen durchführen (Isotropie, Doppelbrechung u. a.) und möglicherweise gefälschte Steine erkennen. Nach gemline.ch: »Bernstein ist amorph, also einfach brechend. Unter dem Polariskop erscheinen im Gegensatz zu einigen Kunststoffen keine farbigen Spannungslinien.«

Für die Echtheit eines Einschlusses sprechen:

- Die für den Baltischen Bernstein so typischen Sternhaare der Eiche, die bei Fälschungen nie direkt in der Nähe des gefälschten Einschlusses zu finden sind.
- Verlumungsspuren: Weißliche Stellen am Einschluss, örtlich begrenzt oder den ganzen Einschluss bedeckend.
- Bei etwas älteren Bernsteinen zeigt die Oberfläche krakelige Risse (zunächst nur mit Lupe zu erkennen), als wenn lehmige Erde trocknet und aufplatzt. Gealterter Kunststoff hat diese Verwitterungsspuren nicht.
- Der Preis: Wird z. B. eine Eidechse oder ein Skorpion im »Bernstein« für 100 Euro (statt einigen zigtausend Euro) angeboten, dann kann man von einer Fälschung ausgehen.

Bei der Eidechsenfälschung auf dem Kapiteltitelbild ist auf einen echten Bernstein die bernsteinfarbene Kunstharzmasse mit der Eidechse aufgetragen. Beim Betrachten von der Seite ist das leicht zu erkennen.

Es gibt auch viele Fälschungen, die aus reinem bernsteinfarbenen Kunstharz hergestellt wurden (in jedem Bastlermarkt zu bekommen). Die Hersteller verkaufen diese Produkte auch als Fälschungen an die Händler, es liegt in dem Moment noch kein Betrug vor. Danach kommen sie aber unkontrolliert auf den Markt und der dritte oder vierte Besitzer meint vielleicht sogar ganz überzeugt, dass es sich um einen echten Bernstein handele.

Selbst die Oberfläche wird täuschend ähnlich einer Verwitterungskruste hergestellt (raue und dunkelbraune Bereiche).

Einschlüsse werden so gewählt, dass keine Farberhaltung vorhanden ist (z. B. bei Ameisen, Fliegen, Pflanzenteilen usw.).

Diese reinen Kunstharzfälschungen sind am einfachsten zu entlarven:

- Salzwassertest! 150 g Salz auf 1 l Wasser verrühren. In dieser salzigen Lösung schwimmt ein Bernstein an der Oberfläche. Jedes Kunstharzprodukt geht unter wie ein Stein.
- Geruchstest: Beim Anzünden stinkt Kunstharz erbärmlich, Bernstein riecht aromatisch nach den im Bernstein enthaltenen ätherischen Ölen (letzteres nicht beim autoklavierten Bernstein).

Gefälschter »Ostseebernstein«.

Gefälschter »Tibetbernstein«.

DER BERNSTEINWALD

DER BERNSTEINWALD

Unzweifelhaft existierte der Bernsteinwald vor 40–50 Millionen Jahren im Bereich des heutigen nördlichen Europas und sicher hatte er eine große Ausdehnung über mehrere tausend Quadratkilometer. Auch die Angabe der großen Zeitspanne ist richtig, denn den Bernsteinwald hat es sicher einige Millionen Jahre lang gegeben.

Das Klima war damals sehr stabil, warmgemäßigt bis subtropisch; Klimaschwankungen mit Vereisungen der Polkappen gab es nicht. Woher wissen wir das so genau? Ein Indiz: Nach dem Aktualitätsprinzip müssen wir davon ausgehen, dass Insektengruppen, die heute ausschließlich in den Subtropen leben, damals auch subtropisches Klima bevorzugten. Konkret: Die Hauptverbreitung der Gottesanbeterinnen, Stabschrecken, Gekkos liegt heute im subtropischen bis tropischen Raum – und wir finden sie im Bernstein!

Es ist spannend, den Bernsteinwald zu rekonstruieren. Dabei helfen uns einerseits die Grabgemeinschaften (Taphozönosen); das sind Ansammlungen verschiedener Lebewesen in einem Bernstein. Andererseits helfen uns die Fossilien gleichen Alters von anderen Fundorten bei der Rekonstruktion: Z. B. die vielen Fossilien der legendären Grube Messel bei Darmstadt und aus dem Geiseltal bei Halle: Die Tiere lebten zur selben Zeit wie die Lebewesen des Bernsteinwaldes. Sie zeigen uns Lebewesen, die aufgrund ihrer Größe nicht im Bernstein zu finden sind (oder nur Teile von ihnen): Urpferdchen, Urraubtiere, primitive Primaten, Fledermäuse und andere Insektenfresser, kleine Vögel, aber auch Krokodile, viele Amphibien und natürlich Fische.

Zur Zeit des Bernsteinwaldes muss ein sehr feuchtes, warmes Klima geherrscht haben, mit reichlich stehenden und fließenden Gewässern. Eine Fülle von Bernsteininsekten ist der Gewässernähe zuzuordnen, entweder sie selbst oder deren Larven. Denken wir an die vielen Zuckmücken, Köcherfliegen, Eintagsfliegen, Steinfliegen, Schwammfliegen, die Sumpfkäfer, Taumelkäfer, Wasserwanzen u.v.m. Sie alle sind zumindest in einem Entwicklungsstadium auf Wasser angewiesen. Aber auch Einzelfunde lassen Rückschlüsse auf Biotope im Bernsteinwald zu. So fand ich eine Steinfliegenlarve mit Kiemen im Bernstein, deren heutige Verwandte in schnell fließenden, kalten Gebirgsbächen vorkommen. Auch andere Indizien könnten angeführt werden, dass es höher gelegene Areale gegeben haben muss, von denen herab kühlere Bäche flossen, z. B. der Erstnachweis des Brunnenkrebses *Niphargus groehni,* dessen Verwandte heute im Wasser von kühlen Brunnen, Höhlensystemen und Quellen leben.

Die Pflanzenwelt lässt sich schwieriger rekonstruieren, denn Pflanzen können nicht ins Harz fliegen. Sie müssen entweder direkt vom Harz betropft oder durch Wind hinein geweht worden sein. Unzweifelhaft gab es viele Eichen, denn nur Eichen bilden die typischen Sternhaare, die in dieser Form nur der Baltische Bernstein enthält. Die vielen Luftsackpollen im Bernstein weisen auf Kiefern hin. Weniger häufig vorkommende Nacktsamer (»Nadelhölzer«) sind Fichten, Thuja und Zypressen. Nachgewiesene Laubbäume sind neben den Eichen auch Buchen und Ahorn.

Lebermoose weisen auf ein Biotop mit hoher Luftfeuchtigkeit und Schatten hin und kommen recht häufig im Bernstein vor; Laubmoose etwas seltener und Farne sehr selten, was an ihrer Größe liegen könnte. Neben tropischen und subtropischen Pflanzenfamilien (z. B. Lorbeer, Palmen), finden wir Pflanzenfamilien aus gemäßigten Zonen (z. B. Rosengewächse, Steinbrech). Einige Familien der Blütenpflanzen wiederum weisen auf lichte Wälder hin, z. B. Heidegewächse, Kreuzblütler, Wolfsmilchgewächse und Doldenblütler. Insgesamt sind schon über 50 Familien der höheren Blütenpflanzen nachgewiesen.

Zusammenfassend kann man sagen, dass es sicher nicht **DEN** typischen Bernsteinwald gegeben hat, sondern einen sehr abwechslungsreichen riesigen Wald mit verschiedensten Subbiotopen. Als Leitfossilien müssen aber auf jeden Fall die Kiefer und die Eiche hervorgehoben werden, denn sie gab es wohl überall. Das stimmt auch mit der heutigen Verbreitung dieser beiden Artengruppen überein: Wir finden sie vom hohen Norden bis in die mediterranen Gegenden.

Ein kleines Rätsel bleiben die manchmal so unterschiedlich zusammengesetzten Syninklusen / Grabgemeinschaften (heterogene Taphozönosen). Mit unterschiedlich meine ich: Inklusen aus verschiedenen Subbiotopen.

Man müsste doch annehmen, dass an der Stelle, an der **ein** Baum harzte und **ein** Schlaubenharzstück auf der Rinde entstand, dann auch nur

Lebewesen aus der Rindenfauna zu finden sind, ergänzt durch die Fluginsekten der näheren Umgebung, nicht aber Lebewesen aus der Totholzfauna oder Bodenfauna, schon gar nicht aus der Gewässerfauna. Tatsache aber ist, dass einige Schlaubenbernsteine solche heterogen zusammengesetzten Syninklusen zeigen. Das kann nur so erklärt werden:

- Das aromatisch duftende glänzende Harz muss Insekten magisch angezogen haben, auch aus größerem Abstand.
- Der Wind hat mitgespielt und vieles vom Boden aufgewirbelt oder von weiter her angeweht.
- Harz hat Einschlüsse eingefangen und ist auf den Boden geflossen oder getropft. Dort sind weitere Einschlüsse ins Harz gelangt bzw. darauf festgeklebt und nachfolgender Harzfluss hat sie eingeschlossen.

Der Harzproduzent

Der in fast allen Büchern erwähnte Baum des Bernsteinwaldes ist die Kiefer *Pinus succinifera*. Widerlegt ist das bisher nicht eindeutig, aber Zweifel daran gibt es schon. So könnte z. B. auch eine Zeder infrage kommen. Vergleicht man die Infrarotspektren, so stellt man wenige Ähnlichkeiten zwischen dem Baltischen Bernstein und dem Harz heutiger Nadelhölzer fest. Sie gleichen aber den Harzen von Araucarien, die heute z. B. in Neuseeland oder auf Madagaskar wachsen und große Mengen Harz produzieren, viel mehr als die heutigen Kiefern. Andererseits finden wir häufig Luftsackpollen im Bernstein, ein Hinweis auf Kieferngewächse. Sie bilden die typische Endform aus, indem sich an zwei Stellen die äußere Pollenschicht ablöst und zwei seitliche Luftsäcke bilden.

Welche Baumart nun wirklich der Hauptproduzent des Harzes gewesen ist, bleibt bis auf weiteres ein Rätsel.

VÁVRA (2008) sieht sogar Unterschiede zwischen dem Bitterfelder und Baltischen Bernstein, die sich in den Ergebnissen der Infrarotspektroskopie gleichen. Dagegen findet sich im Bitterfelder Bernstein als löslicher Inhaltsstoff sehr viel Dehydroabietinsäure, deutlich mehr als im Baltischen Bernstein. Das lässt die Überlegung zu, dass es unterschiedliche Harzproduzenten gab. Für den Baltischen Bernstein werden *Pinus succinifera* und *Cedrus* (beides Pinaceae), aber auch *Agathis* aus der Familie Araucariaceae diskutiert, während für den Bitterfelder Bernstein die Gattung *Picea* (Fichte) in Erwägung gezogen wird. Dagegen sprechen die oben erwähnten häufig vorkommenden Luftsackpollen, die *Pinus* zuzuordnen sind.

Eva Sadowski (et al., 2017) bringt nach neuesten Untersuchungen sogar die Schirmtanne *Sciadopitys,* ein Kiefernverwandter, ins Spiel.

Die Diskussion über die Harzproduzenten des Bernsteinwaldes ist ganz sicher noch nicht abgeschlossen.

Haben die harzproduzierenden Bäume unnatürlich stark geharzt?

Auch diese Frage wurde jahrzehntelang kontrovers diskutiert. Früher dachte man sogar, dass die Kiefern des Bernsteinwaldes krankhaft stark harzten. Später setzte sich die Meinung durch, dass allein die lange Zeit, die der Bernsteinwald existierte, für die großen Harz- bzw. Bernsteinmengen verantwortlich gewesen sei und die Kiefern nicht unter einer Krankheit litten. Neuere Untersuchungen und Rezentvergleiche haben die Diskussion neu entfacht. In einer ökologischen Studie zur Harzproduktion der Georg-August-Universität Göttingen heißt es:

»Ein internationales Forscherteam unter der Leitung von Privatdozent Dr. Alexander R. Schmidt vom Courant Forschungszentrum Geobiologie der Universität Göttingen ist den Bernsteinwäldern im südlichen Pazifik auf der Spur. Während einer sechswöchigen Expedition untersuchten die Wissenschaftler zunächst die Bernsteinvorkommen Neuseelands und reisten dann auf die Pazifikinsel Neukaledonien. Dort entdeckten sie neue Pilzarten und entschlüsselten Wechselbe-

Araukarienwald bei Boursil, Neukaledonien.
Foto © A. R. Schmidt

Gelblicher Harzfluss auf Araucaria columnaris und weißlicher Harzfluss auf Agathis lanceolata, Neukaledonien.
Fotos © A. R. Schmidt

ziehungen zwischen harzenden Bäumen, Gliederfüßern und Mikroorganismen als Ursache erhöhter Harzproduktion. Sie wiesen für diese heutigen Ökosysteme nach, dass Insektenbefall und pathogene Mikroorganismen die Art und Menge von Harzausflüssen stark verändern. Diese ökologischen Zusammenhänge könnten eine Erklärung für die Bernsteinlagerstätten auf der südlichen Erdhalbkugel liefern.

Massive Bernsteinvorkommen entstanden im Verlauf der Erdgeschichte in bestimmten Zeitabschnitten. Warum Bäume in manchen Zeiträumen überhaupt übermäßig Harz produziert haben, gilt bislang als ungelöstes Rätsel. Die tropischen Waldökosysteme Neukaledoniens werden von Koniferen dominiert, von denen einige Vertreter große Harzmengen produzieren. So konnte das Forscherteam an heute lebenden Arten untersuchen, unter welchen Bedingungen starke Harzflüsse produziert werden. Dabei stießen die Wissenschaftler auf eine Pilzflora, die artenreicher ist als bisher angenommen. Sie entdeckten neue Arten, die zur Gruppe der Schlauchpilze (Ascomycota) gehören. Diese neuen Pilzarten leben ausschließlich auf frisch entstandenen Harzflüssen der Koniferen und ernähren sich von den Inhaltstoffen der Harze. Das Forscherteam fand zudem verschiedene Rüsselkäferarten, die in Zweigen von Araukarien leben. Die Besiedlung durch die Käferlarven löst in den Ästen und Zweigen der Bäume eine gesteigerte Harzproduktion aus – als Abwehrmechanismus gegen den Insektenfraß. Von den dadurch entstehenden unzähligen Harztropfen profitieren wiederum Vertreter der oben genannten harzbewohnenden Schlauchpilze. »Die Entschlüsselung solcher Wechselbeziehungen in heutigen Ökosystemen hilft uns dabei, Ökosysteme aus der erdgeschichtlichen Vergangenheit zu rekonstruieren«, erklärt der Göttinger Paläontologe Prof. Schmidt. »In die weiteren Diskussionen um die Ursachen für Bernsteinlagerstätten muss das Auftreten von neuen holzbewohnenden Insektengruppen und Mikroorganismen in der Erdgeschichte stärker als bisher einbezogen werden.« Die Ergebnisse der ökologischen Studien auf Neukaledonien ermöglichen zudem ein besseres Verständnis der alten Bernsteinwälder Neuseelands, die ebenfalls eine hohe Diversität an Koniferen aufwiesen und in denen, ebenso wie heute auf Neukaledonien, Vertreter der Araukariengewächse große Mengen an Harz produzierten.« (SCHMIDT, 2012).

Neben den Hauptproduzenten des Harzes, das für den Baltischen Bernstein verantwortlich ist, gab es auch andere Harzproduzenten in geringerem Umfang. Von ihnen stammen die **akzessorischen Harze:**

Glessit, eine Bernsteinart, die sich grundlegend vom »normalen« Baltischen Bernstein, dem Succinit, unterscheidet und mit einem Anteil von wenigen Prozent zusammen mit dem Succinit gefunden wird. Zu erkennen ist diese Bernsteinart an der typischen Feinstruktur, siehe folgende Bilder, die eine 25fache und eine 100fache Vergrößerung der Oberfläche zeigen. Außerdem ist Glessit nicht so gut zu schleifen und eignet sich kaum für die Schmuckherstellung. Der Ursprungsbaum soll aus der Familie Burseraceae (Balsambaumgewächse) stammen, heute in den tropischen Regionen weit verbreitet (nach KRUMBIEGEL, 1993). Glessit wird nicht nur in der Nord- und Ostsee gefunden, sondern ist auch aus der Braunkohlegrube Bitterfeld und der Lausitz bekannt.

Gedanit wird häufig im Weichseldelta bei Spülungen gefunden, sonst kommt diese Bernsteinvariante seltener vor. Es ist ein spröder Bernstein, der auf den ersten Blick wie Succinit aussieht, aber keine Bernsteinsäure enthält. Sein Harzlieferant soll *Cupressospermum saxonicum* sein (nach Krumbiegel, 1994); der Name weist darauf hin, dass auch im Bitterfelder Bernstein Gedanit in geringen Mengen gefunden wurde. Er ist brüchig und schlecht zu schleifen, wird deshalb auch kaum für die Schmuckherstellung verwendet.

Es werden viele weitere akzessorische Harze beschrieben, gesicherte Erkenntnisse über die harzliefernden Baumarten gibt es aber nicht. Hier einige Beispiele aus dem Bitterfelder Bernstein ohne nähere Beschreibung.

Glessit.

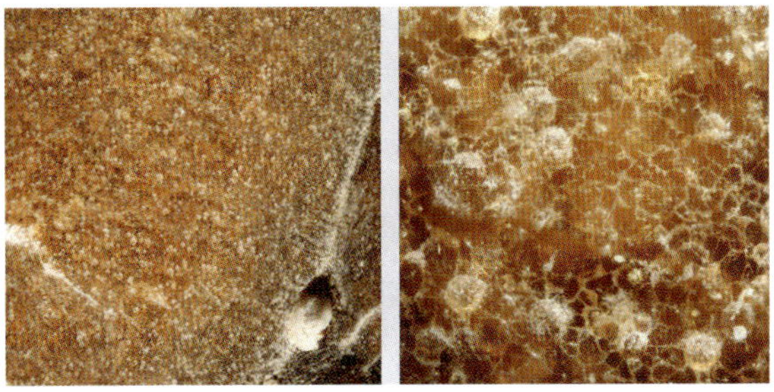

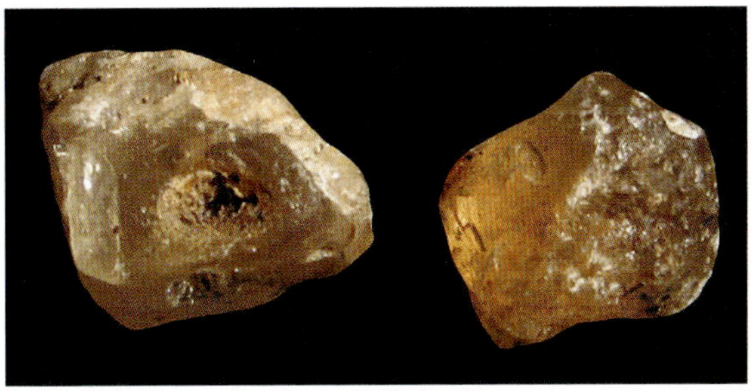

Gedanit.
Foto © Knut Rudloff

Beckerit.

Goitschit.

Stantienit.

Siegburgit.

Fotos rechte Spalte © Dr. Ivo Rappsilber, Geologischen Landesamt Sachsen-Anhalt, Sammlung: Dr. Günter Krumbiegel und Fachgruppe Geologie, Mineralogie und Bergbaugeschichte

Stimmen des Bernsteinwaldes

Wie der Bernsteinwald ausgesehen hat, können wir uns recht gut vorstellen, denn wir haben viele fossile Belege.

Aber was hätten wir gehört, wenn wir im Bernsteinwald gestanden hätten?

Die Rufe des Urpferdchens und seiner Räuber, die Schreie der Lemuren, Vogelgezwitscher und viele Insektenstimmen seien nur als Beispiele genannt.

Und was überliefert uns der Bernstein?

Da sind zum einen die seltenen Funde von geflügelten Heuschrecken: Sie reiben den Schrillkamm des rechten Flügels über die Schrillkante des linken Flügels (heute tatsächlich bei den bei uns lebenden Heuschrecken nur auf diese Weise) und erzeugen artspezifisch verschiedene Töne in ihrem ererbten Rhythmus. Laubheuschrecken und Grillen hören mit den Vorderbeinen mit ihrem sogenannten Tympanalorgan, das von außen nur als längliches Loch zu erkennen ist. Man müsste es bei ihnen auch im Bernstein noch sehen können. Feldheuschrecken und Zikaden haben solche Organe in einem Brustsegment oder Hinterleibssegment.

Der Gesang der Zikaden (auch bei Kleinzikaden ist der Gesang mittlerweile nachgewiesen) funktioniert ganz anders und die körperlichen Voraussetzungen sind wahrscheinlich im Bernstein nicht zu erkennen, denn die Lautorgane (Trommelorgane, Tympanalorgane) funktionieren so: Eine durch Rippen versteifte (häufig durch einen Deckel geschützte) Kutikulaplatte links und rechts obenseitlich am ersten Hinterleibsring wird durch einen starken Singmuskel angezogen. Durch das knackende Eindellen und das folgende Zurückspringen der Platte durch die Eigenelastizität wird die Platte in Schwingung versetzt.

Ganz andere Laute, vielleicht im für uns nicht hörbaren Frequenzbereich, mögen die Gnitzen (Ceratopogonidae) erzeugt haben: Bei manchen Gnitzen findet sich auf dem Vorderrand der Flügel ein »Schrillfeld«. Da es nur ein Flügelpaar gibt und kein Oberflügel auf dem Unterflügel reiben kann, muss dann wohl der Ton durch Senkrechtstellung der Flügel und entsprechendes Reiben erzeugt worden sein.

Oder hat das »Schrillfeld« gar nichts mit der Lauterzeugung zu tun? Zweifel sind auf jeden Fall angebracht, denn können solche zarten Flügel ohne vorhandenen Resonanzkörper überhaupt wahrnehmbare Töne erzeugen? Welche andere Erklärung gäbe es für diese Strukturen? »Es ist vorstellbar, dass artspezifisch unterschiedliche Lichtbrechungen (im Flug) auftreten, die die Männchen zu den Weibchen lenken.« (WICHARD, 2009).

Flügelstrukturen von Gnitzen.

Der Phantasie sind keine Grenzen gesetzt. Reisen Sie in die Tropen oder Subtropen und setzen sich morgens vor Sonnenaufgang in den Wald und lauschen der Natur, vielleicht hat es im Bernsteinwald ähnlich geklungen...

Viele Zeichnungen veranschaulichen das Aussehen des Bernsteinwaldes, doch das sind selbstverständlich alles nur Spekulationen:

Plakat aus dem Museum Oksböl/Dänemark.

Plakat aus dem alten Bernsteinmuseum Ribnitz-Damgarten.

Plakat aus dem Deutschen Bernsteinmuseum Ribnitz-Damgarten.
Foto © Deutsches Bernsteinmuseum Ribnitz-Damgarten

AUFBAU EINER SAMMLUNG

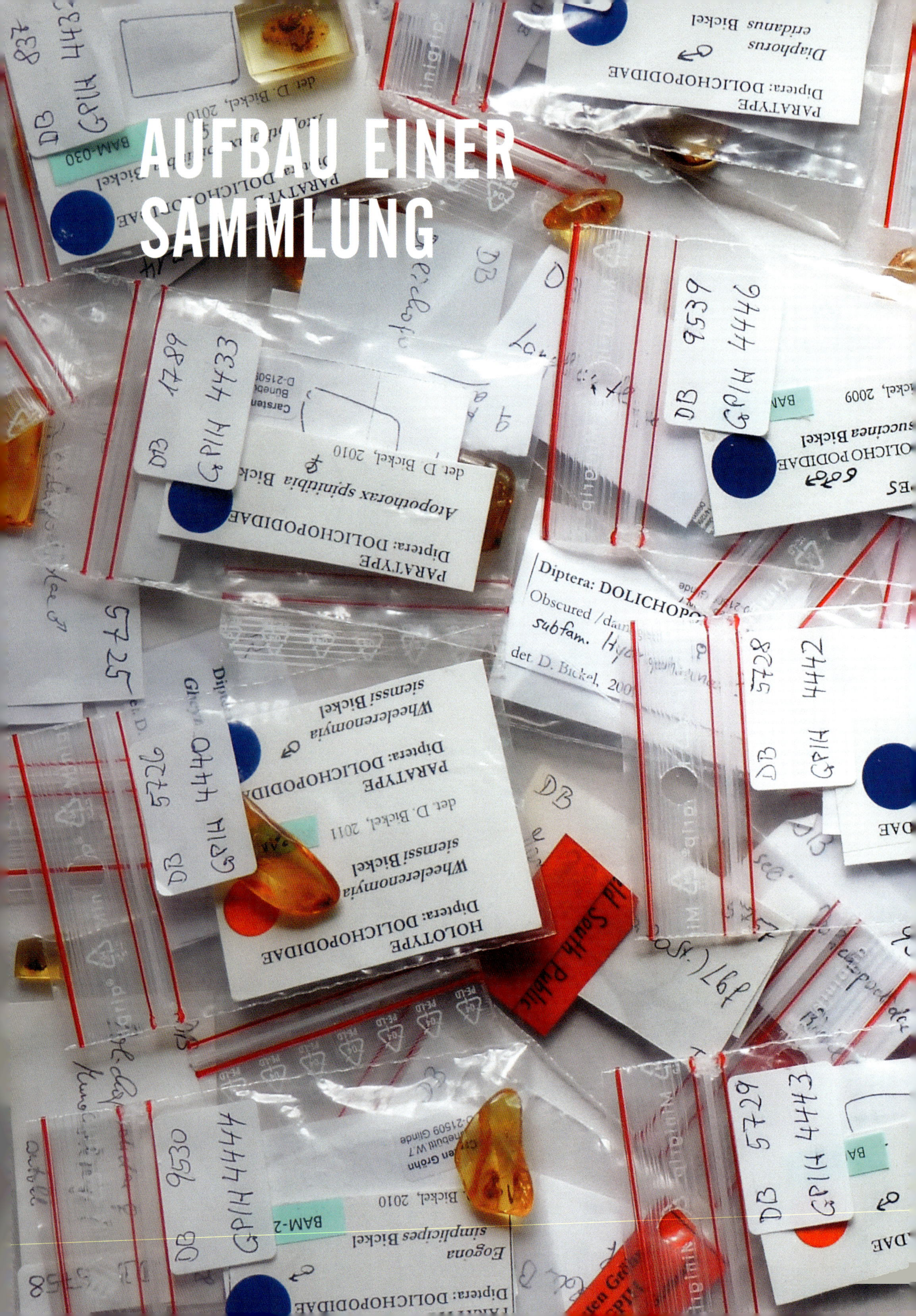

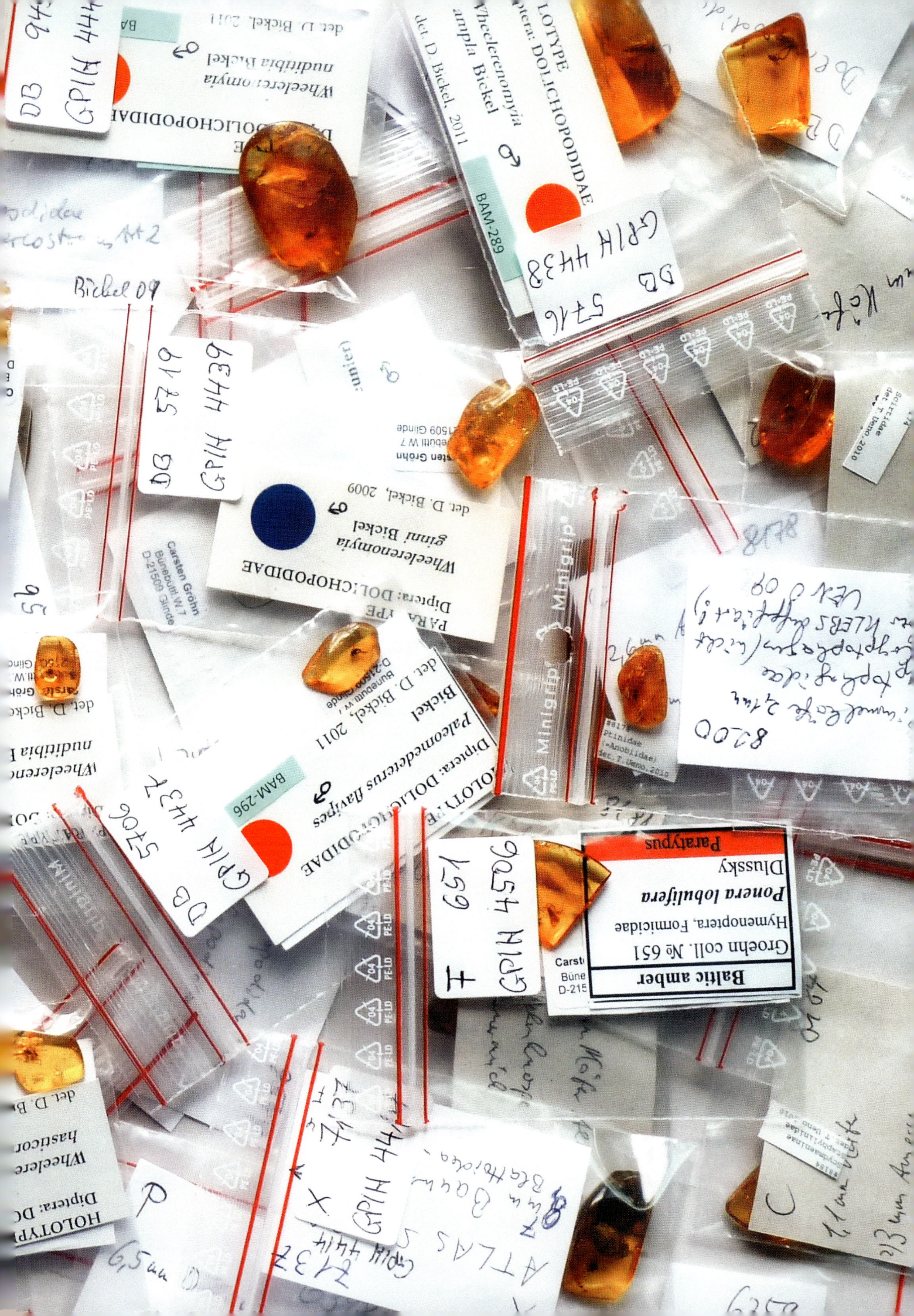

Baltic amber
Groehn coll. № 651
Hymenoptera, Formicidae
Ponera lobulifera
Dlussky
Paratypus
Dipteria: DOLICHOPODIDAE
Wheelerenomyia
ginni Bickel
det. D. Bickel, 2009
Paleomedeterus flavipes
Bickel
det. D. Bickel, 2011
BAM-296
DB 5706
GPIH 4437
DB 5719
GPIH 4439
Wheelerenomyia
ampla Bickel
det. D. Bickel, 2011
BAM-289
DB 5716
GPIH 4438
Minigrip

AUFBAU EINER SAMMLUNG

Das Sammeln von Einschlüssen (Inklusen)

Will man nicht nur wenige Einschlüsse (Inklusen) sammeln, sondern plant eine größere Anzahl, dann sollte man sich vorher einen Plan machen, wie ich die Sammlung aufbewahren und vor allem auch wie ich die Sammlung archivieren/dokumentieren möchte. Nichts ist ärgerlicher, als wenn man mit einem System beginnt, das sich später als unzureichend herausstellt, und die viele Arbeit umsonst war.

Digitale Daten können leichter verloren gehen als handschriftliche Aufzeichnungen. Diese Meinung mag veraltet klingen, doch ich gehe bei meiner Sammlung auf Nummer sicher. Als ersten Schritt vergebe ich eine Nummer für einen neuen Einschluss und schreibe wesentliche Fakten dazu handschriftlich auf. Dieser Ordner ist dann auch Grundlage für die digitale Erfassung, die selbstverständlich nicht fehlen darf: Das Ordnen und Suchen ist bei einigen tausend Einschlüssen dann sehr erleichtert.

Sammlungskästen für Minigrip-Beutel.

Die erste wichtige Entscheidung betrifft die **Aufbewahrung der Einschlüsse** (siehe dazu auch die Kapitel »Alterung und Konservierung des Bernsteins«). Plastikdeckeldöschen sind bei vielen Sammlern beliebt, doch für unterschiedlich große Bernsteine benötigt man unterschiedlich große Deckeldöschen. Das erschwert die Lagerung und die Döschen nehmen viel Platz in Anspruch.

Platzsparend, luftdicht verschließbar und günstig (unter 5 Cent pro Stück bei großer Bestellmenge) sind **Minigrip-Beutel** (Druckverschluss-, ZipLock-Beutel). In die Größe 60 x 80 mm (Innenmaß) passen nahezu alle Bernsteingrößen. Ich bestelle diese Minigripbeutel (Bestellnummer 20208) im 1000er-Karton (10 Einheiten zu 100 Stück) bei der Bürobedarf-Firma Dössel & Rademacher, Brandstwiete 42, 20457 Hamburg (buero@doessel-rademacher.de, Tel. (0 40) 32 32 30-0).

Diese Minigrip-Beutel lassen sich sehr gut aufbewahren. Senkrecht gestellt und mit Nummer versehen gibt es eine optimale Archivierung. Ich habe größere Schubkästen (Mindesthöhe 10 cm) durch Einkleben von Querstreifen in 65 mm breite Fächer geteilt und bringe so einige hundert Beutel in einem Kasten unter.

Die Aufbewahrung sollte im optimalen Falle in einem möglichst gleichbleibend kühlen, nicht zu trockenen Raum erfolgen. Wer eine wertvolle Sammlung besitzt, sollte auch an den Schutz denken. Nichts wäre für einen passionierten Sammler schlimmer als ein Brand, der jahrzehntelange Arbeit mit einem Mal zerstört. Ein brandsicherer Tresor tut da gute Dienste und ist gebraucht durchaus erschwinglich – aber nicht jeder hat Platz dafür...

Die zweite wichtige Entscheidung ist die Nummerierung und Sortierung. Es empfiehlt sich eine fortlaufende Nummerierung der Einschlüsse und eine Zusatzinformation für die Gruppe, zu der der Einschluss gehört. So schreibe ich zum Beispiel sowohl auf die beiliegenden Zettelchen als auch den Minigrip-Beutel vor die Nummer ein »F« für Formicidae (Ameisen) oder ein »P« für Pflanzen oder ein »C« für Coleoptera (Käfer). Das ermöglicht die Aufbewahrung aller Ameisen oder Pflanzen oder Käfer in getrennten Kästen. Wichtig: Bei einem Syninklusen-Bernstein, d. h. einem Bernstein, in dem sich mehrere Einschlüsse befinden, muss man sich für eine Hauptinkluse entscheiden.

Sowohl im handschriftlichen Ordner als auch in der Computer-Auflistung und auf den Zettelchen im Minigrip-Beutel sind die wesentlichen Punkte vermerkt:

Handschriftlich ALLES, d. h. Nummer, Hauptinkluse, Syninklusen, Größe, Konservierung, fotografiert, konserviert, Bestimmung einer Inkluse durch wen usw. Da sind keine Grenzen gesetzt. Anfangs habe ich noch vermerkt, von wem und wo ich den Bernstein gekauft hatte und was ich bezahlt hatte, Erhaltungszustand und vieles mehr. Bei einigen tausend Inklusen beschränkt man sich dann aber auf das Wesentliche...

In der Computerauflistung kann man selbstverständlich auch ALLES aufführen, ich beschränke mich aber auf Nummer, Hauptinkluse und wichtige Syninklusen (sowohl deutscher Name als auch wissenschaftlicher Name) und von wem determiniert. Per Suchfunktion kann man dann blitzschnell z. B. alle Ameisen aufgelistet bekommen, eine enorme Erleichterung beim gewünschten speziellen Zugriff auf einen bestimmten Inklusen-Bernstein.

Auf den Zettelchen im Minigrip-Beutel steht das Wesentliche in Kurzform, d. h. Nummer, Hauptinkluse, Syninklusen und andere Informationen wie z. B. ein kleines »t« rechts unten für »getaucht, d. h. konserviert« oder ein »f« für »fotografiert«. Auf die Rückseite zeichne ich den Umriss des Bernsteins und klebe ein kleines Namensetikett auf.

Außen rechts oben auf den Minigrip-Beuteln steht nur die Nummer und die Abkürzung für die Gruppe, zu der die Hauptinkluse gehört. Das ist wichtig für die Aufbewahrung und das schnelle Wiederfinden.

Alternative zur fortlaufenden Nummerierung: Jede getrennt aufbewahrte Gruppe wird in sich fortlaufend nummeriert.

Manch Sammler möchte gerne von allen Tiergruppen oder Untergruppen einen Einschluss besitzen, andere wiederum spezialisieren sich von vorneherein und laufen nicht in Gefahr sich »zu verzetteln«. Bei letzterer Entscheidung will es wohl überlegt sein, für welche Gruppe man sich entscheidet. Entscheidet man sich z. B. für Netzflügler, dann muss man sich darüber im Klaren sein, dass kaum ein guter Einschluss unter 100 Euro zu kaufen sein wird. Entscheidet man sich für Ameisen, kann man durchaus für wenige Euro einkaufen, auf jeden Fall unter hundert

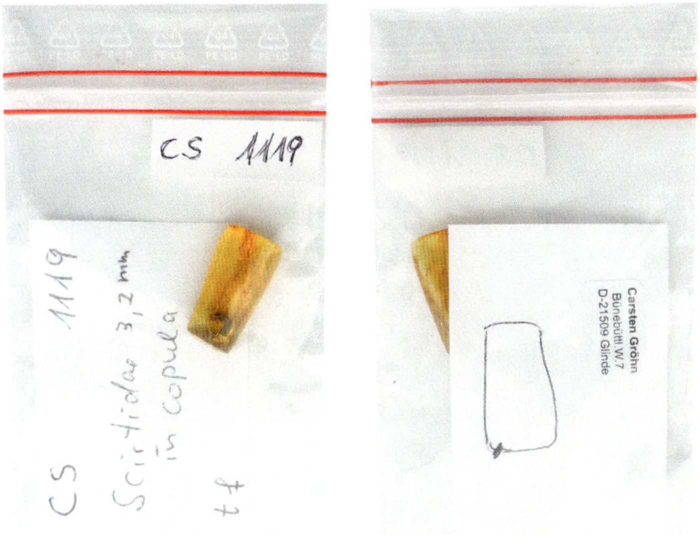

Minigrip-Beutel.

Euro, auch bei seltenen Untergruppen. Dasselbe gilt für Wespen, Käfer, Blattläuse u. a.

Einschlüsse gibt es nicht nur im Baltischen Bernstein, auch im Dominikanischen Bernstein, Burma-Bernstein usw. gibt es Einschlüsse. Sicher ist es interessant, Belegstücke auch von anderen Fundorten als dem Baltischen Bernstein zu sammeln, aber »richtig«, d. h. systematisch und in großer Zahl zu sammeln, sollte man zunächst nur von einem Fundort – sonst »verzettelt« man sich schnell. Da die Erhaltung der Einschlüsse im Baltischen Bernstein besser ist als in jedem anderen Bernstein (ausgenommen dem Pariser Bernstein, der dem Baltischen sehr ähnelt), bevorzuge ich diesen Fundort.

Sollte man sich entschließen, auch Einschlüsse von anderen Fundorten zu sammeln, dann muss man sorgfältig auf Trennung der Sammlungen achten und am besten auch eigenständige Nummerierungen vornehmen.

Sammeln von Bernsteinen von verschiedenen Fundorten aus aller Welt

Das ist eine sehr reizvolle Sammeltätigkeit, denn Bernstein gibt es fast überall auf der Welt zu finden, siehe dazu im Extrakapitel. Die Bernsteine sehen nicht nur verschieden aus, sie haben auch ein unterschiedliches Alter: von wenigen Millionen Jahren bis hin zu vielen hundert Millionen Jahren (z. B. Jura-Bernstein). Außerdem kommen die verschiedenen Bernsteine nicht nur »lose« vor, sondern meist eingeschlossen in Matrix, d. h. eingeschlossen in einem Gestein. Inklusen landen beim Sammler meist in Schubladen, die Fundort-Belegstücke dagegen kann man gut in Vitrinen ausstellen und den Anblick genießen.

Wie auch beim Sammeln von Einschlüssen gilt: Das Höchste ist das Selber-Finden. Für den Baltischen Bernstein muss man dazu nicht allzu weite Wege in Kauf nehmen, für das Selber-Sammeln von Bernsteinen von anderen Fundorten dagegen sehr weite Wege, bis auf andere Kontinente und halb um den Erdball. Und wenn man dann nur kleine Krümel findet oder sogar gar nichts, fragt man sich, ob es nicht besser gewesen wäre, im Internet zu recherchieren und Belegstücke käuflich zu erwerben. Aber man kann ja auch das Suchen mit einem Urlaub verbinden, dann ist die Enttäuschung nicht ganz so groß.

First Day of Issue Cover

Sammeln von Farbvarianten des Baltischen Bernsteins

Kein anderer Bernstein auf der ganzen Welt hat ein so großes Farbspektrum zu bieten wie der Baltische Bernstein (siehe Kapitel »Bernsteinfarben«). Das liegt u. a. daran, dass er tektonisch nicht erhitzt und gepresst wurde, wie der Dominikanische Bernstein. Es ist durchaus eine lohnende und eigenständige Sammelmöglichkeit und auch nicht schnell zu Ende geführt, denn kaum ein Bernstein gleicht farblich einem anderen, wenn man von den klaren Varianten absieht.

Spannend wird es, wenn man sich Rohbernsteine kauft, von denen man ahnt, dass sie eine besondere Farbe haben könnten. Zuhause beim Schleifen entpuppt sich dann so manch hässlich aussehender Rohbernstein als kleines Farbwunder, mehr dazu im Kapitel über Bernsteinfarben.

Sammeln von Briefmarken mit Bernsteinmotiven

Außer dem Sammeln von Einschlüssen, Bernsteinvarianten, Bernsteinschmuck (siehe auch Kapitel »Bernsteinschmuck«) usw. ist auch das Sammeln von Bernsteinmotiven auf Briefmarken oder Briefen ein interessantes und weitläufiges Feld. Dabei finden wir Motive nicht nur aus dem Baltischen Raum.

Abbildungen von Cyrill Martin

SPEZIELLE THEMEN

SPEZIELLE THEMEN

Altersbestimmung

Die verschiedenen Bernsteine, die in aller Welt gefunden werden, haben unterschiedliches Alter. Direkt datieren kann man die Bernsteine leider nicht, denn für die C14-Methode ist er zu alt, für die Methode mit radioaktiven Elementen längerer Halbwertszeiten (Kalium-Argon-Methode) ist er zu jung. Man kann aber die Inklusen (eingeschlossene Tiere und Pflanzen) bestimmen und einem erdgeschichtlichen Zeitalter zuordnen. So ist unzweifelhaft, dass der Baltische Bernstein ca. 40 Millionen Jahre alt ist – die Inklusen weisen auf ein warmgemäßigtes bis subtropisches Klima hin, das damals herrschte. Im Miozän vor ca. 20 Millionen Jahren war es wesentlich kälter, eine ganz andere Flora und Fauna herrschte vor.

Einige Bernsteine lassen sich altersmäßig durch Leitfossilien zuordnen. Das gilt vor allem für Bernsteine, die in Matrix (Gestein) eingeschlossen sind. Bestimmte Foraminiferen z. B. kommen nur in ganz bestimmten Zeitaltern vor – so wird eine indirekte Altersbestimmung möglich.

Beispiele für verschiedenes Alter von Bernsteinen:

- Dominikanischer Bernstein:
  ca. 20 Millionen Jahre (Tertiär – Miozän)
- Baltischer Bernstein:
  40–50 Millionen Jahre (Tertiär – Eozän)
- Portugiesischer Bernstein:
  ca. 95 Millionen Jahre (Oberkreide – Cenomanium)
- Libanon-Bernstein:
  130 Millionen Jahre (Kreide)
- Weitere Beispiele: Siehe Kapitel »Fundorte«

Evolutionsgeschwindigkeit

Ameisen, eine sehr junge Gruppe

Ameisen kommen im Kreidebernstein sehr selten vor. Daraus ist zu schließen, dass sie noch nicht stark verbreitet waren. Im Eozänen Bernstein (Baltischer Bernstein, 40–50 Millionen Jahre alt) finden wir eine Fülle von Ameisen verschiedenster Familien. Sie haben sich bis heute aber nur unwesentlich verändert, es sind keine neuen Familien entstanden, vielleicht sogar keine neuen Gattungen. Ameisen herrschen also erst seit ca. 50 Millionen Jahren auf der Erde (es gibt massemäßig gesehen mehr Ameisen auf der Erde als Menschen!).

Spinnen, eine sehr alte Gruppe

Spinnen sind eine sehr alte Gruppe, einige hundert Millionen Jahre alt. Genauere Untersuchungen alter Fossilien sind aber kaum möglich, da sie fossil nur im Bernstein gut erhalten sind – und aus der Jura- oder älteren Zeit haben wir keine bedeutenden Bernsteinfunde.

Konzentrieren wir uns also auf den Baltischen Bernstein mit der Fülle von Spinnenfunden und vergleichen einerseits mit dem miozänen Bernstein aus der Dominikanischen Republik (ca. 20 Millionen Jahre alt), andererseits mit der Jetztzeit.

Spinnen sind zwar eine alte Gruppe, doch Spinnen reagieren sehr empfindlich auf Umweltveränderungen und passen sich relativ schnell an. So kommt es evolutionsmäßig gesehen schnell zu neuen Arten und Gattungen. Deshalb eignen sich Spinnen auch gut zur ungefähren Altersbestimmung des Bernsteins – das war u. a. wichtig, um den Bitterfelder Bernstein endgültig als eozänen Bernstein zu datieren. Im Eozän herrschte warmgemäßigtes bis subtropisches Klima, im Miozän (20 Millionen Jahre später) war es bei uns deutlich kälter – deshalb dürften keine identischen Spinnenarten im Baltischen und Bitterfelder Bernstein zu finden sein. Da z. B. die Spinnenart *Mysmena groehni* sowohl im Bitterfelder als auch im Baltischen Bernstein gefunden wurde, MUSS er ein ungefähr identisches Alter haben. Und schauen wir uns eine heute sehr häufige Spinnengruppe an, die Wolfsspinnen – es gibt sie im Baltischen Bernstein NICHT! Ein weiterer Beweis, wie schnell bei den Spinnen Veränderungen auftreten.

Die Untersuchung der bisher nicht so zahlreichen Spinnenfunde im Mexikanischen Bernstein lassen eine große Ähnlichkeit mit der Spinnenfauna des Dominikanischen Bernsteins erkennen. Schlussfolgerung: Ähnliches Alter, nämlich ca. 20 Millionen Jahre.

Schmetterling mit Farbmuster-Erhaltung.

Farberhaltung

Eine **Originalfarberhaltung** gibt es im Bernstein mit an Sicherheit grenzender Wahrscheinlichkeit nicht.

Eine **Farbmustererhaltung** jedoch kommt bei einigen Insekten durchaus vor.

Hier einige Beispiele: Wir können die Inklusen mit den heute lebenden Vertretern vergleichen und finden genau diese Muster wieder. Das beste Beispiel ist immer noch der Buntkäfer (Cleridae), den wohl alle Naturliebhaber schon einmal gesehen haben. Oder das Widderchen (Gemeines Blutströpfchen) oder die Schnabelhafte-Skorpionsfliege (Mecoptera-Panorpidae).

Sicher hat der Besitzer vieler Bernsteineinschlüsse so etwas schon häufig gesehen, aber darüber nachgedacht? Auf dem Foto sieht man mehrere Termiten in dem typischen Silbergrau, darüber aber eine Ameise in wunderhübschem Rotgoldbraun. An anderer Stelle in demselben Bernstein liegen eine zweite Ameise, eine Langbeinfliege und eine Wespe, alle in dem Grauton. Wie kam es zu diesen unterschiedlichen Farben – und das in *einem* Bernstein direkt nebeneinander? Mit der Entfernung von der Oberfläche kann es kaum zusammen hängen, denn die andere Ameise liegt auch dicht unter der Oberfläche. Wer hat eine Idee?

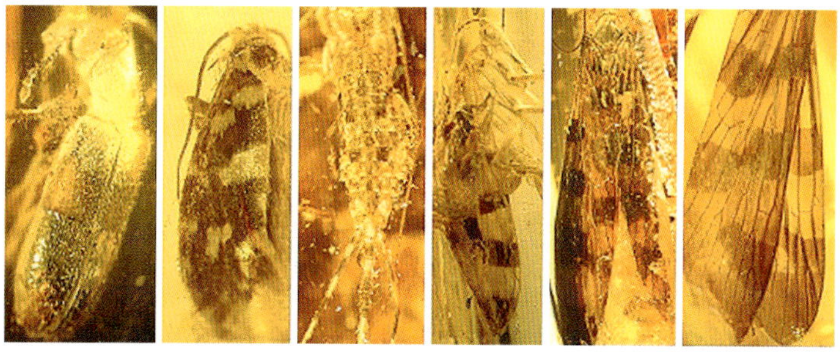

Buntkäfer, Schmetterling, Felsenspringer, 3x Schnabelhafte.

Rezentvergleich: Buntkäfer, Widderchen, Schnabelhafte.

Braune Ameise neben grauer Termite.

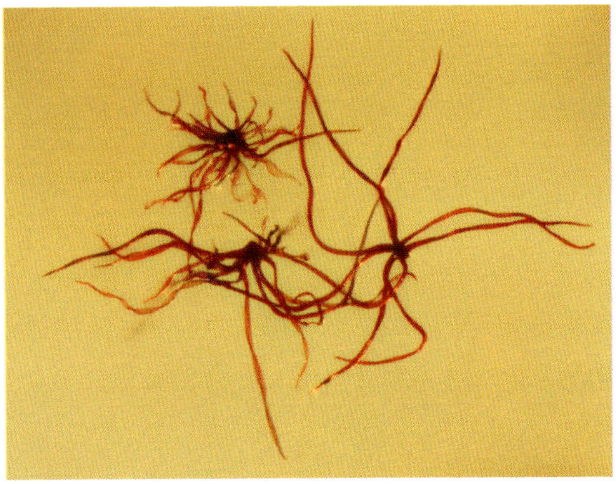

Sternhaare der Eiche.

Eichenknospe mit Sternhaaren.

Sternhaare

Typisch für den Baltischen Bernstein sind die zahlreich vorkommenden Sternhaare. Sie stammen wohl von den Eichenknospen und Eichenblüten und dienten der Eiche als Schutz vor Fressfeinden. Sie sind unverkennbar und können unterschiedlich groß sein. An der Knospe haftend sind sie noch »geschlossen«, abgefallen und getrocknet spreizen sie sich auf.

Es müssen also viele Eichen im Bernsteinwald gestanden haben. Aber Eichen blühen nur im Frühjahr: Dürften dann nicht nur im Frühjahr Sternhaare ins Harz geraten und dürfte nicht im Rest des Jahres das Harz sternhaarfrei geblieben sein? Vielleicht liegt die Antwort auf die Frage im Klima, das subtropisch war. Wahrscheinlich gab es damals vor 40 Millionen Jahren, als die Arktis eisfrei war, keine Jahreszeiten. Vielleicht blühten die Eichen das ganze Jahr hindurch.

Oder gab es andere häufige Baumarten, die Sternhaare besaßen? Die Sternhaare sehen durchaus etwas verschieden aus, sowohl in der Größe als auch im Aufbau.

Außerdem fällt auf, dass sich die Sternhaare der heutigen Eichen nur schwer lösen. Da sie aber massenhaft im Bernstein vorkommen, stammen sie vielleicht doch von einer anderen Baumart oder Strauchart. Zaubernussgewächse (Hamamelidaceae) sind im Bernstein nachgewiesen und viele Arten dieser Familie tragen auf der Blattunterseite Sternhaare, die sich leicht ablösen...

Wir kennen Sternhaare auch aus dem Äthiopien-Bernstein, die allerdings einige unterschiedliche Merkmale aufweisen (Schmidt, 2011).

Bernsteinthermometer

Sicher kennen Sie das Galilei-Thermometer: In einem Glasrohr befinden sich gleichgroße Kugeln, die aber leicht unterschiedliche Wasserverdrängung haben. Je nach Temperatur schweben einige Kugeln an der Oberfläche, einige sind auf den Boden gesunken: Je kälter es ist, desto mehr Kugeln befinden sich oben. Der Hintergrund: Wasser hat bei 4° C die größte Dichte, d. h. ist dann am schwersten. Je wärmer das Wasser wird, desto leichter wird es. Deshalb findet man Bernstein auch nur im Winter bei kaltem Wasser, wenn dieses nämlich am schwersten ist und der Bernstein leichter zum Schweben kommt. Das können wir nutzen, um ein Bernsteinthermometer herzustellen:

Ich rühre so viel Salz ins Wasser, dass der Bernstein gerade eben schwebt. Wird es nun kälter, dann steigt der Bernstein nach oben, wird es wärmer, dann sinkt er auf den Boden. Mein Thermometer ist so ausgerichtet, dass der Bernstein genau bei angenehmer Zimmertemperatur anfängt zu sinken: Bei 20° C löst er sich von der Oberfläche, bei 24° C liegt er schon fest auf dem Boden, bei 22° C schwebt er im Wasser.

Bernstein ist wasserdurchlässig und kann austrocknen, d. h. Wasser kann von innen nach außen diffundieren. Wir können das daran erkennen, dass eine sogenannte Wasserwaage (eine Wasserblase im Bernstein, in dem sich ein

Bernsteinthermometer.

Luftbläschen im eingeschlossenen Wasser hin und her bewegt) nach wenigen Jahren »tot« ist, d. h. ausgetrocknet ist. Der Bernstein trocknet und verliert auch etwas an Gewicht.

Deshalb funktioniert dieses Thermometer auch nur, wenn der Bernstein vorher längere Zeit im Wasser gelegen hat und seine endgültigen Schwebeeigenschaften bekommen hat. Aber auch die Zugabe von etwas Salz oder Wasser verändert die Schwebeeigenschaften so, wie man es möchte.

Denksportaufgabe: Wie kommt der Bernstein in diese enghalsige Flasche? Oben ist nur ein winziger Korkverschluss, unten ist die Flasche ohne Öffnung: Sie ist aus einem Stück mundgeblasen! Sie können sich vorstellen, dass es eines besonderen Tricks bedarf, die Glasflasche um den Bernstein herum zu blasen! Denn Glas erreicht eine für das Blasen notwendige Viskosität erst ab Temperaturen über 500° C oder mehr, Bernstein wird schon unter 200° C weich und würde bei 500° C schon verbrannt sein! Außerdem reagiert Bernstein sehr empfindlich auf Temperaturunterschiede und zerspringt bei zu schneller Abkühlung. Außerdem: Das Glas darf beim Schmelzen nicht mit anderen Stoffen in Kontakt kommen...

Kolophonium

Nordseeküste 1994, das Bernsteinfieber hatte mich seit einigen Jahren gepackt. Doch mein Wissen über diese Materie steckte noch in den Kinderschuhen. Können Sie sich das Herzklopfen vorstellen: Ich entdeckte beim Bernsteinsuchen einen hell-klargelben Halbpfünder im Spülsaum!

Solch einen Riesenbernstein hatte ich bisher noch nie selbst gefunden, immer nur die »Touristenkrümel«. Ein wenig getrübt wurde die Freude beim Aufheben – das Stück fühlte sich stumpfklebrig an, war aber fest wie Bernstein und sah genauso aus. Die Freude wich endgültig der Enttäuschung, als unsere Wirtin uns erklärte, das sei kein Bernstein, sondern Kolophonium und damit wertlos.

Kolophonium, fälschlicherweise manchmal auch »Geschmolzener Bernstein« genannt, ist Ausgangsprodukt für wertvolle Lacke, die auch heute noch für teure Holzboote bevorzugt werden (dieser Lack ist sehr hart, dauerhaft und hat einen besonderen Glanz). Rezentes, d. h. frisch gewonnenes Harz (nicht Bernstein!) wird dazu geschmolzen, von Verunreinigungen wie Borkenresten getrennt, mit unterschiedlichsten anderen Materialien versetzt (Terpentinöl, Leinölfirnis,

Kolophonium-Halbpfünder.

Bleiglätte) und in sogenannte Destillationsblasen gegeben. Hier erfolgt dann die Trennung in die zugegebenen Terpentinöle/Restwasser einerseits und Kolophonium andererseits. Das noch heiße Kolophonium wird dann in Tonnen (meist Papptonnen) zur Lagerung/Verschiffung abgefüllt. Früher sind bei Stürmen häufiger solche Tonnen über Bord gegangen oder ein Schiff ist gesunken, deshalb findet man Kolophonium an unseren Küsten.

Erhärtet ist Kolophonium eine klare, etwas spröde gelbe bis braunschwarze Masse mit muscheligem Bruch und glasigem Glanz.

Kolophonium wird von Alkohol und Benzin angegriffen. Beim Schleifen »schmiert« Kolophonium und kann auch nicht poliert werden. An der Luft trocknet es schnell aus und wird spröde.

Das Rohharz wird in den Kiefernwäldern unserer Küsten, vornehmlich in Mecklenburg-Vorpommern, auf dem Darß, auf den Nehrungen, aber auch an der französischen Atlantikküste durch Anritzung der Kiefernstämme gewonnen.

Kolophonium wird manchmal mit Kopal gleichgesetzt. Das ist grundsätzlich falsch.

Harzgewinnung auf dem Darß.

Madagaskar-Kopal mit 40 Kernholzkäfern (Platypodidae)

Kopal

Kopal ist ein junges halbfossiles bis fossiles Harz, das wenige Jahre bis einige hunderttausend Jahre alt ist. Wir finden große Mengen Kopal auf Madagaskar, in Kolumbien und auf Neuseeland, wobei der Kolumbianische Kopal der älteste ist und einige hunderttausend Jahre alt sein kann. Die harzerzeugenden Laubbäume sind auf Madagaskar *Hymenaea*-Arten, in Kolumbien Burseraceae, auf Neuseeland Nadelbäume: Die Kaurifichte aus der Familie der Araukariengewächse. Kopale gibt es aber auch in Indonesien, auf den Philippinen, in Mexiko, Brasilien, Afrika (Kongo, Angola u. a.).

Kopale enthalten oft viele sehr gut erhaltene Inklusen, die aber beim jungen Kopal rezenten Lebewesen gleich zu setzen sind, also nicht zu den Fossilien gerechnet werden können. Entsprechend günstig kann man Kopaleinschlüsse erwerben.

Da Kopal kein Bernstein ist (vielleicht in einer Million Jahren dazu wird...), weist er auch nicht die Härte auf wie Bernstein. Die meisten Kopale haben eine helle Farbe und erscheinen durchsichtiger als Bernstein.

Kopal wird nach kurzer Zeit durch Austrocknen brüchig und reißt auf. Da hilft nur die schnelle Konservierung – aber Achtung: Lacke und Lösungsmittel lösen Kopal auf! Ein Stück Kopal nur 10 Minuten in Polyurethanlack, Aceton oder Benzin gelegt und wir finden nur noch eine breiige Masse vor. Beim Konservieren nach der Lackmethode darf man also den Kopal nur ganz kurz eintauchen, muss ihn schnell aufhängen und den unten hängenden Tropfen sofort abnehmen.

Kopal wird für die Farben-, Lack- und Firnissherstellung genutzt, genau wie rezentes Harz, auch als Zugabe zum Weihrauch.

Leider wird Kopal dem Laien manchmal als hochwertiger Bernstein verkauft. Auch in der Schmuckherstellung wird Kopal verwendet und kommt manchmal als Bernstein angeboten auf den Markt. Mit Hilfe eines Autoklaven gelingt es sogar, den Kopal fester und besser schleiffähig zu bekommen.

Herstellung eines Lackfilms

Prof. Erhard Voigt entwickelte schon in den 30er Jahren eine Methode, wie man das Profil bei einem geologischen Aufschluss auf Dauer abbilden bzw. konservieren kann. Alle Flächen von Lockergestein (Sand, Kies, Lehm, Geschiebemergel) lassen sich auf einen Lackfilm übertragen. Die Methode ist von jedem anwendbar, es gehört nur eine gute Anleitung und etwas Übung dazu.

Zunächst wird der Aufschluss, z. B. die Wand einer Kiesgrube mit interessanter Schichtung oder bei meinem Beispiel die Wand der berühmten Blauen Erde von Jantarny, so abgestochen, dass eine plane Fläche entsteht, die möglichst nicht ganz senkrecht, auf keinen Fall überhängend sein darf. Sie sollte möglichst trocken sein. Steinchen, Kohle oder in diesem Fall Bernsteine dürfen aus der Fläche herausragen.

Genaue Anleitung für die Lackfilm-Methode von Peter Laging

Arbeitsgeräte
Spaten, Schaufel, Maurerkelle (an den Seiten abgerundet, nicht scharfkantig!), Feuerlöscher (nur für Notfälle), Gartenspritze zum Lack Zerstäuben (sie muss lösungsmittelfest sein), Gartenschere, zwei Flachpinsel, leere Konservendosen zum Anrühren, eventuell Gaslötlampe.

Verbrauchsmaterialien
Präparationslack und Aceton-Verdünner oder Ponal-Weißleim mit Spiritus als Verdünner, Klarlack und Verdünner, Mull in Form von Binden oder als Platten, Ponal zum Aufleimen des Profils, Hartfaserplatte, Nägel, Bindfaden, Plastiktüten.

Die Arbeitsschritte zur Herstellung eines Lackprofils, chronologisch

Profil vorbereiten: Auf die gewünschte Breite Profil abstechen, leicht schräg, etwas konvex gewölbt. Wurzeln abschneiden, mit Pinsel von oben nach unten reinigen.

Einsprühen: Profil mit Lack 1:3 verdünnt oder Ponal 1:5 verdünnt vorsichtig einsprühen, es darf nichts verlaufen. Aceton abbrennen oder Ponal mit Lötlampe trocknen (Vorsicht: Brandgefahr! Man kann auch so lange warten, bis die Schicht so trocken ist, dass man mit dem Pinsel arbeiten kann). Nach dem Abbrennen hat die abzubildende Schicht schon eine erste Aushärtung erfahren.

Lackieren: Profil gründlich mit Lack oder Ponal in geringer Verdünnung mit dem Pinsel mehrfach tränken.

Mull aufpinseln: Überlappende Mullbinden oder Mullplatten mit demselben Bindemittel aufpinseln. Ecken mit Nägeln anheften, eventuell einen Bindfaden um die Ränder spannen, damit sich nichts vorzeitig ablöst.

Trocknen lassen: Je nach Temperatur ist das Profil in 20–60 min trocken.

Profil abziehen: Profil von unten nach oben von der Wand abziehen, eventuell Wurzeln abschneiden. Mit der Bodenseite nach unten ablegen (Sandschicht nach innen zeigend). Eine Rolle trockenes Gras (oder mitgebrachte nicht zu dünne Papprolle) auflegen und das Profil aufrollen.

Proben sichern: Aus den verschiedenen Horizonten kleine Proben für Retuschen sichern.

Aufleimen und retuschieren: Zuhause das Profil auf zugeschnittene und mit Ponal eingestrichene Faserplatte legen, leicht andrücken. Oder auf einen Rahmen spannen, am besten nach hinten umlegen und dort befestigen. Fehlstellen retuschieren. Gröbere Teile wie Bernsteine, die leicht herausfallen können, sollten zusätzlich fixiert werden.

Fixieren: Völlig getrocknetes Profil (mindestens einen Tag warten) flachlegen, gut mit Klarlack einsprühen (1:10 verdünnt) und trocknen lassen. Der Lack muss so stark verdünnt sein, damit kein Glanz entsteht.

Aufhängen und den Anblick genießen!

Anmerkungen zu den verschiedenen Mitteln

Der Präparationslack ist recht teuer und nur schwer zu beschaffen, dafür lasst sich mit ihm aber sehr sicher und schnell arbeiten. Allerdings ist Aceton auch sehr giftig und feuergefährlich, so dass man Vorsicht walten lassen muss.

Ponal und Spiritus sind preiswerter, viel einfacher und schneller zu beschaffen. Dafür ist die Verarbeitung mühsamer und zeitraubender. Beim Verdünnen erreicht man zuerst eine puddingartige Konsistenz, aber nicht entmutigen lassen, es wird schließlich flüssig, macht aber dann auch in der Spritze mehr Probleme. Die Trocknung dauert etwas länger, weil Spiritus langsamer verdunstet als Aceton.

Peter Laging beim Einsprühen der Wand mit Lack.

Rechts im Bild: Die Gaze ist aufgelegt, eingesprüht und trocknet. Links im Bild: Ein Lackfilm wird von der Wand gezogen.

Von der Wand gezogener Lackfilm.

Ausschnitt aus dem fertigen, getrockneten Lackfilm.

Andere Bindemittel wie Klarlack, Binder oder andere Leimarten sind grundsätzlich auch denkbar. Experimenten sind da keine Grenzen gesetzt.

Oben sehen wir das Team, das einige der wenigen Lackfilme von der Blauen Erde herstellte, mit dem Geologen des Bernsteinwerkes Jantarny (Palmnicken), Vladimir Borisjenko, Dr. Andrej Krylov vom Museum der Weltmeere Kaliningrad (Königsberg), Peter Laging und Hans-Jürgen Lierl. Fotos: H.-J. Lierl, 2001.

Lackfilm mit humosen Sanden und Bernsteinen.

Unter Leitung von Hans-Jürgen Lierl entstanden viele wunderschöne Lackfilme von den verschiedensten geologischen Aufschlüssen. Einige davon sind auch bernsteinhaltig, wie das Beispiel aus einer Bremer Kiesgrube zeigt (eine Arbeit von Hans-Jürgen Lierl). Wir sehen humose Sande mit zahlreichen Bernsteinen und Kiese in sehr ungewöhnlicher Faltung.

Pyrit im Bernstein

Manch Bernsteinliebhaber hat sich beim Schleifen schon geärgert, dass Pyrit an der Oberfläche oder in Rissen das Schleifpapier zerfetzt. Aber was ist Pyrit und wie kommt es in den Bernstein?

Pyrit ist ein Eisen(II)-disulfid (FeS_2), ein Sulfosalz, das bei ungestörter Kristallisation zu Hexaedern (Würfeln), Oktaedern, Dekaedern und anderen Kristallformen werden kann. Angeschliffene Pyritflächen zeigen eine typische Streifung (siehe Bild) und haben einen metallischen Glanz.

Wie kommt Pyrit in den Bernstein? Es kann bzw. konnte nur passieren, wenn ein Kontakt von innen mit der Oberfläche vorhanden ist bzw. war, d. h. Sulfosäuren müssen über Schlaubengrenzen, Risse, offene Bläschen, Einschlüsse, die bis an die Oberfläche reichen, in den Bernstein ziehen und dort auskristallisieren können.

Wenn diese Sulfosäuren auf einer Schlaubengrenze in submikroskopischer oder mikroskopischer Größe auskristallisieren oder über feine Holzreste in den Bernstein ziehen und auskristallisieren, dann können grünliche bis bläuliche Färbungen die Folge sein.

Pyridisierte Blase.

Pyridisierte Wespe.
Foto © Brunne

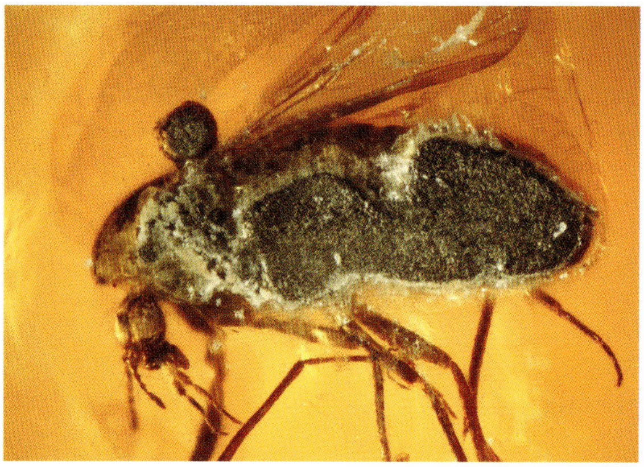

Pyridisierte Zuckmücke.

Auf dem Foto sehen wir ein Bläschen, das mit Pyrit gefüllt ist. Um den runden Pyritkern ist ein weiterer Pyritring erkennbar; könnte es sich um eine Wasserwaage gehandelt haben?

Es gibt sogar Insekten, die fast vollständig mit Pyrit gefüllt sein können.

Bruchlinie durch eine Langbeinfliege.

Bernstein im Bernstein

Recht häufig findet man im klaren Bernstein neben den verschiedensten Einschlüssen auch Bernstein im Bernstein. Das lässt sich einfach erklären. Harz wird an der Luft schnell trocken und brüchig und zerfällt. Gelangt ein solches älteres Harzstückchen in frisches Harz, finden wir es heute als Bernstein im Bernstein.

Für den Sammler interessante Stücke entstanden, wenn im Bernsteinwald älteres, getrocknetes und gerissenes Harz mit Einschlüssen von frischem Harz überflossen wurde. Deutlich sieht man an diesem Beispiel, dass mitten durch die Langbeinfliege ein Riss zieht, der sich mit frischem Harz gefüllt hat.

Ein Harzstalaktit (Harzfaden, der an einem Ast herunterhängt) kann von einem weiteren Harzfluss eingeschlossen werden. War der Harzstalaktit schon etwas angetrocknet oder das umfließende Harz deutlich flüssiger, haben sich beide Harzflüsse nicht vermischt, sondern der Stalaktit ist sogar im Bernstein noch erkennbar. Bei diesem interessanten Beispiel ist ein Harzfaden durch ein Spinnennetz geflossen, anschließend ist das gesamte Spinnennetz vom Harz eingeschlossen worden.

Spinnennetz zieht durch den Bernstein.

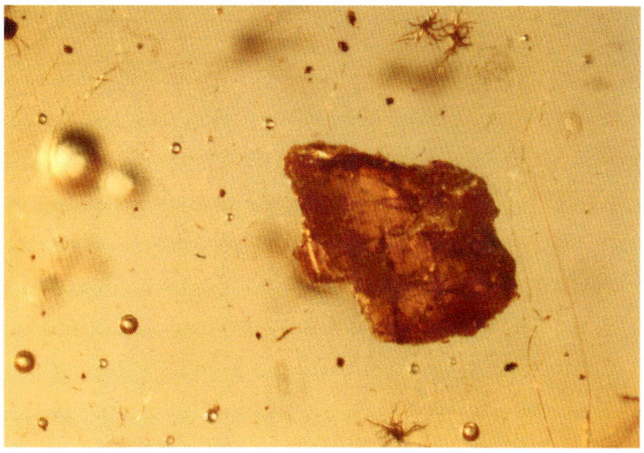

Bernstein im Bernstein.

Abdrücke auf Bernstein

Die meisten Sammler von Einschlüssen (Pflanzen und Tieren im Bernstein) achten nur auf das Innere des Bernsteins. Rohbernsteine werden häufig voreilig angeschliffen, um hinein schauen zu können. Es ist ratsam, zuerst einen Blick auf die Oberfläche zu werfen. Man kann interessante und seltene Abdrücke oder Auflagerungen entdecken.

KIRCHHEIMER (1930) erwähnte eine Fächerpalme (*Palmophyllum künowi,* CASPARY und *Palmophyllum succineum,* CONWENTZ). Es heißt dort: »Spreite tief geteilt, mit höchstens 20 gleichartig beschaffenen, induplizierten, ganzrandigen Segmenten versehen. Nach diesem Material ... entwickelte ihre Stammpflanze kleine regelmäßigfächerstrahlige Blätter, die sich durch die geringe Zahl der Segmente von den meisten Tertiärformen unterscheiden ... Blattstiel, Rhachis und Ligula sind an dem mir vorliegenden Material nicht erhalten.«

Den wohl seltensten und spektakulärsten Abdruck sah ich vor vielen Jahren in einer Privatsammlung in Danzig: Die Spur einer Kleinsäugerpfote mit deutlich erkennbaren Ballen und sogar zwei deutlich sichtbaren Krallenspuren. Ich schätzte das Tier auf Mardergröße (vgl. Bild links unten).

Im Vergleich: Abdruck einer Fächerpalme im Baltischen Bernstein und ein von CONWENTZ (1886) gezeichnetes Exemplar.

CONWENTZ zeichnete weitere Blattabdrücke auf Bernstein. Wir erkennen den Blattabdruck einer Buche (*Fagus*) und einer Magnolie (Magnoliaceae).

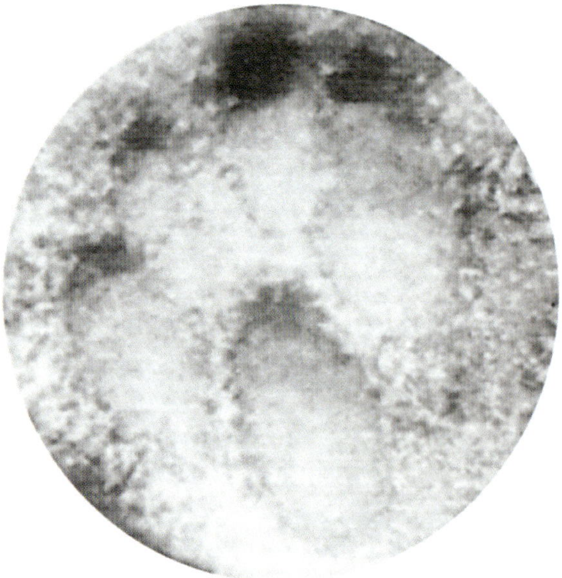

Pfotenabdruck. Aus: BACHOFEN-ECHT

Halb Einschluss, halb Abdruck – wahrscheinlich der Rest einer Bockkäferlarve, in einem mit Holzresten angereicherten Bernstein.

Gipskristalle auf Bernstein

Gips wird auch Gipsspat oder chemisch Calciumsulfat genannt und kommt in verschiedenen Kristallfomen vor, u. a. auch als rosettenartig verwachsene Kristallansammlungen. Wir kennen sie in anderer Form und Farbe von den Sandrosen (Wüstenrosen).

Gips entsteht und entstand geologisch durch Auskristallisieren von Wasser, das Calciumsulfat übersättigt ist/war. Er ist schwer wasserlöslich und die Härte entspricht nahezu der des Bernsteins (2–2,5). Trotzdem ist es einer der seltenen Zufälle, dass man eine Gipsrose auf einem Bernstein findet. Es grenzt fast an ein Wunder, dass die zarten Kristalle nicht zerstört worden sind. Ganz sicher ist dieser Bernstein nicht umgelagert worden, sondern die Gipskristalle sind dort entstanden, wo auch der Bernstein gefunden wurde (Fundort: Bitterfelder Braunkohlegrube).

Gipskristalle auf Bernstein.

Ameise mit Gärungsblasen.

Käfer mit Gärungsblasen.

Gärungsblasen

Wird ein Insekt ins Harz eingeschlossen, dann setzt der Verwesungsprozess ein, bei dem unter anaeroben Bedingungen Fäulnisgase entstehen. Der Insektenkörper bläht sich im noch nicht verfestigten Harz auf oder die Gärungsblasen treten aus dem Körper ins Harz aus. Irgendwann erhärtet das Harz und lässt uns im Bernstein bis heute diese Blasen erkennen.

Offen bleibt die Frage, warum einige Insekten aufgebläht sind, andere nicht – und das im selben Bernstein. Prozentual gesehen sind es nach eigenen Schätzungen weit weniger als 10 %. Es hängt sicher damit zusammen, ob das Insekt auf dem Harz austrocknen konnte, bevor eine weitere Harzschicht es unter Luftabschluss brachte. Dann müssten alle Insekten einer Schlaubenschicht entweder aufgebläht sein oder nicht. Auch wird der Feuchtigkeitsgehalt des Insekts eine Rolle gespielt haben: Eine »fette« Langbeinfliege wird eher vom Gärungsprozess aufgetrieben als ein flacher, lymphärmerer Felsenspringer, ebenso der Hinterleib einer Ameise eher als der Hinterleib einer Trauermücke.

»Puschelfühler«, Spinnennetze

Sicher haben Sie schon einmal diese kleinen Wunderwerke der Natur bei männlichen Mücken gesehen: Feinst behaarte Fühler, die die verschiedensten Aufgaben haben, vor allem aber den Geruch eines Weibchens aufzunehmen.

Aber haben Sie sich schon einmal gefragt, warum diese feinsten Härchen nicht im Harz zusammengeklebt sind, sondern fein säuberlich wie in der Luft abstehen?

Zwei mögliche Erklärungen:

- Trotz der Feinheit der Härchen haben diese eine gewisse Spannung, d. h. ihre abstehende Lage wird immer wieder hergestellt. Sonst würde ja auch Feuchtigkeit oder ein Regentropfen fatale Folgen haben...
- Das Harz muss äußerst dünnflüssig gewesen sein.

Auch heute in einem Kiefernwald gut zu beobachten: An einem heißen Sommertag fließt das Harz viel schneller und flüssiger als an einem kühlen Wintertag (wenn das Harz dann überhaupt fließt...). Auch Tag- und Nachtunterschiede gibt es. Der statistisch gesehen geringe Anteil an Einschlüssen von Nachtinsekten ist vielleicht dadurch begründet.

Für Spinnennetze können wir uns dieselbe Frage stellen und dieselbe Antwort wird richtig sein. Die feinen filigranen Spinnfäden im Bernstein bzw. vor 40 Millionen Jahren im Harz – und nicht verformt oder verklebt – müssen eine hohe Spannung gehabt haben und das Harz sehr dünnflüssig gewesen sein.

Kugelspinne in ihrem Netz.

Fühler einer männlichen Zuckmücke.

Ergänzung zu diesem Einschluss: Jede Spinnengruppe baut ihr Netz auf unterschiedliche, ganz eigene Art und Weise. Der Spinnenexperte kann so auch Aussagen über ein Spinnennetz im Bernstein machen, wie zum Beispiel hier auf dem Foto. Es handelt sich um ein Kugelspinnennetz und glücklicherweise ist sogar die kleine Kugelspinne mit eingefangen (sehr weiß im Hintergrund zu erkennen).

Schillernde Augen bei Haarflüglern (Trichoptera)

Wer schon mehrere Haarflügler (Köcherfliegen) im Bernstein bei größerer Vergrößerung gesehen hat, dem wird aufgefallen sein, dass die Augen die verschiedensten Färbungen zeigen können. Die Normalfarbe ist braun, doch manche Fazettenaugen (Komplexaugen) schillern grünlich, bläulich, metallisch, türkis usw. Sind das Originalfarben? Vorweg gesagt: Es sind keine Originalfarben. Das sieht man schon allein daran, dass bei unterschiedlichem Beleuchtungswinkel und unterschiedlichen Lichtquellen andere Farbeffekte hervorgerufen werden. Es muss sich also um einen optischen Effekt handeln. Warum aber entsteht dieser Effekt gerade bei Köcherfliegen – und bei anderen Fazettenaugen selten oder gar nicht? Das liegt am Aufbau dieser Augen. Normalerweise ist die Oberfläche der Fazettenaugen von Insekten relativ flach. Die einzelnen Köcherfliegenommatidien (Einzelaugen) aber sind hoch vorgewölbt. Und damit sind wir schon fast bei der Lösung. Jeder hat schon einmal einen Wassertropfen schillern sehen, wenn Licht von hinten oder der Seite hineinfällt. Alle Spektralfarben sind zu sehen. Das weiße Licht wird durch die Wölbung des Tropfens in seine Spektralfarben zerlegt – nicht der Tropfen hat die metallene Färbung. So ähnlich muss man es sich auch beim gewölbten

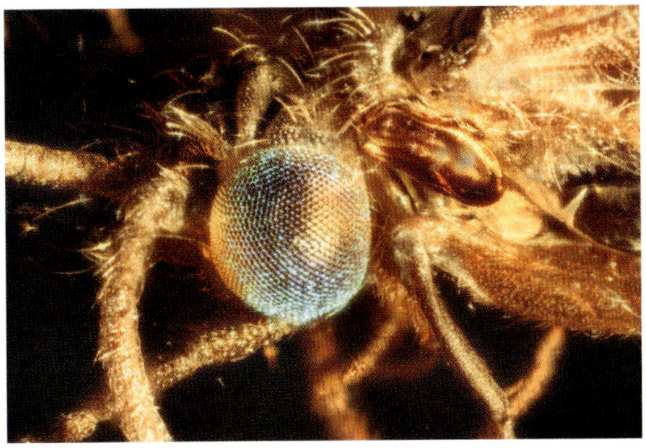

Schillernde Augen eines Haarflüglers.

Einzelauge vorstellen: Das Harz, eventuelle dünnste Luftschichten auf dem Einzelauge und das Material des Einzelauges haben unterschiedliche Brechkraft für das Licht. So wird es beim Übergang vom einen in das andere Medium gebrochen und in verschiedene Farben aufgespalten – aber nur bei ganz bestimmtem Lichteinfallswinkel. Übrigens: Dieses Phänomen habe ich auch bei Felsenspringeraugen beobachtet. Bei bestimmter Beleuchtung schillern auch seine Augen grünlichblau. Ausführliche Erklärungen gibt WICHARD »Antireflexbelag …« (2005).

Sand im Bernstein

Das Foto beweist eindeutig, dass Quarzsand im Bernstein eingeschlossen ist. Auch beim Schleifen habe ich es festgestellt, denn das feine Schleifpapier hat sehr gelitten: Also echter originaler Quarzsand!

Im Bernsteinwald muss es also neben Humusböden auch sandige Flecken gegeben haben. Auf dem Foto ist auch zu erkennen, dass ein Teil des Bernsteins viel Humusreste enthält, darüber im klaren Bernsteinbereich die vielen Sandkörner. Wahrscheinlich hat der Wind die Sandkörner auf das klare Harz geweht, dass größtenteils in den Humusboden eingesickert war. Dann schichtete sich auf den mit Harz getränkten Humusboden weiteres Harz, das heute den klaren Bernsteinbereich bildet.

Bernsteinsäure

Lassen Sie sich nicht täuschen: Dieses ist kein Christbaumschmuck, sondern eine Blase im Bernstein, die eine Kristallansammlung zeigt. KOSMOWSKA-CERANOWICZ deutet den Ursprung solcher Kristalle in der Bernsteinsäure.

Nicht alle Bernsteine enthalten Bernsteinsäure. Wie weiter vorne schon erwähnt, unterscheidet man deshalb die sogenannten Succinite von den Retiniten, die wenig oder keine Bernsteinsäure enthalten. Der größte Teil des Baltischen Bernsteins ist Succinit, auch als Bernstein im engeren Sinne bezeichnet.

In Litauen und Russland habe ich mehrfach erlebt, dass Bernsteinsäure-Kristalle, als weißliches Pulver gekauft, in den Tee gerührt werden. Der leicht salzig-saure Geschmack der Bernsteinsäure lässt den Tee ähnlich schmecken, als ob er mit Zitronensaft versetzt worden wäre.

Bernsteinsäure wird auch mit der Nummer E363 als Lebensmittelzusatzstoff verwendet. In der Natur kommt Bernsteinsäure häufiger vor als man sich vorstellen kann. Bei der Dissimilation (Abbau von organischen Stoffen durch den Stoffwechsel von Tieren und Pflanzen) ist Bernsteinsäure ein Zwischenprodukt im Citratzyklus.

Quarzsand im Bernstein …

… und an der Oberfläche.

Bernsteinsäure in einer Blase.
Foto © M. J. Kobbert

UNGEKLÄRTE ODER KONTROVERS DISKUTIERTE FRAGEN

UNGEKLÄRTE ODER KONTROVERS DISKUTIERTE FRAGEN

Luftbläschen oder Wasserbläschen?

Häufig finden wir im Bernstein Blasen oder kleine Bläschen. Wasserwaagen zeigen uns, dass sie mit Wasser gefüllt waren und bei längerer Lagerung außerhalb des Grundwassers langsam austrocknen – das Wasser verlässt also die Bläschen.

Aber wie sahen diese Blasen vor über 40 Millionen Jahren bei ihrer Entstehung aus, waren es eingeschlossene Luftbläschen oder vielleicht sogar Wasserbläschen – dann hätten wir fossiles Wasser in frisch gefördertem Bernstein?

Die Logik sagt uns: Harz ist extrem Wasser abweisend (hydrophob), es müssten also Luftbläschen gewesen sein.

BUCHBERGER (1997) schreibt dazu in der Zusammenfassung: »Inklusionströpfchen des baltischen Bernsteins wurden mit Hilfe von GC-MS, FTIR Spektroskopie und Kapillarelektrophorese analysiert. Es stellte sich heraus, dass es sich dabei um Wasser handelt, in dem eine Reihe von anorganischen Kationen (Na^+, K^+, Ca^{2+}, Mg^{2+}) und Anionen (Cl^-, Br^-, NO^{3-}, SO_4^{2-}) gelöst sind. Darüber hinaus enthalten sie auch NH^{4+}, Acetat- und Succinationen, wobei letztere in großem Überschuss vorhanden sind. Terpene waren jedoch nicht nachzuweisen. Aus diesen Ergebnissen wurde abgeleitet, dass die Inklusionströpfchen von salinem Spritzwasser stammen, in welches aus dem Bernstein stammende genuine Bernsteinsäure extrahiert worden war. Ammonium- und Acetationen könnten entweder aus den Inhaltsstoffen des Baumsaftes oder aus biogenen Materialien des Spritzwassers herrühren.«

Unterschiedlich gefärbte Bläschen.

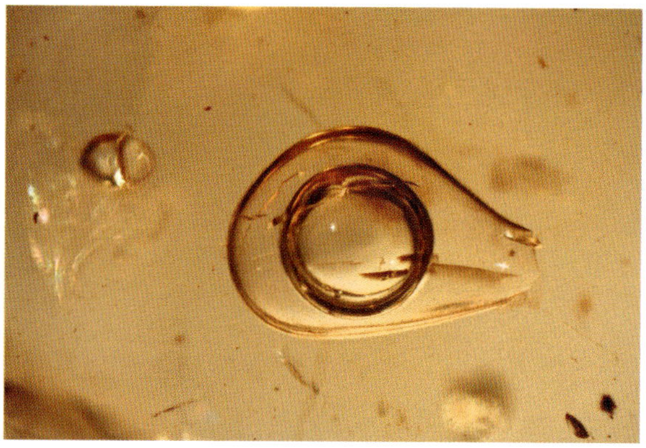

»Wasserwaage«.

Namhafte Bernsteinwissenschaftler halten diese Schlussfolgerungen allerdings für falsch. Es sei undenkbar, dass Meerwasser mit seinen Salzen in den Bernstein diffundiert und die Bläschen füllt.

Zum Nachdenken regt es aber schon an, dass Wasser relativ schnell aus den Bläschen heraus kommt, anscheinend aber nicht wieder hinein. Ich habe Bernsteine viele Jahre lang im Wasser aufbewahrt – kein Bläschen hat sich in dieser Zeit mit Wasser gefüllt. Das scheint aber nicht grundsätzlich der Fall zu sein. Auf einer Tagung des Arbeitskreises Bernstein 2024 diskutierten wir dieses Thema und es gab Sammler, bei denen sich die „toten" Wasserwaagen wieder gefüllt hatten und „lebten".

Ein Rätsel ist auch, warum einige Bläschen eine braune Farbe haben, wiederum andere in direkter Nähe nicht so gefärbt sind. Auffallend ist, dass bei diesem Beispiel nur Bläschen braun gefärbt sind, die Kontakt zur Langbeinfliege haben. Es gibt aber auch andere Beispiele, bei denen braune und klare Bläschen anscheinend wahllos nebeneinander vorkommen.

Einschlüsse ins Harz unter Wasser?

Die landläufige Meinung (auch unter Bernsteinwissenschaftlern) war bisher, dass unter Wasser keine Einschlüsse ins Harz gelangen können.

Alexander Schmidt vom Museum für Naturkunde der Humboldt-Universität Berlin (jetzt Georg-August-Universität Göttingen) und David Dilcher vom Florida Museum of Natural History wollten es genau wissen und starteten Freilandversuche in den Sümpfen Floridas.

In einem SPIEGEL-online-Artikel (2007) heißt es dazu: »Aufgrund von Bernsteinfunden mit Wasserinsekten und deren Larven, die niemals das Wasser verlassen, kann man schließen, dass es in den urzeitlichen Bernsteinwäldern Bäche, Teiche und Tümpel gegeben haben muss«, erzählt Schmidt SPIEGEL ONLINE. Demzufolge müssen zumindest einige der stark harzenden Bäume Kontakt zum Wasser gehabt haben.

Dann spielten Schmidt und Dilcher ganz einfach die Szenen nach, die sich in den Wäldern des Eozän zugetragen haben müssen. Dafür gingen sie in die Sümpfe Floridas. »Dort finden sich viele stark harzende Kiefernbäume, die im Wasser stehen«, erzählt Schmidt. Perfekte Studienobjekte also. Schmidt und Dilcher sägten die Rinde einiger Bäume an und beobachteten, ob und wie das auslaufende Harz eine Todesfalle für Mikroorganismen und Insekten darstellte.

Dabei stellte sich heraus, dass sich das Harz beim Kontakt mit dem Wasser in drei Fraktionen aufteilte. Ein dünner Harzfilm breitete sich auf der Wasseroberfläche aus. Allerdings trocknete er schnell aus und zerbrach. Er taugte nicht zur Bernsteinfalle.

Kleinere Harztropfen jedoch von bis zu vier Zentimeter Länge blieben am Fuße des Stammes hängen - knapp unterhalb der Wasseroberfläche. Sie wurden sehr schnell zu Fallen für die Wasserinsekten und waren auch schon nach einer Woche ausgehärtet ...

Der größte Teil des Harzes aber floss den gesamten Stamm herunter und sammelte sich auf dem Sumpfboden zu einem großen Kissen.

Dieses Harz härtete nicht aus, solange es von Wasser bedeckt war, aber es wurde dennoch zu einer effektiven Falle, besonders für größere und sehr kleine Lebewesen. An seiner Oberfläche nämlich entwickelte sich mit der Zeit eine etwas festere Haut, die nur von größeren Lebewesen durchbrochen werden konnte. Kleinere waren dann im noch flüssigen Inneren des Harzkissens gefangen. Es konnte aber auch passieren, dass das Harzkissen, wenn es über eine raue Oberfläche floss, ganze Wassertropfen umschlang, die Kleinstorganismen enthielten.

Insgesamt beobachteten die Forscher schon nach zwei Tagen, dass in beiden Harzfraktionen Lebewesen – vom Einzeller bis zum größeren Krebs – gefangen waren.

Doch damit ein Wasserbewohner tatsächlich in einem Bernstein landet, reicht es nicht, dass Harz unter Wasser gelangt und sich Tiere darin verfangen. Wie Schmidt und Dilcher schreiben, muss sich auch die Wassertiefe ändern, damit das Harz freigelegt wird und aushärten kann. Zur Langzeitkonservierung muss das Harz zudem später von Sedimenten bedeckt oder wieder aus der Küstenregion ins Meer verschoben werden.

Die Mikroorganismen und Wasserkäfer, die Schmidt während seiner Studie gefangen hat, werden ganz sicher in Ruhe zu Bernsteinfossilien werden – aber nicht versteckt in der Erde oder am Grunde eines Ozeans, sondern in der Präparatesammlung des Museums für Naturkunde in Berlin.

Gegen diese Möglichkeit, dass Wasserinsekten tatsächlich unter Wasser ins Harz gerieten, sprechen viele Schlaubenbernsteine, die neben den eingeschlossenen Wasserinsekten auch Mücken, Sternhaare, Springschwänze u. a. in der gleichen Schlaubenschicht zeigen. Einige Bernsteine könnten aber auch für diese Möglichkeit sprechen – das sind schlaubenlose Bernsteine, die z. B. nur eine Köcherfliegenlarve enthalten.

Auf jeden Fall hat Alexander Schmidt die Diskussion um eingeschlossene Wasserinsekten neu entfacht. Es bleibt abzuwarten, ob der Bernstein selbst uns weitere Aufschlüsse zu diesem Thema bringt. Die mikroskopische Untersuchung einiger Bernsteine zeigte uns zweifelsfrei eingeschlossene limnische Algen und Protozoen – der Grund überhaupt für die Freilandstudien von SCHMIDT.

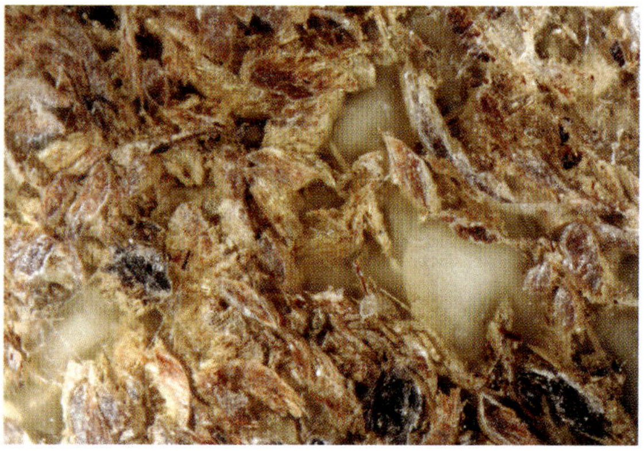

»Mulm« bzw. Nagespäne.

Welchen Ursprung hat der »Mulm« im Bernstein?

Einige Bernsteine haben viele kleine Holzreste meist ziemlich gleicher Größe eingeschlossen. Der Bernstein kann gänzlich mit diesem Mulm angereichert sein und dadurch eine braune bis schwarzbraune Farbe bekommen. Als Erklärung hört man häufig, dass Waldboden (Humusboden) eingeschlossen worden sein soll. Humusboden besteht aber nicht ausschließlich aus feinen Holzraspeln. Sind diese Holzraspel Fraßreste von holzfressenden/bohrenden Insekten oder Insektenlarven? Wahrscheinlich ist dieses Harz nicht auf den Waldboden getropft, sondern in Astgabeln gelaufen. Oder die Produkte der regen Bohrtätigkeit der Insekten sind auf das Harz gefallen und eingesunken. Vielleicht sind die Bohrprodukte auch unter der Borke in Harztaschen geraten. Dafür spräche, dass man in mit Mulm gefüllten Bernsteinen selten Insekten findet.

Bernstein mit Kiefernadeln.

Warum finden wir so wenige Kiefernadeln im Bernstein?

Der Bernsteinwald soll größtenteils aus Kiefern bestanden haben – und dass der »normale« Baltische Bernstein (Succinit) aus Kiefernharz entstanden ist, wird allgemein angenommen. Es müssten demnach viele Kiefernadeln im Bernstein gefunden werden. Die Sammlungen sprechen dagegen, die typischen Kiefer-Doppelnadeln sind echte Raritäten. Warum?

Ein Einschluss hat sich über 40 Millionen Jahre nur dann bis heute erhalten, wenn er vollständig im Bernstein eingeschlossen lag. Sowie er Kontakt

Kieferdoppelnadel im Bernstein.

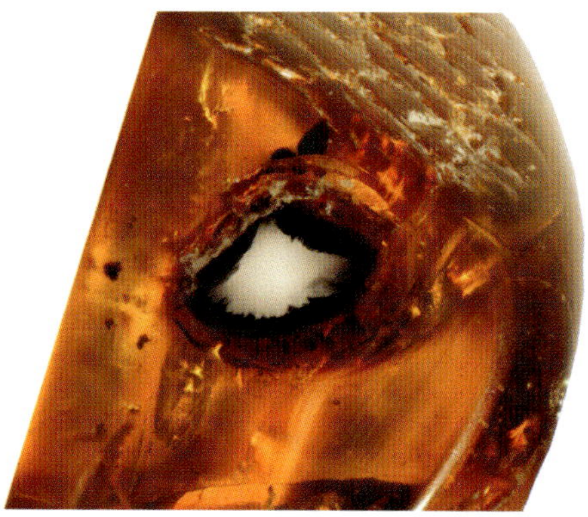

Querschnitt durch eine Kiefernadel.

zur Außenwelt hatte, korridierte (verwitterte) er und hinterlässt nur dunkelrotbraune Reste. Da Kiefernadeln recht groß sind, ragt meist ein Teil aus dem Harz/Bernstein heraus – und wir finden heute höchstens noch ein Loch, wobei man häufig den Nadelquerschnitt erkennen kann.

Größere, länglich-gerade, rotbraun verwitterte Einschlüsse im Bernstein haben häufig eine Kiefern-Doppelnadel als Ursache. Wenn man bei der Durchsicht von Bernsteinen darauf achtet, sind solche Einschlüsse dann doch häufiger als zunächst angenommen.

Ein Rezentvergleich zeigt ein Stück Harz mit teilweise eingeschlossenen Kiefernadeln. Dieses Harzstück enthielte, sollte es sich in einigen Millionen Jahren zu Bernstein umgewandelt haben, auch unter günstigsten Umständen keine erkennbaren Kiefernadeln, da sie von den offen liegenden Seiten aus verwittert wären.

Rezentvergleich: Kieferdoppelnadel, aus dem Harz ragend.

Gab es Jahreszeiten im Eozän?

Auch wenn es vor 40–50 Millionen Jahren keine so extremen Jahreszeiten wie heute gegeben hat, mit warmen bis heißen Sommern und kalten frostigen Wintern, gab es sicher doch einige Schwankungen der Temperaturen im Jahresverlauf.

Bäume harzen im Frühjahr beim Austreiben und im Sommer bei Hitze stärker als im Herbst oder Winter. War das im Bernsteinwald auch so? Haben wir also Häufungen von Einschlüssen aus bestimmten Jahreszeiten?

Temperaturunterschiede ergeben sich einerseits aus verschiedenen Höhenlagen. Steigen wir in den Bergen 100 m höher, dann ist es ca. 1 °C kälter. Da es im ausgedehnten Bernsteinwald ganz sicher auch Berge gegeben hat, gab es durch die Höhenlage bedingt auch kältere Zonen und wärmere Zonen. Und der Harz produzierende Baum harzte im Kälteren weniger als im Wärmeren. Der Quellfluss, der in den Bergen entspringt, führt kälteres Wasser als der Fluss im Flachland. Entsprechend unterschiedlich ist die Flora und Fauna, siehe auch im Kapitel über den Bernsteinwald (Steinfliegenlarve aus einem kühlen Quellfluss). Andererseits ergeben sich Temperaturschwankungen aus der geografischen Lage. Der Bernsteinwald hatte sicher eine Ausdehnung von weit über 1000 Kilometern und reichte vom heutigen Skandinavien bis nach Mitteleuropa, wobei aber das Harz aus den südlichen Regionen des Bernsteinwaldes nicht zu einem Baltischen Bernstein werden konnte (siehe Eridanos und Blaue Erde).

Wie schnell muss das Harz unter Luftabschluss geraten sein?

Wie schnell und vor allem wie ist das Harz vor 40 Millionen Jahren unter Luftabschluss geraten, um sich so klar und risslos bis heute zu erhalten? Heutiges Harz wird nach einigen Tagen/Wochen fest und rissig, das können wir gut in einem Kiefernwald beobachten. Das Harz im Bernsteinwald muss also relativ schnell unter Luftabschluss geraten sein – und das ist im Wasser der Fall. Wahrscheinlich hat es damals viel geregnet und die Wasserströme haben das Harz schnell in Bäche und Seen transportiert. Die starke Strömung hat das leichte Harz dann in die größeren Flüsse getragen und diese das Harz in die See, so dass sich im Schlamm des Flussdeltas nach und nach riesige Mengen an Harz sammeln konnten – siehe Eridanos im ersten Kapitel.

Gab es im Bernsteinwald Großschmetterlinge?

Gibt es überhaupt einen echten Großschmetterling im Bernstein? Kleinschmetterlinge (Motten) kommen häufig vor, warum nicht auch zumindest Reste von Großschmetterlingen? Ich kenne keinen Nachweis – müssen wir deshalb annehmen, dass sich die Großschmetterlinge erst später entwickelten? Auf jeden Fall gehören Tagfalter zu den entwicklungsgeschichtlich jüngsten Vertretern in der Gruppe der Schmetterlinge. Die Radiation der kleinen Schmetterlinge begann logischerweise mit der Entwicklung der Blütenpflanzen, also vor über 100 Millionen Jahren. Der älteste Fund stammt aus dem Plattenkalk des bayrischen Jura – diese Schmetterlinge besaßen aber noch keine saugenden Mundwerkzeuge, sondern beißende (nach O. ABEL, 1927). In der Grube Messel sind Tagfalter gefunden worden, warum also sollte nicht auch im Baltischen Bernstein, der das gleiche Alter hat, ein Großschmetterling gefunden werden?

»Schneeflocken« im Bernstein

Korridierte oder schillernde Flinten (Rissflächen) im Bernstein, das kennt jeder. Aber wie kommen diese filigranen schneeflockenartigen Muster auf einer Rissfläche zustande?

Eine Antwort gibt SCHLEE (1990): Es könnten Luftdendriten sein (Dendrit = ein Begriff aus der Kristallographie: Strauchartige Zeichnungen auf Gesteinsflächen), die also nichts mit Einschlüssen (Inklusen) zu tun haben!

Luftdendriten im Bernstein.

Sind alle Einschlüsse im Bernstein Hohlräume?

Es ist allgemein bekannt, dass Einschlüsse im Bernstein nur Hohlräume sind, nur ein Abdruck ist erhalten. Selten sind auch Chitinreste erhalten, nie aber Weichteile (so dachte man bisher, dazu: s. u. POHL).

Hier sehen wir aber eine Großbremse im Bernstein, die ein seltsames Phänomen aufweist: Der Kopf und das Fazettenauge sind angeschliffen. Nun müsste man ein Loch erwarten, aber nein, der ganze Kopf ist innen mit klarem Bernstein ausgefüllt, so dass man sogar die Abdrücke der Einzelaugen auf der gegenüberliegenden Seite von innen heraus betrachten kann. Zunächst

Bremse, mit Bernstein gefüllt.

ärgerte ich mich, dass dieser seltene Einschluss angeschliffen worden war, nun finde ich ihn hochinteressant! Außerdem beweist dieser Einschluss einer Großbremse, dass es vor über 40 Millionen Jahren im Bernsteinwald schon größere Säugetiere gegeben haben muss, denn diese werden von Bremsen vornehmlich angestochen.

POHL (2010) schreibt zur Weichteilerhaltung:

»Einblicke in die inneren Strukturen des Tieres
Auf diese Weise konnten sich die Forscher nicht nur ein detailliertes und realistisches Bild von der äußeren Gestalt des urzeitlichen Insekts machen. ›Die Mikro-CT erlaubt vor allem auch Einblicke in die inneren Strukturen des Tieres‹, hebt Dr. Pohl hervor. Anders als bei versteinerten Fossilien, bei denen innere Organe durch den Versteinerungsprozess unter hohem Druck zerstört werden, bleibt das Gewebe in Bernstein manchmal weitestgehend intakt.

Etwa 80 Prozent der inneren Gewebestrukturen des fossilen Fächerflüglers sind hervorragend erhalten; das hat die Auswertung der Mikro-CT-Daten jetzt ergeben. Muskulatur, Gehirn und Nervengewebe, Sinnesorgane, Verdauungs- und Fortpflanzungsapparat des Insekts liegen vor den Jenaer Wissenschaftlern wie ein offenes Buch. Ausgerüstet mit 3D-Brillen können sie das Tier dreidimensional am Bildschirm betrachten; um es zu drehen oder virtuelle Schnitte in verschiedenen Positionen anzulegen, braucht es nur ein paar Mausklicks.«

Das würde die Bernsteinforschung revolutionieren, sollte tatsächlich häufiger eine Weichteilerhaltung bei Einschlüssen vorhanden sein, was namhafte Bernsteinforscher nicht glauben. Wäre dann auch eine DNS erhalten und »Jurassic Park« wäre denkbar? Ganz sicher nicht, denn erstens wären DNS-Reste nach 40 Millionen Jahre nicht

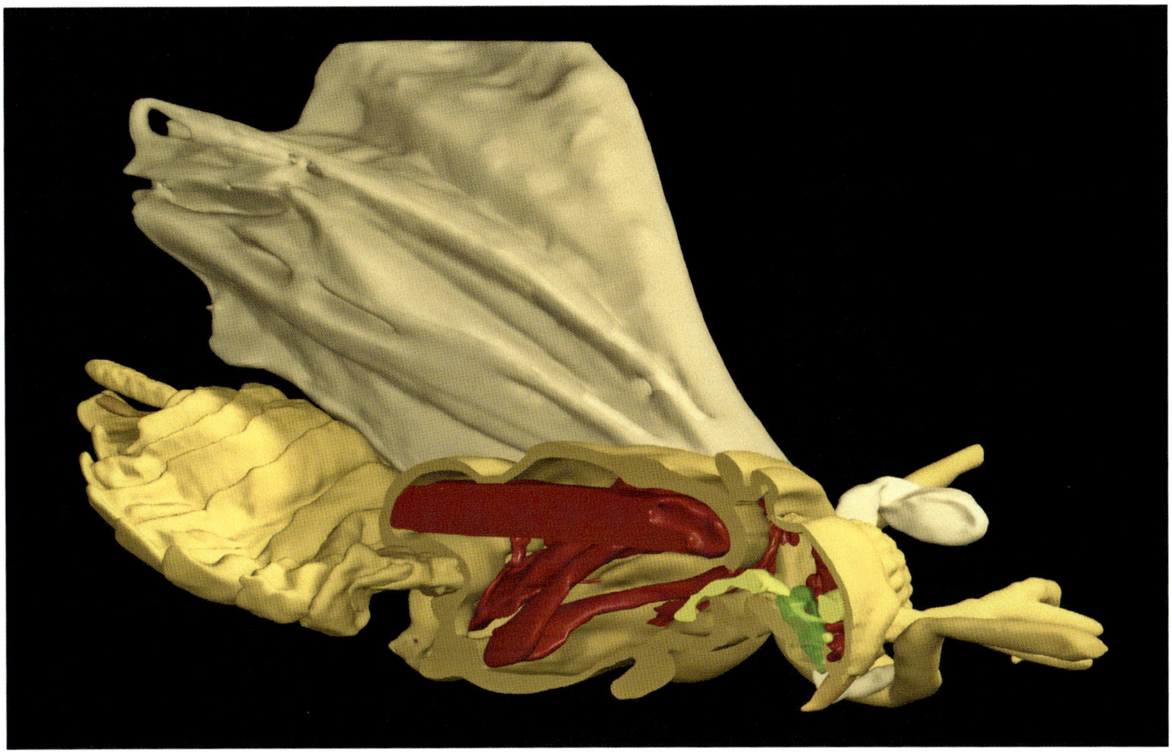

Strepsiptera Mengea tertiaria Weichteilerhaltung, Mikro-CT, verändert, © Pohl. Rot: Flugmuskulatur, gelb: Unterschlundganglion (Nervensystem), grün: Vorder-Rachen, hell-grün: Oberschlundganglion

intakt erhalten und zweitens gab es vor 40 Millionen Jahren keine Saurier mehr…

Auch diese Eintagsfliegenlarve ist angeschliffen und vollständig mit Bernstein gefüllt. Sie muss im Bernsteinwald mit der Bauchseite ins Harz geraten sein. Dann haben Räuber, wahrscheinlich Ameisen, den Körper angefressen oder sogar ausgefressen. Anschließend ist sehr dünnflüssiges Harz in einer nächsten Schicht darüber geflossen und in die Hohlräume gezogen. So haben wir einen schönen Einblick in das Innere der Larve und können sogar Muskelstränge (?) erkennen.

Eintagsfliegenlarve, im Rücken offen.

WEITSCHAT und VOIGT berichteten, dass sie frisch geförderten Bernstein zerbrochen haben, um in die Einschlüsse zu schauen. Sie fanden mehrfach eine weißlich-milchige Flüssigkeit, in der auch muskelartige Strukturen zu erkennen waren. Bei älteren Bernsteinen, d. h. Bernsteinen, deren Förderung Jahre zurück lag, waren die Einschlüsse luftgefüllte Hohlräume.

Die Diskussion über Einschlüsse als Hohlräume müsste neu eröffnet werden.

»Schwarzer Bernstein«

Gagat (Pechkohle) wird auch als »Schwarzer Bernstein«, Succinum nigrum, bezeichnet; das ist irre-

Gagat, aus Holzmaden.

führend und falsch. Gagat ist umgewandeltes, lithifiziertes fossiles Holz, ein Übergangsstadium zwischen Braunkohle und Steinkohle, das unter Luftabschluss (z. B. im Faulschlamm) entstanden ist. Der Bruch ist muschelig und Gagat lädt sich bei Reibung elektrisch auf – genau wie Bernstein.

Oval verformte Blase.

Unregelmäßig geformte Blasen, Flinten

Bläschen oder Blasen im Bernstein erwartet man mehr oder weniger rund und so treffen wir sie auch in den meisten Fällen an. Schwer zu erklären ist das Phänomen, dass eine Blase linsenartig geformt ist. Man könnte vermuten, dass im noch nicht erstarrten Harz von zwei Seiten ein gleichmäßiger Druck auf die vielleicht ehemals runde Blase ausgeübt worden ist.

Andere, flache Blasen zeigen ein weiteres Phänomen: Im Zentrum oder versetzt vom Zentrum liegt ein »Kern«, so, als ob er Ausgangspunkt dieser Blasen gewesen wäre.

Solch einen »Kern« zeigen auch diese rundlichen Flinten, die sich mitten im Bernstein um einen Schmutzpartikel (?) gebildet haben. Während es sich bei den o. g. Beispielen um Blasen handelt (bewiesen durch Anschliff), handelt es sich hier um flächige Strukturen, die dendritenartige Muster zeigen.

Flache Blasen mit »Kern«.

Stinkbernstein

Bei einigen akzessorischen fossilen Harzen (z. B. Gedanit, Glessit) hat man konkrete Vermutungen, von welchem Ursprungsbaum das Harz stammte. Hier ein Beispiel einer sehr seltenen, ungewöhnlichen Bernsteinvariante, die in einer Kiesgrube bei Hannover gefunden wurde. Reibt man den Bernstein mit leichtem Druck zwischen den Fingern und schnuppert daran, empfindet man einen unangenehmen, stinkenden Geruch, den ich bisher bei noch keinem Bernstein gerochen habe. Bei der Brennprobe allerdings lässt sich kein eindeutiger Geruchsunterschied zum »normalen« Bernstein feststellen. Es wurden sowohl klargelbe, klarbraune als auch gelblich-trübe und weiße Bernsteine gefunden, die »stinken«. Auch Bruchstücke aus dem Bernstein ohne Verwitterungskruste und ohne Auflagerungen zeigen diesen Geruch; es hat also nichts mit oberflächlichen Verunreinigungen zu tun. Was ist das für eine Bernsteinvariante?

»Stinkbernstein«.
Foto und Sammlung Burkhard Dietrich

Holz aus dem Bernsteinwald?

Wir sehen auf dem Foto klaren Bernstein, der in die Holzfasern zieht. An einigen Stellen ist im Durchlicht zu erkennen, dass sich Bernstein tief im Holz befindet. Das Holz kann nicht nachträglich in und an den Bernstein geraten sein, denn er ist weder erhitzt noch autoklaviert worden. Handelt es sich also um originales Holz aus dem Bernsteinwald? Eingeschlossene Holzreste im Bernstein kennen wir mehrfach. GOEPPERT (1845) beschreibt und zeichnet die Holzzellen von *Pinus* im Bernstein. Aber Holz an der Oberfläche von Bernstein müsste zum einen schon längst verwittert sein und zum anderen durch mechanische Einwirkung in den letzten Jahrmillionen zerstört sein. Vielleicht handelt es sich bei diesem Fundstück um einen kleinen, inneren Teil eines viel größer gewesenen Bernsteins. Untersuchungen von Holzresten im Bitterfelder Bernstein haben gezeigt, dass sie eindeutig von einer Schirmtanne (Sciadopitys) stammen. Dazu wird bald eine Veröffentlichung erscheinen (geplant für 2019/20).

Holz am und im Bernstein.

Brackige Bernsteinkugeln mit klarem Inneren

Wie ist solch ein runder kleiner Bernstein mit einem inneren schlotförmigen Rohr aus klarem Bernstein entstanden? Der äußere Bereich enthält meist viele Holzreste (»Mulm«) und häufig Bläschen. Der klare Bernsteingang führt mittig quer durch den mehr oder wenigen runden Bernstein hindurch. Walter Ludwig hat in Bitterfeld über 50 solcher kleinen Bernsteine gefunden und gesammelt. Aus dem Baltischen Bernstein sind mir solche 5–10 mm Kugeln noch nicht aufgefallen. Ist der klare Anteil vor über 40 Millionen Jahren im Bernsteinwald der Hohlraum einer aus lockeren Holzresten bestehenden Behausung eines Insekts gewesen, die mit Harz durchtränkt wurde?

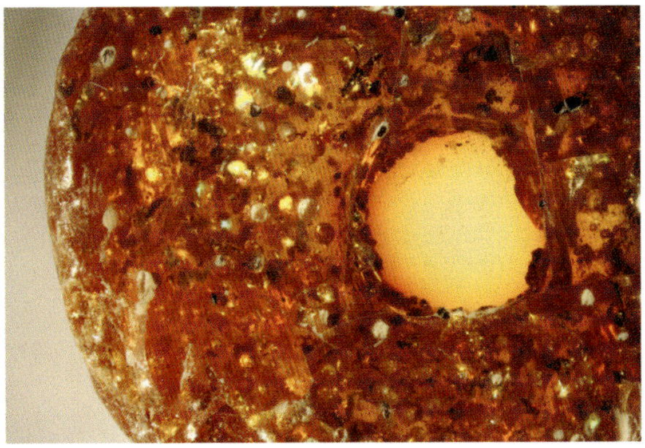

Kugelförmige Bernsteine mit klarem Bernsteingang.

BERNSTEIN IN SAGEN UND MYTHEN, GESCHICHTE

BERNSTEIN IN SAGEN UND MYTHEN, GESCHICHTE

»Der Sturz des Phaeton«, P. P. Rubens, um 1604.
Quelle: Wikipedia

Sagen und Mythen

Der Sturz des Phaeton

Rubens malte um 1604 das berühmte Bild »Der Sturz des Phaeton«, das heute in der National Gallery of Art in Washington D. C. steht.

Viele Geschichten und Sagen ranken sich um die Entstehung des Bernsteins. Die schönste und ergreifendste findet sich in den 2.000 Jahre alten Metamorphosen des römischen Dichters Ovid. Ovid hat sich von vielen früheren Sagendarstellungen inspirieren lassen, z. B. auch von dem Griechen Nikander von Kolophon (kommt daher auch der Begriff »Kolophonium«?):

Der Sonnengott Helios und seine Frau Klymene gaben den ständigen Bitten ihres Sohnes Phaeton nach und erlaubten ihm, den Sonnenwagen zu fahren. Das Verhängnis nahm seinen Lauf; die Rösser merkten, dass nicht ihr Herr die Zügel führte und liefen aus der Bahn. Die verheerende Folge: Der Wagen gerät zu nahe an die Sonne und in Brand und Phaeton stürzt hinab auf die Erde in den Fluss Eridanus. Zeus ist außer sich vor Wut, macht Helios große Vorwürfe und straft ihn zusätzlich zum Verlust seines Sohnes damit: Die Schwestern sollen die Gebeine des Bruders am Eridanus bestatten, dann selbst zu Pappeln werden und ihre Tränen, die in den Fluss fallen, sollen Bernstein werden (so interpretiert es der griechische Schriftsteller Lucian).

Viel schöner hört es sich natürlich als direkte Übersetzung Ovids an (Metamorphosen Buch II, Seite 304 ff): »... Phaeton aber wirbelt, verheert seine Haare von roten Flammen, jäh hinab und stürzt durch die Lüfte in lang sich ziehender Bahn... Auf nahm der große Eridanus ihn an dem anderen End des Erdrunds, der Heimat fern, spült er ab sein rauchendes Antlitz. Nymphen des Wests übergaben dem Hügel den Leib... Denn es verhüllte und barg in erbarmungswürdiger Trauer gramvoll der Vater sein Haupt... Auch des Sonnengotts Töchter, sie trauern nicht minder, sie weihn der Tränen vergebliche Spende dem Tod: Mit den Händen die Brüste schlagend, rufen sie Tag und Nacht den Bruder... da klagt Phaethusa, der Schwestern größte, die eben gewillt sich zu Boden zu werfen, ihr seien starr die Füße geworden. Die lichte Lampetie suchte hin zu kommen zu ihr – und wird von Wurzeln gehalten. Hier schickt die Dritte sich an, das Haar mit den Händen zu raufen – Blätter reißt sie da ab. Die klagt, dass im Stamm ihr die Schenkel haften und die, dass die Arme zu langen Zweigen ihr werden. Während sie staunen, siehe! umwächst ihre Weichen die Rinde, schließt sich schrittweise um Leib, um Brust, um Schultern und Arme; frei allein nur bleibt der Mund, und er ruft nach der Mutter. Was soll die Mutter tun? Als, wie es sie treibt, sich hierhin, dorthin zu wenden und Küsse, so lang es vergönnt ist, zu tauschen. Doch nicht genug! Sie versucht, aus den Stümpfen die Leiber zu reißen, bricht mit den Händen dabei die zarten Zweige, da rinnen blutig rot wie aus Wunden hervor aus dem Bruche die Tropfen. ... Und es wächst in die letzten Worte die Rinde. Tränen rinnen aus ihr. Erstarrt in der Sonne, als Bernstein tropfen sie ab vom frischen Gezweig, es empfängt sie der klare Strom und sendet sie hin, dass Latiums Töchter sie tragen.«

Oder auszugsweise aus dem Original in Latein: »Inde fluunt lacrimae stillataque sole rigescunt de ramis elevtra nouis, quae lucidus amnis excipit et nuribus mittit spectanda Latinis.«

Viele Dichter haben diese Sage aufgegriffen, so auch Euripides einige hundert Jahre später: »Eilt ich bin zu der Flut des Meers, die an Adrias Felsenstrand anbraust, hin zum Eridanos, wo zur schwellenden Purpurwoge des Phöbos unseligste Jungfrauen, um Phaethons Schicksal voll Schmerz in die Flut Tränen träufeln mit goldenem Glanz.«

Jurate-Sage

Eine ganz andere Herkunft des »sagenhaften« Bernsteins finden wir in der Jurate-Sage (jura = litauisch »Meer«):

Der Legende nach wohnte die Meeresgöttin Jurate in einem prächtigen Unterwasserschloss, das ganz aus Bernstein erbaut war. Einst verliebte sich Jurate in den Fischer Kastytis und holte ihn zu sich in ihren unterseeischen Palast. Wegen dieser Verbindung mit einem Menschen zürnte Perkunas, der Vater der Jurate, mit seiner Tochter, tötete den Kastytis und zerschmetterte das Bernsteinschloss. Bis heute werden die Trümmer als Bernsteinbrocken an die Küste der Ostsee gespült. Ein Denkmal in Jantarny erinnert an diese Begebenheit.

In WIKIPEDIA fand ich eine Ergänzung: »Andere Versionen erzählen, dass Jurate Kastytis gerettet habe, als er in einem Sturm zu ertrinken drohte, dass Kastytis später von dem wütenden Perkunas getötet wurde und dass Jurate den Tod ihres Liebhabers bis heute beweint. Nach diesen Versionen sind es ihre Tränen, die zu Bernsteinstückchen gehärtet an Land gespült werden, und dass man in Sturmzeiten noch heute ihr Weinen hören kann. Einige Versionen präzisieren, dass Kastytis aus dem kleinen Fischerdorf Šventoji nördlich von Palanga stammte.«

Egle, die Natternkönigin

Der Bernsteinpalast kommt in der litauischen Mythologie noch in einer anderen Sage vor (aus der website »litauen.info«):

»Egle, die Natternkönigin
In Zusammenhang mit dem totemischen Glauben an die Macht der Natter und das Sinnbild des Bernsteinpalastes steht das älteste litauische Märchen ›Egle, die Natterkönigin‹.

Während die Fischertochter Egle im Meer badet, schlüpft der Natterkönig in ihre Kleider. Egl verspricht ihm im Scherz, ihn zu heiraten, wenn er ihr die Kleider wiedergibt. Nach einigen mythischen Täuschungsversuchen muss Egle den Natterkönig Pilvinas aber tatsächlich heiraten und lebt fortan in einem riesigen Bernsteinpalast auf dem Grund des Meeres.

Hier findet Egle ihr Glück, denn der schöne Pilvinas schenkt ihr seine Liebe. Die Fischer aber sehen Pilvinas nur als Teil ihres harten Überlebenskampfes mit dem Meer. Umschlossen von Wellen und den Tod ankündigender Kälte blicken sie in die stechenden, unbarmherzigen Augen der Natter.

Natter und Bernstein sind Symbole des goldenen Zeitalters und der jenseitigen Welt der Seelen. Aus dieser Welt sehnt sich Egle nach Hause zurück und erkämpft sich durch das Bestehen schwieriger Aufgaben das Recht, ihre Eltern zu besuchen. Egles Brüder jedoch foltern Egles Kinder, um hinter das Geheimnis des Natterkönigs zu kommen, und als sie den magischen Namen Pilvinas erfahren haben, zerhacken sie den Natterkönig mit ihren Sensen. In ihrer Hoffnungslosigkeit und ihrem Schmerz verwandelt Egle sich in eine Tanne und ihre Kinder in eine Eiche, eine Esche, eine Birke und eine Espe.«

Der Bernsteinpalast ist verlassen und zerfällt im Laufe der Jahrhunderte, die Überreste finden sich jetzt an den Küsten Litauens.

Freyja

Kaya Satinka schrieb mir 2006: »Hier der Text, den ich auch für ein Internetmagazin geschrieben habe:

Frey und Freyja sind die Kinder der Eisriesin und Göttin Skadi und des Meeresgottes Njördr, und somit werden sie zum Geschlecht der Wanen gezählt. Ein Zwillingspaar, von denen auch gesagt wird, dass sie verheiratet sind.

Freyja, deren Name etwa »Frau« oder »Herrin« bedeutet, ist die Göttin der Fruchtbarkeit und des Frühlings, des Glücks und der Liebe. Der hei-

Freyja mit ihrem von Katzen gezogenen Wagen, Nils Blommer, 1852.
Quelle: Wikipedia

lige Baum der Freyja ist die Linde. Freyja ist wohl die wichtigste Göttin der nordischen Mythologie, die »Herrin der Katzen« (ihr Wagen wird von den zwei Katzen Bygul und Trjegul gezogen) ...

Gern vernimmt diese Göttin der Liebe den Minnesang, besonders in Liebesangelegenheiten wird sie angerufen, und auch die der Freyja geschuldete Ehrerbietung ging auf die Damenwelt über, denn »von ihr hat der Ehrenname den Ursprung, dass man vornehme Weiber, Frauen (freyjur) nennt« (Edda, Gylf., 24). Sie wohnt in Asgard, in ihrem Wohnsitz »Folkwang«. Als ihr Mann Oðr (Odur), der teilweise mit Odin gleichgesetzt wird, verschwunden war, suchte sie in der ganzen Welt trauernd nach ihm. **Dabei vergoss sie goldene Tränen, die, als sie ins Meer fielen, zu Bernstein wurden.«**

Die Bernsteinhexe

Märchen von unserm Mädchen, das
aus dem Großen Moosbruch stammte
(frei nach Ina Graffin)

Hoch in den Dünen am Wasser lebt die Bernsteinhexe und wenn der Südweststurm tobt, tanzt sie über das Wasser. Dabei verliert sie aus ihrer Schürze den Bernstein. Aber kein Fischer geht bei Südweststurm aus dem Haus und so hatte bisher noch keiner die Bernsteinhexe gesehen. Ein Fischerjunge wollte es genau wissen und stahl sich beim nächsten Sturm heimlich aus dem Haus in die Dünen. Er suchte nach einer alten Frau mit einer Schürze voller Bernstein, doch fand am Strand ein wunderhübsches, hellblondes Mädchen in einem hellblonden Kleid. Sie wolle hier tanzen – und schon fiel er in ihre Arme und tanzte mit ihr über den Sand und über die Wellen und spürte den Boden nicht mehr unter den Füßen. »Ich liebe dich, bleib bei mir«, flehte der Fischerjunge. Das blonde Mädchen aber lachte, drückte dem Jungen einen Klumpen in die Hand und wirbelte mit dem Sturm davon. Der Fischerjunge ging traurig nach Hause, einen großen Bernstein in der Hand, den er zuhause versteckte. Er wusste, dass er die Bernsteinhexe getroffen hatte, dachte fortwährend an sie. Seitdem hatte der Fischer immer den besten Fang. Aber er blieb traurig und magerte ab. Keiner konnte ihm helfen, keiner konnte ihn heilen, nicht der Arzt, nicht der Pfarrer und nicht die Mutter. Er wartete nur sehnsüchtig auf den nächsten Sturm. Als der dann tobte, lief er in die Düne und schrie seine Liebe in den Sturm dem Meer entgegen. Da sah er die schöne Hexe winken, rannte ihr entgegen und fiel ihr in die Arme. Sie tanzten zusammen im Sturm über das Meer, immer weiter hinaus. Die Bernsteinhexe ließ ihn nicht los und nahm ihn mit auf ihr gelbleuchtendes Schloss auf den Meeresgrund.

Anmerkung: Der Große Moosbruch (Bolschoje Mochowoje Boloto), ein weitläufiges Hochmoor, befindet sich am Südostufer des Kurischen Haffs.

Abschließend ein Essay von Max J. Kobbert, geschrieben im Januar 1964, mit 19 Jahren – zwei Jahre, nachdem er in einem winzigen Laden auf Fanø/Dänemark einen steinalten Bernsteinhändler kennengelernt hatte, der Vorbild für das Essay war. Seine Begeisterung für die Honigsteine, die er fand und bearbeitete, ging auf Max J. Kobbert über.

Der Bernsteinsucher

Die Sonne goss Licht über das dunstig-blaue Meer, wo es tausendfach funkelnd zersprang. Er stand am Ufer, gebeugt wie das raue Gras in den Dünen.

Um seine Füße leckten unermüdlich zitternd klare Wellen, spülten feinen Schlamm grau wirbelnd von Fläche zu Fläche, ertränkten, schwemmten Sand, zogen über ihn eine feine Schicht des Glanzes, glitten fort und sogen ihn aus zu mattem Grau, ihn neu umhüllend zu umschlingen und zu lassen.

Die kleinen Wellen wichen zurück, schnell, wie von einem sanften Wind gefegt, quirlten hinein in die Wogen, die müde aufrauschend in grauweißem Schaum zusammenfielen wie der Läufer von Marathon, der aus der Ferne seine Botschaft hertrug und, sie laut verkündend, sterbend über seine ausgestreckten Arme zu Boden fiel.

Schwesterwogen drängten nach, wälzten entlangrollend, emporschwellend knirschende Geröllmassen mit, sie und sich vermengend in verschlingendem Rauschen, trennten sich und verschmolzen, bis sie grün aufleuchtend in Tochterwellen hineinstarben zu neuen Formen.

Er schaute hinaus und sah, wie die Ferne breite Wasserfelder herüberschickte, ein Grau, Violett und Grün, ein Blau und Silber, das blinkend über die Schwärze der Tiefe glitt und sich entgegenbreitend mit hell aufschäumenden Kronen überstreute, die aus den Wogen emporblühten.

Sein Blick überflog die Fläche dem Horizont zu, und blieb auf der harten, schwarzen Linie ruhen, die aus ihrer Unwandelbarkeit heraus alle Wogen und Wellen, alle Farben und alle Klarheit des

Meeres entsandte. Die den Morgen glühend emporhob und den glühenden Abend verschlang. Die als vollkommener Kreis Meer und Himmel dort, wo sie einander fanden, scharf voneinander trennte.

Er schaute hinauf, und sein Blick verlor sich in der Unfasslichkeit des Himmels, in dem entfernungslosen Weißblau der Luft, wo Möwen verloren ihre Kreise schwammen durch das wehende, dunstige Nichts. Sein pendelnder Blick fand Halt in graublassen Wolkenstreifen, die lichtbekränzt träge den Himmel hinauf schwebten. Ihre wechselnden Schatten überflossen ihn als Grüße aus ferner Höhe, aus quirlenden Nebelballen von körperloser Kompaktheit, die das Sonnenlicht in Sträuße wandernder Strahlen zerspleißten.

Hell übergoss ihn das Licht. Geblendet senkte der alte Mann seine Augen auf die Faust und öffnete sie. Honigfarben blinkte es in seiner Hand. Liebevoll ließ er das Kleinod mit der fernen Sonne spielen. Er betrachtete die in sich ruhende Form, das Geschenk des Meeres. Er betrachtete das feingliedrige, zerbrechliche und nun im Tode so unangreifbar geschützte Insekt, das den Stein mit Bedeutung erfüllte. Er sah wie durch ein Zeitfernglas einen unfassbar fassbaren Lebensmoment aus einem Erdzeitalter, das sonst nur steinerne Spuren hinterlässt. Perlmuttern ließ die Sonne das Filigran der Insektenflügel aufglänzen - so wie sie die Flügel einst glänzen ließ, als sie noch singend die Luft durchschwirrten.

Es war nicht nur die Zeit, die ihn bewegte, das Stückchen Ewigkeit, das er in Händen hielt. Es war das allgegenwärtig Lebendige in diesem Stein, das Wachsen zu immer neuem Reichtum, ein unaufhörliches Streben, das sich mit unaufhörlichem Sterben verband. Er spürte etwas Großes, Heiliges, das nicht in Unwandelbarkeit, sondern im Wunder der ewigen Verwandlung lag. Der Gedanke an das übermenschliche Geschenk von Leben und Tod erfüllte ihn.

Er schaute über das gelbgraue Wogenmeer der Dünen, die unmerklich hinter den Wolken her wanderten. Sie wuchsen und wandelten sich in Jahren in leisem Wechselgespräch mit dem Wind, sie überwanderten die Fläche und wurden zertreten, erstickten Gras und wurden überwuchert, lenkten den Regen und wurden überschwemmt.

Überall gab es Leben und nirgends gab es Stillstand. Überall gab es Tod und nirgends gab es ein Ende. In den Wogen, in den Wolken, im Flug der Möwen und im Zug der Dünen. Im Menschenleben. In der Erhabenheit der Gebirge. In der Geschichte der Erde und der Sternenwelt, in der sich Zeit und Raum ins Unendliche dehnen. Und doch waren die Sterne trotz ihrer Unerreichbarkeit in das Erdenleben verwoben. Denn die Sonne war einer von ihnen, die Quelle dieser Insel des sich selbst begreifenden Lebens. Dieselbe Sonne, die jetzt den Bernstein aufglühen ließ. Die damals aus dem längst vergessenen Baum das Harz herauszog. Die zur gleichen Zeit das Insekt durchwärmte.

Er hatte den Stein wie tausend andere Steine den halbgeschlossenen Händen des Meeres entnommen, ihn zu junger Schönheit geschliffen und dem Sonnenlicht zurück gegeben, das ihn gleichsam wiedererkennend mit Funkeln durchgriff. Dieser Stein hatte das Insekt aus dem Unbeachtetsein seines ursprünglichen Lebens durch den Tod hindurch zu Unvergänglichkeit und Schönheit getragen und nun nach unvorstellbarer Zeit verschenkt an ein Wesen, das es begreifen und bewundern konnte.

Stets mit einem gewissen Bangen hatte der Mann seine Steine weiter gegeben, das sich in warme Empfindung verwandelte gegenüber denen, die noch staunen konnten. Lächelnd atmete er dann die Freude des Anderen ein, sah noch ein letztes Mal auf dieses Geschenk aus Leben und Tod. Er sah auf die Gabe der Sonne, deren Licht er ein Menschenleben zuvor kennen gelernt hatte, die ihn die Kindheit hindurch gewärmt hatte, die ihn frühlingsjung hatte lieben lassen, die ihn stärkte und durchdrang zu bewusstem Leben und Schaffen bis in sein jetziges Alter, wo er ihre ruhige Wärme genoss.

Noch einmal schaute er auf die Gabe des Meeres, die er enthüllt und veredelt dem Licht zurück gegeben hatte, des Meeres, in das er einst als Knabe fröhlich gesprungen war, das er in seiner weiten Unfasslichkeit lieben gelernt hatte, das ihn in seiner Mächtigkeit berauscht hatte und das ihm in den Jahren seines Lebenssonnenuntergangs in seiner Weite so nahe kam. Das ihn dann, als die Sonne unter der Grenze zwischen Himmel und Meer verschwand, als er mit ruhigen Schritten der steigenden Flut entgegenging, einhüllte und mit Lebensfülle umschwemmte. Umschwemmte wie die Steine, die er lebenslang gesucht hatte, goldglänzend im Licht der gleichen Sonne, die ihn mit ihrer Wärme umgoss, als er am Ufer stand.

Ein kurzer Blick in die Geschichte

Bernstein wurde schon seit Jahrtausenden als edler Schmuckstein geschätzt und von den Küsten der Nord- und Ostsee durch ganz Europa transportiert.

Älteste Funde von bearbeiteten Bernsteinen stammen aus der Steinzeit (bis zu 20.000 Jahre), z. B. aus der Gegend um Kaneva/Ukraine (nach VASSILISHIN, 1996). Das entspricht einer Zeit, die noch in der letzten Eiszeit liegt, der Weichsel-Kaltzeit, die vor ca. 14.000 Jahren endete.

Das Bernsteintier von Weitsche/Niedersachsen

Der Fund dieses Bernsteins gleicht einem archäologischen Krimi und ist mit der spektakulären erfolgreichen Suche nach einem fehlenden Backenzahn-Viertel des *Homo rudolfensis* in Afrika gleichzusetzen.

Dr. Stephan Veil und Klaus Breest schreiben in einer Pressemitteilung des Niedersächsischen Landesmuseums Hannover, Urgeschichtsabteilung:

»Langjährige Suche nach 14.000 Jahre altem Bernsteinkopf erfolgreich

Am 20. September 2004 gelang dem Grabungsteam des Niedersächsischen Landesmuseums Hannover unter Leitung von Oberkustos Dr. Stephan Veil in Weitsche, Ldkr. Lüchow-Dannenberg die Bergung des noch fehlenden Kopfes eines Bernsteintieres. Bei den seit 1994 andauernden Nachforschungen, die unter anderem von der SPARDA-Bank Hannover und vom Land Niedersachsen gefördert werden, konnten einzelne Lagerplätze von Waldjägern der ausgehenden letzten Eiszeit näher untersucht werden. Zu den über Niedersachsen hinaus beachteten Funden gehören mehrere Bernsteinobjekte. Die bemerkenswerte Tierfigur ist das früheste Kunstwerk aus Niedersachsens Boden und außerdem die derzeit älteste von weniger als einem Dutzend Bernsteinfiguren, die aus Skandinavien und dem nördlichen Mitteleuropa bekannt sind. Von der detaillierten Untersuchung des Fundes erhoffen sich die Archäologen neue Erkenntnisse über die Entwicklung der Kunst am Übergang von der letzten Eiszeit zu unserer Nacheiszeit.

Die Situation der Archäologie ist als paradox zu bezeichnen. Denn einerseits hat die Landwirtschaft die Spuren steinzeitlicher Lagerplätze in Weitsche tiefgründig gestört und vormals vollständige Gegenstände aus Bernstein in viele Splitter zerbrochen. Andererseits konnte Klaus Breest die Fundstelle 1985 nur entdecken, weil erst der Pflug immer wieder urgeschichtliche Feuersteinwerkzeuge zu Tage förderte. Systematische Geländebegehungen und Ausgrabungen seit Beginn der 1990er Jahre haben gezeigt, dass in der weiten Niederung der Ur-Jeetzel vor schätzungsweise 14.000 Jahren unzählige Male Jäger und Sammler der so genannten Federmessergruppen ihre Lager aufgeschlagen hatten. Am 20. September 2004 nun wurde ein bedeutsames Kapitel in dem archäologischen Fortsetzungsroman aufgeschlagen, in dessen Mittelpunkt die bruchstückweise Entdeckung der ältesten Tierfigur Niedersachsens steht. Die Geschichte begann 1994 mit der Entdeckung des Hinterteils eines etwa handtellergroßen Bernsteintieres. Bei der anschließenden Ausgrabung wurden weitere Bruchstücke des Rumpfes gefunden, denen 1995 die Entdeckung der Beine folgten. Mit der Auffindung des Tierhalses 1996 schien man dem Rätsel, was für ein Tier am Ende der Eiszeit geformt worden war, ein gutes Stück näher gekommen. Denn die eingravierte Mähne und die spitzovalen herausgearbeiteten Ohren ließen kaum Zweifel an der Rekonstruktion als Wildpferd aufkommen. Die Aussichten, doch noch gewissermaßen die Nadel im Heuhaufen, nämlich den Kopf selbst, auf dem mehrere Hektar großen Ackergelände zu finden, wurden durch eine beachtliche finanzielle Zuwendung der Spardabank Hannover zumindest verbessert. Immerhin bedurfte es noch großer Anstrengungen und einer effizienten Technik, um bis heute etwa 700 qm schweren Ackerbodens zu untersuchen. Mitentscheidend für den Erfolg war der in der Archäologie seltene Einsatz effektiver Siebmaschinen und Hochdruckreiniger bei der Bergung. Mit ihrer Hilfe konnten bis zu 4 mm kleine Bodenbestandteile schonend und zugleich schneller als von Hand ausgesiebt und nass gereinigt werden.

Gegen 12 Uhr 40 am 20. September 2004 lag das heiß ersehnte Bernsteinköpfchen endlich in der Hand der Archäologen. Eine erste Auswertung des Fundes kommt zu dem wahrlich überraschenden Ergebnis, dass vermutlich ein Elch und nicht, wie zunächst mit guten Gründen vermutet, ein Wildpferd abgebildet worden ist. Bei dieser unerwarteten Lesart des Tieres hätte sich die mühselige Suche nach dem Kopf zusätzlich gelohnt, wäre sie doch mehr als bloße Bestätigung bekannten Wissens. Die Darstellung eines Elches als Übergangstier wäre ein bemerkenswertes Element im Wandel der menschlichen Kultur, der mit dem Klimaumbruch am Ende der letzten

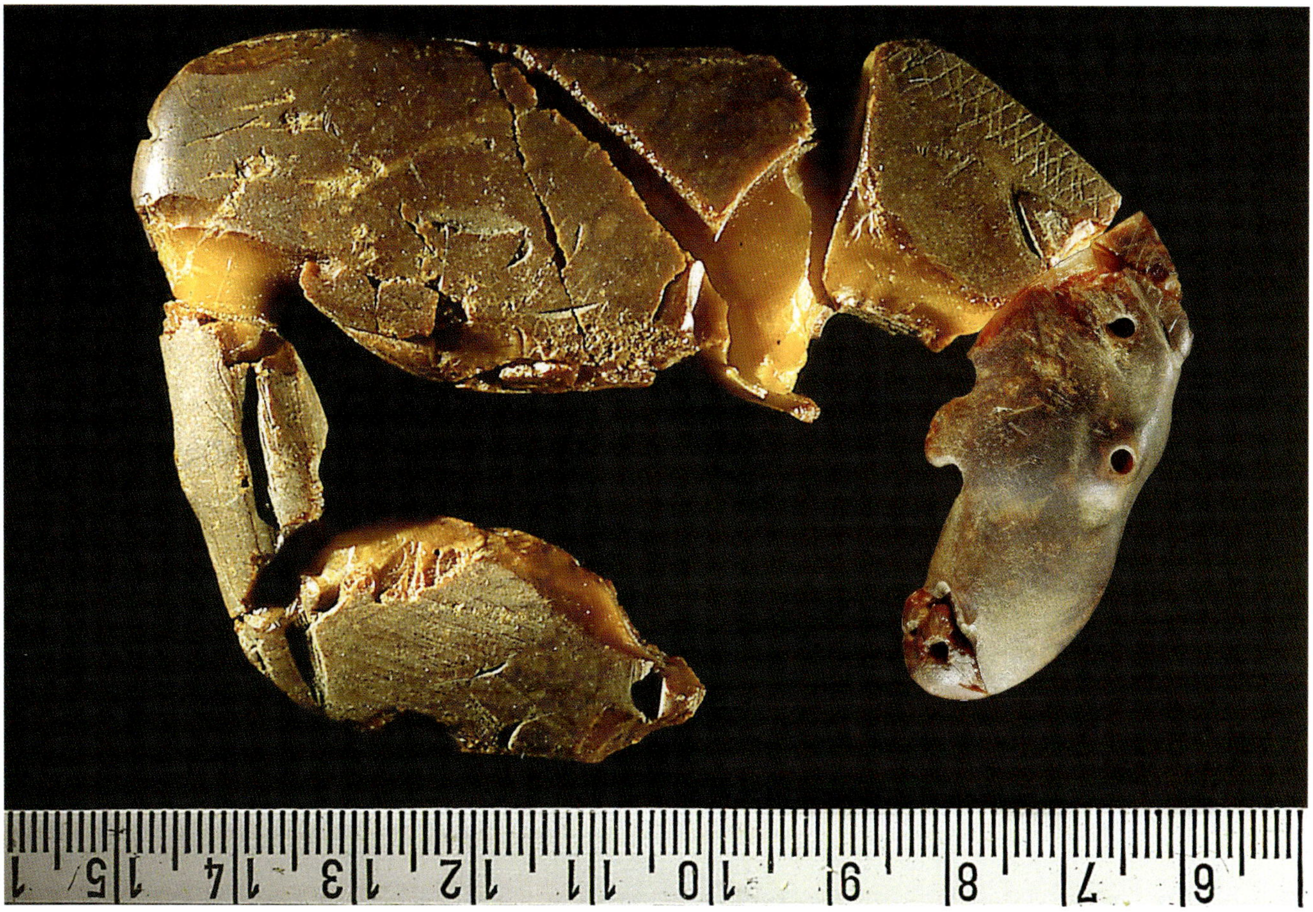

Figur einer Elchkuh aus Bernstein aus Weitsche, Landkreis Lüchow-Dannenberg. Es handelt sich um die mit etwa 14.000 Jahren älteste datierte Bernsteintierfigur. Sie zeigt, dass die Tierkunst der Eiszeitjäger nicht abrupt zu Ende ging. Erstmals wurde eine Tierart als Motiv gewählt, die gerade erst mit der Wiedererwärmung nach Norddeutschland eingewandert war. Sie wird mit anderen gleich alten Bernsteinfunden im Landesmuseum Hannover aufbewahrt.
Foto U. Bohnhorst, © Landesmuseum Hannover

Eiszeit und den dadurch ausgelösten Umweltveränderungen einherging. In diesem Fall wäre es eine sehr frühe, wenn nicht die früheste Darstellung dieses Charaktertieres der borealen Nadelwälder Eurasiens und Amerikas und eine ökologisch typische Erscheinung in der Zeit des Klimaumschwungs am Ende der letzten Eiszeit, in der die Jäger und Sammler von Weitsche lebten. Die Figur könnte als eines der außerordentlich seltenen Bildwerke aus jener Zeit Licht auf die Begleitumstände des im Dunkeln liegenden Wandels werfen, dem die eiszeitliche Kultur der Steppenjäger mit ihrer naturnahen Kunst hin zum geometrisierenden und ornamentalen Stil der Waldjägerkultur der Nacheiszeit unterworfen gewesen ist.«

Ein aus Bernstein geschnitztes Pferd, das 1858 bei Woldenberg in der Neumark (heute Dobiegniew/Polen) gefunden wurde, datieren Forscher neuerdings auf ca. 10.000 v. Chr. Es ist leider im 2. Weltkrieg verloren gegangen.

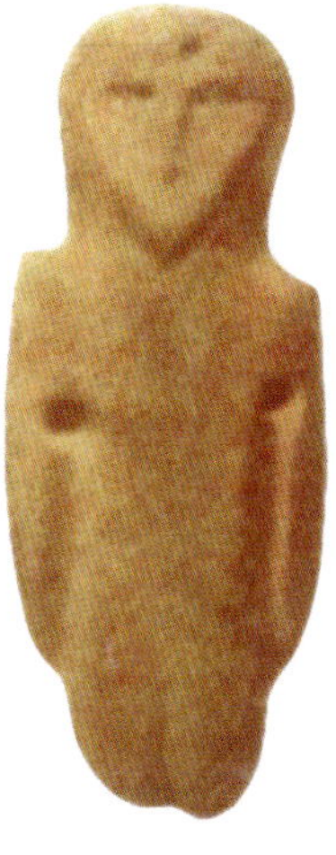

Menschliche Figur, gefunden bei Baggerarbeiten vor Schwarzort – Kurische Nehrung, jetzt im Besitz der Stiftung »Preußischer Kulturbesitz« der Universität Göttingen.

Pferdefigur aus Bernstein, gefunden bei Woldenberg (heute Dobiegniew) in der Neumark, ca. 10.000 v. Chr., 11 cm lang, Original seit dem 2. Weltkrieg verschollen.

Schon im Mesolithikum (Mittelsteinzeit, ab 8.000 v. Chr.), also kurz nach der letzten Eiszeit, entstand die sogenannte Maglemose-Kultur in Nordeuropa. An der Westküste von Seeland zwischen Slagelse und Kalundborg fand man bei Mullerup u. a. aus Bernstein geschnitzte Tierfiguren und Schmuck.

Aus der jüngeren Steinzeit (ca. 4.000 v. Chr.) wurden viele Bernsteinschmuck-Funde in Jütland (Dänemark) gemacht. Man fand Depotfunde auf Äckern, in Mooren, unter Türschwellen, in Urnen (nach Andrée, 1951). Andrée vermutete, dass der Bernstein vielleicht Zahlungsmittel war. Das verwundert, denn Bernstein muss es damals in sehr großen Mengen an den Küsten gegeben haben.

Ebenfalls aus der jüngeren Steinzeit (ca. 5.000 – 2.000 v. Chr.) stammt der berühmte Schwarzortschatz (Juodkrant -Bernsteinschatz), der beim Bau des Hafens auf der Haffseite der Kurischen Nehrung gefunden wurde. Professor Klebs von der Universität Königsberg veröffentlichte schon 1882 diesen Fund, von dem einige Stücke weltweit berühmt geworden sind und als Kopien in vielen Museen zu finden sind.

Ein ähnliches Alter haben die Bernsteinperlen, die in Hügelgräbern bei Cujavie (Polen) gefunden wurden und die auf ca. 3.300 v. Chr. datiert werden.

Auch in Fürstengräbern Anatoliens (Türkei) und in den Gräbern von Kumasa auf Kreta wurde Bernstein gefunden, das Alter auf 2.500 v. Chr. geschätzt (nach Andrée, 1951).

Funde aus der Jungsteinzeit südlich von Hannover: ein Hase und eine Perle. Beim Hasenbernstein ist die Bohrung für das Auge eindeutig von Menschenhand gefertigt worden. Diese Fundstücke werden derzeit von Frau Gisela Woltermann von der Universität Münster wissenschaftlich veröffentlicht.

Im Stadtmuseum zu Ingolstadt liegt ein sehr gut erhaltenes Bernsteincollier aus der Bronzezeit, über 3.000 Jahre alt, das in einem Urnengrab in der Nähe Ingolstadts überdauerte und der bronzezeitlichen Hallstatt-Kultur A zugeordnet wird.

Nur wenig jünger ist das schöne Magdalenenberg-Collier, das im Schwarzwald in der Grabanlage Magdalenenberg bei Villingen-Schwenningen gefunden wurde; es gehört zur eisenzeitlichen Hallstatt-Kultur D.

Ein bedeutender jüngerer Fund stammt aus der Gegend des ehemaligen Breslau (nach AK Bernstein Hannover, 1993): »An den Handelswegen der Antike hat man Bernsteinlager gefunden, von denen der Bernsteinschatz von Wroclaw-Patrynice mit 2,75 kg nach Größe sortierten Stücken der größte sein mag. Der Fund soll aus der Zeit um 100 vor unserer Zeitrechnung stammen.«

Es gab verschiedene Handelswege aus dem Norden in den Mittelmeerraum, von denen drei die bedeutendsten sind (nach GEERLINGS, 1996, ergänzt):

Von der Ostseeküste die Weichsel entlang, über die Mährische Pforte durch Österreich ins Römi-

Funde aus der Jungsteinzeit.
Beide Stücke: Sammlung Burkhard Dietrich

sche Reich. Ein Ort in Österreich wurde sogar danach benannt: Der Ort Bernstein im Burgenland. Eine Variante dieser Bernsteinstraße führte weiter östlich über Pannonien (das heutige westliche Ungarn). Noch weiter östlich begann eine Bernsteinstraße am Schwarzen Meer, von der Mündung des Bug ausgehend, Richtung Norden zur Ostseeküste.

Von der Nordsee die Elbe und Saale entlang, beim Brenner über die Alpen ins Römische Reich. Von der Nordsee den Rhein entlang, über die Rhone bis zum Mittelmeer.

Diese drei großen Handelswege hatten Rom als Ziel, denn dort war der Bernstein sehr beliebt und schöne Bernsteine und Schnitzereien wurden durchaus dem Wert eines Sklaven gleich gesetzt.

Nach Griechenland gelangte der Bernstein über die Weichsel, Wolga, das Schwarze Meer und das Marmarameer.

Daneben wurde der Bernstein auch auf dem Seewege an der europäischen Atlantikküste entlang über die Straße von Gibraltar in den Mittelmeerraum gebracht.

Der Begriff Bernsteinstraße suggeriert, dass vornehmlich Bernstein auf diesen Handelswegen transportiert wurde. Das war ganz sicher nicht so. Wenn ein Produkt über die große Entfernung von 2.000 km in die eine Richtung geschafft wird, dann folgt logischerweise auch ein Rücktransport in die andere Richtung mit anderen Gütern, denn auch damals fuhr kein Wagen oder Schiff unbeladen. So gelangten Olivenöl, Wein, Waffen, Kultobjekte usw. aus Südeuropa und Asien in den Norden. Und nicht nur die Waren fanden Verbreitung über die Bernsteinstraßen, auch religiöse Vorstellungen, Gepflogenheiten und Gesetze. So fand man Nachweise, dass die Verehrung der ägyptischen Göttin Isis und der Arianismus sich nach Norden verbreitet hatten.

Werner Freudenberger hat das in seiner Dokumentation »Götter und magische Steine – Kultweg Bernsteinstraße« sehr gut aufgearbeitet und vor allem den Handelsweg von Carnuntum (der antiken Provinzhauptstadt des oberen Pannonien, das heutige Petronell, eine kleine Gemeinde im niederösterreichischen Bezirk Bruck an der Leitha) nach Aquilea (dem heutigen slowenischen Oglej am Fluss Natissa, der auch vor über 2000 Jahren schiffbar war und über die Lagune von Grado Verbindung in die Nordadria hat) mit archäologischen Funden bis ins Detail rekonstruiert. Dabei geht er auch auf eine vorrömische Variante des Bernsteinweges nach Süden von

Bernsteincollier aus Ingolstadt, Hallstatt-Kultur A.
Quelle: Wikipedia

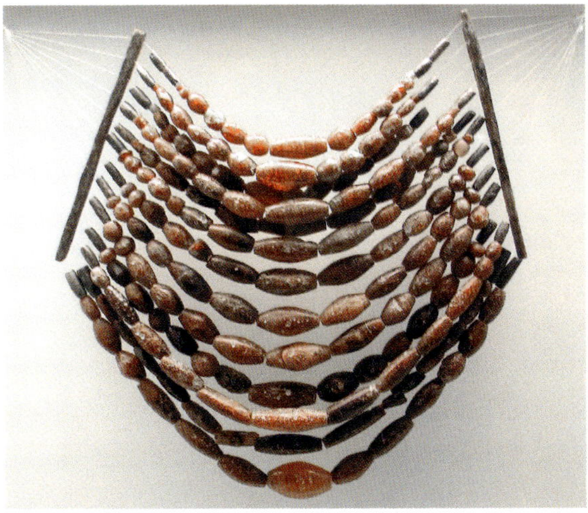

Magdalenenberg-Collier, Hallstatt-Kultur D.
Quelle: Wikipedia

Hallstatt aus ein, dem geschichtsträchtigen Ort, nach dem eine Kulturperiode benannt wurde, die Hallstatt-Kultur (850–475 v. Chr.) aus der älteren Eisenzeit.

Auf der Seite sonnenziele.net und in Wikipedia ist sinngemäß zu lesen, dass der griechische Philosoph Aristoteles mit Pytheas von Massila um 334 v. Chr. die sogenannten Bernsteininseln aufgesucht haben soll (die Ostfriesischen Inseln in der Nordsee). Man nennt diese Inseln auch die Elektriden. Die Römer Tacitus und Plinius der Ältere schrieben über den Bernstein sowie seine Herkunft und seinen Handel. Kaiser Nero soll Bernstein in großen Mengen zu Repräsentationszwecken genutzt haben. Im Rom der Kaiserzeit

Römische Kette, Grabfund aus Bulgarien, ca. 200–0 v. Chr.
Sammlung Max J. Kobbert, Foto © Max J. Kobbert

trieben nicht nur der Kaiser, sondern auch fast alle finanziell besser gestellten Römer mit dem Bernstein einen verschwenderischen Luxus. Man trank aus Bernsteingefäßen, er zierte alles, was von Wert war, und wohlhabende Frauen trugen Bernsteinschmuck und färbten ihr Haar bernsteinfarben.

Aber nicht nur in Rom wurde der Bernstein hoch geschätzt. Schon in der Bronzezeit gelangte er auf den Handelswegen bis ins Ägyptische Reich. Die berühmten Städte Qatna im heutigen Syrien und Mykene auf dem Peloponnes waren im 2. Jahrtausend v. Chr. die wichtigsten Umschlagplätze. Man sollte die »Bernsteinstraßen«, d. h. die Handelswege, auf denen auch Bernstein transportiert wurde, also nicht nur europäisch sehen. Sie gingen über Griechenland, den Vorderen Orient bis nach Ägypten. Auf diesen Handelswegen war der Bernstein sicher von Bedeutung, aber viele andere Handelsgüter waren ganz sicher von gleichem oder höherem Stellenwert und auch Nachrichten, Ideen und Technologien verbreiteten sich über sie über Tausende von Kilometern.

Wie wertvoll der Bernstein früher geschätzt wurde, zeigt auch das sogenannte Bernsteinregal, ein Gesetz des Deutschen Ritterordens aus dem 13. Jahrhundert, das jeden Bernstein als Eigentum des Ritterordens deklarierte. Die an der Küste lebenden Menschen und die Fischer wurden verpflichtet, Bernstein zu sammeln oder zu fischen und bekamen dafür einen kargen Lohn. Niemand durfte ungestraft Bernstein für sich selbst sammeln. Bei Zuwiderhandlungen gab es hohe Geldstrafen und später sogar die Todesstrafe. Der Bernstein wurde ausschließlich durch den Orden vermarktet. Selbständige Bernsteindrechsler durften sich nicht ansiedeln. Erst Ende des 15. Jahrhunderts bekamen Bernsteinhandwerker in Danzig ein Niederlassungsrecht, waren aber gezwungen, den Bernstein nur vom Orden zu beziehen.

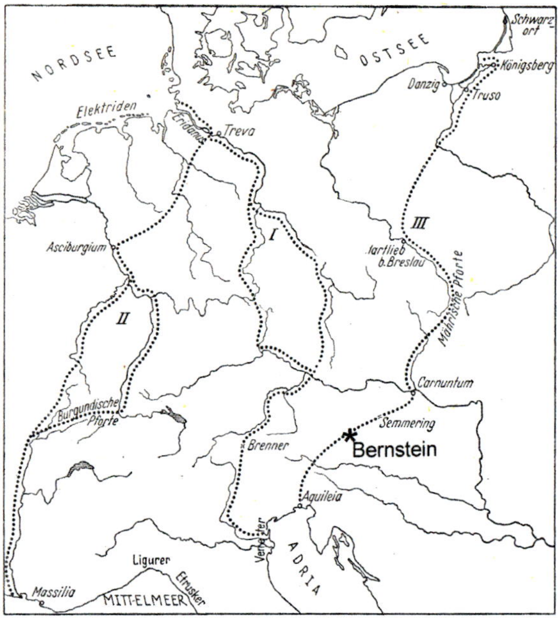

Routen des vorgeschichtlichen Bernsteinhandels.
Karte verändert, nach Andrée, 1951

Grabfund aus den Ostalpen, Hallstatt-Kultur D.
Sammlung Max J. Kobbert, Foto © Max J. Kobbert

Das Bernsteinregal

Die Bernsteingewinnung hat an der samländischen Küste eine lange Tradition. Schon im Altertum war Bernstein ein begehrtes Handelsgut und gelangte über Handelswege von den nordischen Küsten bis ans Mittelmeer und darüber hinaus bis nach Ägypten. Unter Kaiser Nero (54–68 n. Chr.) entwickelte sich Bernstein zu einem regelrechten Handelsartikel.

In der Nähe von Wismar an der Wismarbucht lag bis zum Jahr 800 ein historischer Handelsplatz der Wikinger: Rerik. Ausgrabungen förderten fast 3.000 Bernsteinstücke zutage. Haithabu übernahm nach der Zerstörung von Rerik die Vormachtstellung.

Wegen des hohen Handelswertes von Bernstein, der gegen Salz und edle Produkte aus südlichen Ländern getauscht werden konnte, wurden Begehrlichkeiten geweckt.

Bis 1264 war der Bernstein Eigentum des Grundbesitzers, auf dessen Boden er gefunden wurde. 1264 sicherte sich der Bischof des Samlandes in einem Vertrag mit dem Deutschen Orden das alleinige Recht des Bernsteinsammelns.

Bernsteinfischer, antiquarisches Buch aus dem 19. Jh.

1312 verpflichtete der Deutsche Orden die Danziger Fischer, den gesammelten Bernstein ausschließlich an den Deutschen Orden zu verkaufen – zu einem viel zu niedrigen Preis, verglichen mit dem Marktwert. Die Folge war die zunehmende Bereitschaft der Sammler und Fischer zu Unterschlagung und illegalem Handel. Der Orden reagierte mit strengen Strafmaßnahmen.

1394 trat ein generelles Verbot des Besitzes von Rohbernstein bei Androhung von Geldstrafen in Kraft.

Ab 1400 wurde die Todesstrafe auf widerrechtliches Bernsteinsammeln eingeführt.

1480 lockerte man das Bernsteinregal auf Drängen der Danziger Obrigkeit und ließ die Ansiedlung von Bernsteinarbeitern zu. In einem Liefervertrag verpflichtete sich das Danziger Amt, Bernstein ausschließlich vom Orden zu beziehen.

1581 trat der Erlass der ersten vollständigen Bernsteinordnung zur Regelung der Aufsicht und Bezahlung unter Kurfürst Georg Friedrich in Kraft.

1282 musste jeder, der die preußischen Strände betreten wollte, einen Pass dafür beantragen. Das Kontrollsystem der Bernsteinlese und der Strafen für Unterschlagung wurde stetig verschärft.

1617 gab Kurfürst Johann Sigismund den Erlass eines speziellen Bernsteinstrafgesetzes heraus, das ständig modifiziert wurde. Neben der Regelung von Leibes- und Todesstrafen erklärte er den Strand zum Sperrgebiet für Bernsteinarbeiter und alle Personen, die pauschal des illegalen Bernsteinhandels verdächtigt werden konnten.

1644 richtete man ein Strand- und Bernsteingericht ein. Jede Person der Region über 18 Jahre und alle Personen, die beruflich im Strandbereich zu tun hatten, mussten den Strandeid leisten.

1693 wurde ein Gefängnis für Bernsteindiebe in Palmnicken eingerichtet.

Ab 1800 sanken die Einnahmen aus dem Bernsteinregal immer mehr, so dass schließlich 1811 die Verpachtung des Bernsteinregals an ein Kaufleutekonsortium Erleichterungen für die Strandbevölkerung brachte, der Strandeid wurde abgeschafft.

1837 wird die Bernsteingewinnung direkt an die Strandbewohner verpachtet und die Kontrollen aufgehoben und jeder hat freien Zugang zum Strand – bis heute.

Bernsteinfischer vor Brüsterort. Aus: Klebs, 1883

Bernsteinregal, Todesstrafe. Aus: Klebs, 1883

DAS BERNSTEIN-ZIMMER

DAS BERNSTEINZIMMER

Das legendäre Bernsteinzimmer bewegt die Gemüter bis heute. Der Preußenkönig Friedrich Wilhelm I. ließ es nach Plänen des barocken Baumeisters Johann Friedrich Eosander ab 1701 für die heutige Rote Damastkammer des Charlottenburger Schlosses erschaffen, wo es aber nie eingebaut wurde. Es wurde schon kurze Zeit später als „Achtes Weltwunder" bezeichnet, denn die vom dänischen Bernsteindrechsler Gottfried Wolfram entworfenen Bernstein-Wandvertäfelungen waren wirklich ein Wunder. Die Arbeiten wurden dann den Danziger Bernsteinmeistern Ernst Schacht und Gottfried Turau übertragen. Zunächst im Berliner Stadtschloss aufgestellt, tauschte der wenig kunstinteressierte Friedrich Wilhelm I. 1716 das Bernsteinzimmer beim russischen Zaren Peter I. gegen groß gewachsene Soldaten und eine Jacht. Zar Peter der Große bewunderte das Zimmer bei seinem Besuch in der preußischen Residenz des „Soldatenkönigs". Seine Tochter Elisabeth ließ es 1741 erweitern und zunächst im Winterpalast einbauen. 1755 erfolgte der Umzug in den Katharinenpalast in Zarskoje Selo bei St. Petersburg.

Der Arbeitskreis Bernstein organisierte eine Reise dorthin und konnte hautnah miterleben, wie noch im Frühjahr 2003 am Nachbau des Bernsteinzimmers gearbeitet wurde.

Kommt man aus St. Petersburg, wo man den Winterpalast gesehen hat, denkt man, dass der Glanz, der Prunk, die Schönheit der Gebäude und der Räume nicht übertroffen werden kann. Der Sommerpalast aber kann es noch einmal toppen. Beim Rundgang kommt dem Besucher ein Raum schöner vor als der nächste, doch dann betritt man durch eine kleine Tür das Bernsteinzimmer und kann es kaum fassen.

Vielen von uns Bernsteinliebhabern standen buchstäblich Tränen in den Augen vor Ergriffenheit. Auch wenn noch einige Gerüste standen und die Beleuchtung noch nicht funktionierte, der Anblick war umwerfend. Wir durften zu dieser Zeit noch direkt an die Vertäfelungen gehen, den Bernstein berühren, fotografieren.

Ein Jahr später beim nächsten Besuch erstrahlte das Bernsteinzimmer vor unseren Augen in seinem endgültigen Glanz. Einziger Nachteil: Man musste Abstand vom Bernstein halten, durfte nicht fotografieren und nur eine begrenzte Zeit im Zimmer verweilen.

Das Original-Bernsteinzimmer wurde im Winter 1941/42 von der Deutschen Wehrmacht abgebaut, in Holzkisten verstaut und nach Königsberg abtransportiert. Einige Teile wurden im Königsberger Schloss ausgestellt, der Rest lagerte

Der Katharinenpalast, auch Sommerpalast genannt.

Im Bernsteinzimmer.

Das Mosaik »Fühlen und Riechen« im Bernsteinzimmer.

in den Kellern. Gegen Ende des Krieges verliert sich die Spur des Bernsteinzimmers. Zuletzt gesehen wurde es in Königsberg, wo es wahrscheinlich in den Ruinen verbrannt ist. Es halten sich aber hartnäckig Gerüchte, dass die Kisten vorher abtransportiert wurden und vielleicht noch irgendwo lagern. Einige behaupten, die Kisten seien zusammen mit evakuierten Bewohnern mit einem Schiff versunken, andere meinen, sie wurden in Sümpfen versenkt, andere nehmen alte Stollen von Bergwerken als letzte Lagerstätte an.

Einige Teile sind während des Krieges gestohlen worden und tauchten bei Auktionen wieder auf. Die Berliner Zeitung schreibt am 9.5.2012 dazu in ihrem Artikel »Die Auferstehung des achten Weltwunders«: 1997 tauchte in Bremen unter dubiosen Umständen das Mosaik »Fühlen und Riechen« auf, das ein privater Besitzer für zweieinhalb Millionen Mark an den Mann bringen wollte. Das Original wurde konfisziert und im Jahr 2000 zusammen mit einer ebenfalls wieder aufgetauchten Kommode aus dem Bernsteinzimmer an Russland übergeben.

Zu erwähnen sei noch, dass die teuren Rekonstruktionsarbeiten u. a. nur durch eine Spende der Deutschen Ruhrgas AG zu Ende gebracht werden konnten.

Zum 300-jährigen Jubiläum von St. Petersburg eröffneten Bundeskanzler Gerhard Schröder und Präsident Wladimir Putin im Mai 2003 das Bernsteinzimmer.

Ergänzung: Das ursprüngliche Bernsteinzimmer wurde von russischer Seite zur endgültigen Größe erweitert, indem Mosaiken, Spiegel und vergoldete Schnitzereien eingefügt wurden.

Der Arbeitskreis Bernstein vor dem Tor des Katharinenpalastes.

BERNSTEIN – SCHMUCK, KUNST UND HANDWERKS-KUNST

BERNSTEIN – SCHMUCK, KUNST UND HANDWERKSKUNST

Ein sehr umfangreiches Thema, das hier nur am Rande und oberflächlich behandelt werden kann und soll. Eine Grundsatzdiskussion, was in Bezug auf Bernstein »Kunst« bedeutet, soll auch nicht geführt werden. Einige handwerkliche Produkte, z. B. Schnitzereien aus Bernstein, könnte man durchaus auch in die Rubrik Kunst einordnen.

Ein beliebtes Motiv in der Bernsteinschnitzerei stellen Koggen dar, die als kleine Souvenirs für Touristen bis hin zu wahren Prachtexemplaren von vielen Kilo Gewicht gefertigt werden. Die auf der Titelseite gezeigte Kogge ist fast einen Meter lang und wiegt weit über 5 kg.

Für den Sammler ergibt sich ein reiches, schier unerschöpfliches Sammelfeld. Vom aus Bernstein gefertigten Schachbrett, über Leuchter, Uhren, Flaschenverschlüsse, Feuerzeuge, Messergriffe, Pokale, Wandteller, Becher, Schachteln in jeder Größe, Puderdöschen, Altare, Figuren, Kreuze usw. Ein Besuch des Deutschen Bernsteinmuseums in Ribnitz-Damgarten lohnt sich dahingehend.

Viele der Produkte enthalten Drechslerarbeiten. Das Bernstein-Drechslerhandwerk war ein eigenständiger Beruf. Schreibfedern mit gedrechseltem Griff wurden nur selten hergestellt.

Wir sehen eine sehr seltene Uhr, die als Besonderheit einen Kranz aus Inklusenbernsteinen aufweist – in einem der Bernsteine befindet sich sogar eine Schnecke. Besonderen Sammlerwert haben solche Uhren, wenn sie nachgewiesenermaßen in Königsberg gefertigt wurden und kein Nachbau jüngeren Datums sind.

Ein Unikat von ganz besonderer Seltenheit stellt die 40 cm große Puppe dar, deren Kopf, Arme und Beine aus Bernstein geschnitzt sind. Allein der Bernstein, aus dem der Kopf geschnitzt wurde, muss über 1 kg gewogen haben. Eine Rarität aus Litauen!

Eingebunden in die Tradition bekamen in Dänemark die konfirmierten Jungen eine Bernsteinzigarettenspitze geschenkt. Solche Spitzen und Pfeifen konnte man früher auf jedem Flohmarkt und Antikmarkt finden. Zigarettenspitzen wurden aber auch in Frankreich, Holland, Belgien, Österreich und anderen Ländern gefertigt.

Auch andere Rauchutensilien enthalten Bernstein: Zigarettenhalter, Zigarren-Knipser und natürlich Feuerzeuge.

In der bäuerlichen Trachtentradition der Schaumburg-Lipper Gegend (nach dem 1. Weltkrieg in der Weimarer Republik ein Freistaat) finden wir schwere facettierte Bernsteinketten, die eng um den Hals getragen wurden und mit einem meist reich verzierten Schloss versehen waren. Die facettierten Bernsteine wurden von Generation zu Generation weiter vererbt, das jeweilige Brautpaar entwarf eine neue Schließe. Diese Trachten finden wir örtlich sehr begrenzt, hauptsächlich um Lauenhagen und Bückeburg, der Hauptstadt von Schaumburg-Lippe. Heinz Nickel fotografierte in den siebziger Jahren diese Trachten und schuf einen Kalender, aus dem das gezeigte Bild stammt.

Ein weiteres Beispiel aus der Trachtentradition: Die Trachtenjacken auf der dänischen Insel Fanø knöpfte man häufig mit Bernstein. Gezeigt werden einige Originalknöpfe. Die Frauen steckten sich in den Dreißigerjahren mit Bernstein verzierte Haarspangen in die Haare.

Auch in anderen Ländern auf anderen Kontinenten spielt Bernstein in der Tradition eine große Rolle. In Burma, dem heutigen Myanmar, gibt es ein reiches Bernsteinvorkommen. Aus diesem Bernstein fertigte man schon vor langer Zeit Ohrpflöcke in verschiedenen Größen und verschiedenste Ketten. Weiterhin finden wir dort filigrane Schnitzereien aus Burmabernstein wie zum Beispiel Buddhas.

Ein weites Sammelfeld sind auch Abzeichen verschiedenster Verbände oder die Anstecknadeln vom Winterhilfswerk des Deutschen Volkes (WHW) ab 1933, die aus Bernstein gefertigt wurden: Anfangs noch sauber geschnitzte Blüten, später nur noch ein Stück Rohbernstein.

Einige Sammler konzentrieren sich nur auf alten Bernsteinschmuck und finden neben den bekannten facettierten Ketten oder Olivenketten auch ausgefallene Objekte. Eine eigenständige Sammelrichtung wäre der Fischlandschmuck, der allerdings meist mehr aus Silber als aus Bernstein besteht.

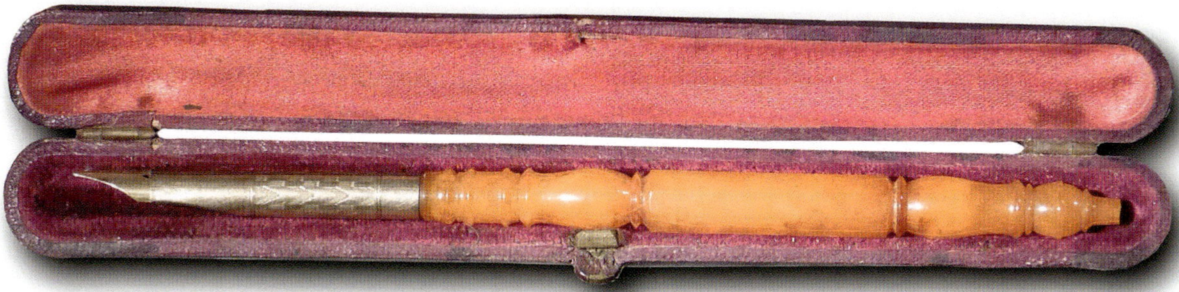

Alte Schreibfeder – eine seltene Drechslerarbeit.

Frosch,
Schnitzerei von
Alfred Schlegge.

Uhr, gefertigt in der Norddeutschen Bernstein-Industrie, Königsberg.
Sammlung Wolfgang Petschukat

Lindhorster Brauttracht.
Foto © Heinz Nickel

Lauenhagener Trachtenkette von 1896

Schaumburger Trachtenkette mit Lindhorster Schloss, vor 1880.

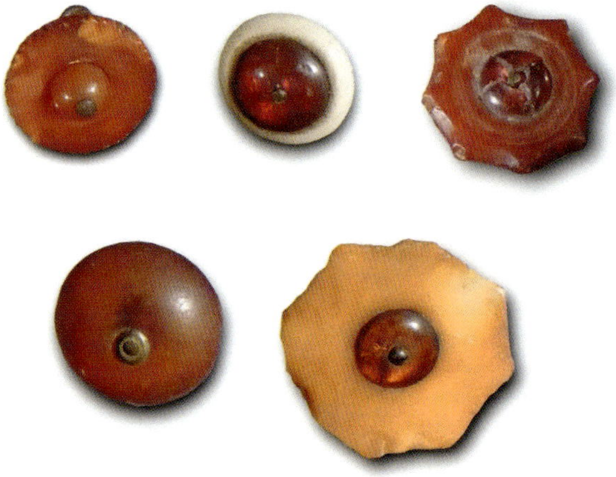

Trachtenjacken-Knöpfe aus Dänemark.

Lauenhagener Trachtenkette von 1896

Bernsteinanhänger.

Bernsteinbrosche.

Bernsteinanhänger.

Fischlandschmuck.

Bernsteinanhänger.

Bernsteinbrosche.

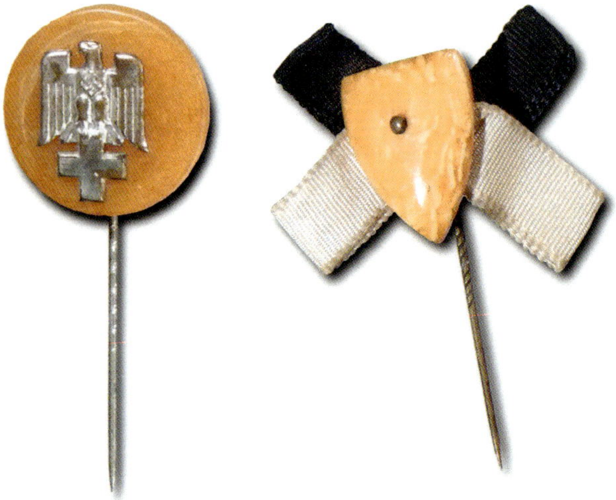

Abzeichen aus Bernstein.

Luftsport-Abzeichen.

Ansteckspange Winterhilfswerk-Spendenabzeichen,
S-B-M Staatliche Bernstein Manufaktur, Königsberg

Adolf Hitlers »Mein Kampf«,
Einband mit Bernstein-
dekoration.

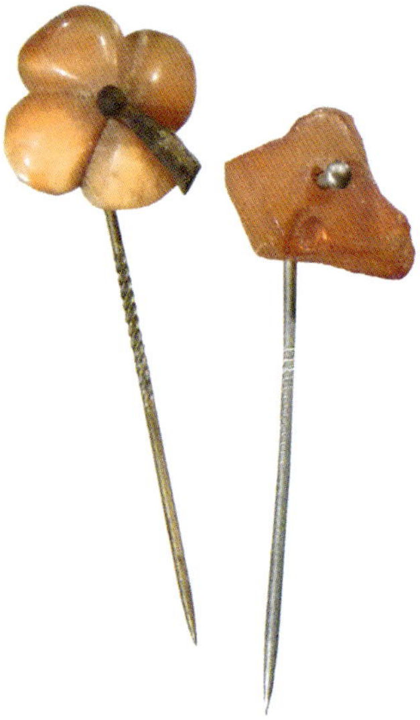

Brosche, wohl erstellt aus Bernsteinen von Anstecknadeln des Winterhilfswerks.

Anstecknadeln des Winterhilfswerks.

Zigarrenabschneider, Feuerzeug und Zigarettenhalter.

Pfeife mit Bernsteinmundstück.

Zigarillospitzen.

Pfeife, gefertigt aus Bernstein und Meerschaum.

Zigarettenspitze und Zigarillospitze.

Zigarillospitzen.

Spielwürfel.

Fingerhut.

Ein Puderdöschen mit Gravur von 1951.

Immanuel-Kant-Gedenktafel.

Haarspangen und Haarnadel.

Litauischer Briefbeschwerer
mit Schuhapplikation.

Litauische Puppe, Höhe ca. 50 cm, Kopf, Arme und Beine aus Bernstein.

Bernsteinohrpflock aus Burma (heute Myanmar).

Burmesische
Bernsteinkette.

Bernsteinohrpflöcke
in verschiedenen Dicken.

Schmuck mit Bernsteinanteilen und Schnitzereien aus Burma-Bernstein.

ANDERE BERNSTEIN-VORKOMMEN

ANDERE BERNSTEINVORKOMMEN

Jurabernstein aus dem Harz

In einem Steinbruch im Harz besuchte ich eine Gesteinsschicht aus dem Jura (eindeutig zeitlich bestimmt: Oberer Malm-Kimmeridge = 155 Millionen Jahre), die kleine Bernsteineinschlüsse im Millimeterbereich enthält.

In dieser Schicht kommen auch kleine Schnecken vor, die von der Größe und Form sehr den heutigen winzigen Wattschnecken ähneln, die tausendfach pro Quadratmeter Watt vorkommen.

Es handelt sich also um eine alte Meeresablagerung, in die diese Bernsteinstückchen hinein geschwemmt wurden. Die recht einheitliche Größe von wenigen Millimetern ist wohl einerseits mit der Sinkgeschwindigkeit zu begründen, andererseits vielleicht durch den Verursacher, der leider nicht bekannt ist.

Vielleicht hat dieser Baum nur wenig geharzt und nur die Harzgänge enthielten Harz? Zu dieser Zeit gab es noch keine Kiefern, nur primitive Nacktsamer (Nadelhölzer).

Steinbruch im Harz.

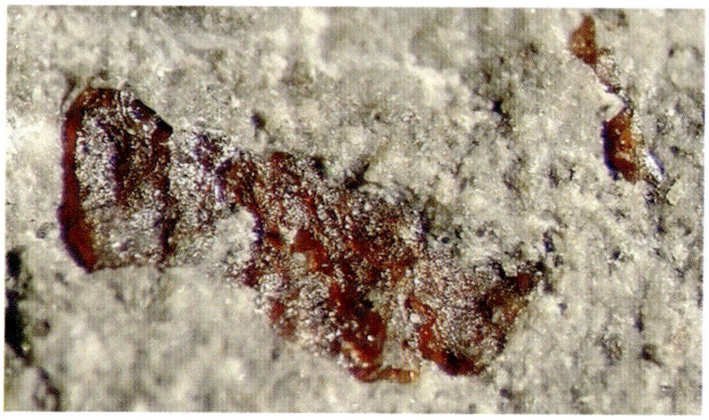
Wenige Millimeter große Bernsteineinschlüsse.

Steinbruch in den Schweizer Alpen.

Bernsteinführende Schicht.

Plaffeiit – Schweizer Bernstein

Bernstein aus der Schweiz, aus den Alpen, das klingt abenteuerlich, unglaublich. Aber wenn man sich die Entstehung der Alpen vor Augen führt, dann ist es gar nicht so unwahrscheinlich.

Als es die Alpen noch nicht gab, befand sich ein großes Meer, die Tethys, zwischen dem heutigen Afrika und Europa. Das war vor 200 Millionen Jahren. Nach und nach bildeten sich Ablagerungen, aus denen das Material der heutigen Alpen besteht.

130 Millionen Jahre später war die afrikanische Platte so weit nach Norden verschoben, dass die Auffaltung der Alpen begann. Später, also ungefähr im Paläogen (Eozän) bildeten sich die sogenannten »Flysch«: Aus der Schweizer Mundart entlehnt, bedeutet es soviel wie »Abgerutschtes«. In die immer schmaler werdende Tethys rutschten die nördlichen Ränder ab und bildeten fossil-

Plaffeiit.

Golling-Bernsteinknolle

arme Sandsteine und Tonschiefer. In diese Sedimente sind auch Harze gelangt, die durch den zunehmenden Druck der auflastenden Schichten zu Bernstein wurden.

Die starke Auffaltung der Alpen fand erst vor ca. 30 Millionen Jahren statt. Die bernsteinhaltigen Sedimentgesteine wurden auf bis zu 2.000 m empor gehoben. So findet man heute an 10 verschiedenen Stellen Bernstein in den Alpen.

Eine Hauptfundstelle im sogenannten Gurnigelflysch lag zwischen Gurnigel und La Berra, 30 km südwestlich von Bern, im Steinbruch Roggeli bei Plasselb und im Steinbruch Zollhaus, 3 km südöstlich von Plaffeien – daher der Name »Plaffeiit« für den Schweizer Bernstein. Leider wurde durch eine Fernsehsendung und Zeitungs-Berichterstattungen dieser Fundort allgemein bekannt. Ein Trupp professioneller »Räuber« beutete die Fundstelle total aus, so dass heute dort leider nur noch Reste zu finden sind.

Da die anderen Fundstellen in der Schweiz für den Sammler nur statistischen Wert haben und keine nennenswerte Ausbeute erwarten lassen, gilt heute der »Plaffeiit« schon als Rarität.

Golling-Bernstein aus Österreich

Die Bernsteinknollen stammen aus der Nähe von Grubach nahe Golling, ca. 30 km südlich von Salzburg, gefunden in einem Schottersteinbruch. Alter: Fast so alt wie der berühmte Libanon-Bernstein, also ältere Unterkreide (Obervalendis bis tiefes Apt), aus der sogenannten Roßfeldschicht. Man sieht meist kohleartige Matrix am Bernstein oder der Bernstein ist in diese Matrix eingebettet. Der Bernstein hat als natürliche Farbe ein Dunkelbraun-klar. Von außen sieht er grau-schwarz aus; das liegt an der Verwitterungskruste, die aber relativ dünn ist. Die Abbildung zeigt eine unversehrte Bernsteinknolle.

Diese Bernsteinart ist absolut selten, schon immer gewesen, nun erst recht geworden, nachdem die geringen Vorkommen durch »Wilderer« geplündert worden sind und das Gebiet zum absoluten Naturschutzgebiet (mit Bewachung!) erklärt worden ist.

Rumänit

Dieser seltene Bernstein wurde in Rumänien nur am südöstlichen Karpatenbogen gefördert. Das größte Vorkommen (wenn man von groß überhaupt sprechen kann) gab es bei Colti nordwestlich von Bukarest-Buzau. Neben oberflächlichem Abbau der Bernstein führenden Schichten gab es auch Schächte und sogar lange Stollen. Die meisten der insgesamt 360 kleinen Fundorte waren aber wenig ergiebig.

Rumänit.

Auffaltungen mit bernsteinführenden Schichten.

Kannte die Bernsteinmine noch von früher...

Einige Kilo schwere Matrix mit Bernsteinknolle.

Bernsteinknolle.

Nachdem die Ausbeute in den Jahren nach 1932 auf unter 10 kg pro Jahr zurückgegangen war, stellte man den kommerziellen Abbau ein. Jetzt, nach über 70 Jahren, sieht man keine Stollen mehr, nur noch die Aufschlüsse, in denen man auch heute noch ab und zu einen Bernstein finden kann.

Der Bernstein kommt in sehr angewitterter Form in den lockeren Kohlebändern vor oder unverwittert und fest im harten Sandstein, immer dort, wo auch kohlehaltige Streifen zu finden sind. Ich fand glücklicherweise und dank der Hilfe eines über 70-jährigen Einheimischen ein schönes Stück Matrix mit einem 3 cm Bernstein und einige kleinere angewitterte lose Bernsteine.

Vieles deutet darauf hin, dass das Harz damals nicht ins tiefe Meer gespült wurde, sondern in Lagunen und Deltas. Beweis dafür liefern die Dinoflagellaten, das Vorkommen von Quarzkörnern und viel verkohlte Pflanzenreste, die man gut beim Aufschlagen des Sediments quer zur Schichtung erkennen kann.

In der Erdgeschichte gab es starke Auffaltungen und die Schichten stehen fast senkrecht. Der Bernstein hat also starke tektonische Einflüsse überstanden.

Der Rumänit ist ein eigenständiger Bernstein, deutlich unterschieden vom Baltischen Bernstein, sowohl vom Alter (Oligozän, ca. 25 Millionen Jahre oder etwas älter) als auch vom Harzlieferanten (nach GOEPPERT soll es *Sequoioxilon* gewesen sein), als auch von der Struktur (meist krackelige Struktur, aber trotzdem nicht brüchig).

Angewitterte Rumänite.

Der Bernstein kommt in den verschiedensten Varianten vor, je nachdem, ob er im festen Sandstein unter Luftabschluss die Millionen Jahre überdauert hat oder ob er im lockeren, kohlehaltigen Gestein gelegen hat und z. T. stark verwittert ist, von klar (mit grünlichem Ton) über gelblich bis rotbraun. Auch die Größe der Stücke schwankt zwischen wenigen Millimetern und einigen Zentimetern. Die richtig großen Bernsteine wurden aber nur vor über 70 Jahren gefunden. Im Museum von Colti liegt ein großer Brocken von 1857 g. Auch etwas Schmuck wurde aus dem Rumänit gefertigt.

Ukraine-Bernstein

Bei Klesow in der Nordukraine, aber auch an vielen anderen Stellen kommen reichhaltige Bernsteinlagerstätten vor, von denen einige als abbauwürdig eingestuft wurden. Viele Bernsteinfunde gab es im Zuge von archäologischen Ausgrabungen, denn er kommt teilweise in wenigen Metern Tiefe vor. Selbst Ackerfunde sind bekannt. Deshalb gewinnt man den Bernstein im Tagebau.

Das Alter entspricht dem des Baltischen Bernsteins, also ca. 40 Millionen Jahre. Der Ukrainer Bernstein ist zwar Succinit, aber kein Baltischer Bernstein, denn er hat einen anderen Entstehungsort. In den sandigen bis tonig-sandigen Schichten, die nur bis wenige Meter stark sind, kommt viel Glaukonit vor, was auf eine Ablagerung im flachen Meer hinweist. Wahrscheinlich ist der Entstehungs- und Ablagerungsprozess ganz ähnlich dem des Baltischen Bernsteins, mit dem Unterschied, dass auch einzelne Bernstein führende Linsen gefunden werden. Das weist neben großflächigen Ablagerungen in einem Flussdelta auch auf begrenzte Zusammenschwemmungen im Meer oder in Meeresbuchten hin.

Der Ukrainer Bernstein hat meist ein typisches Aussehen: Eine dünne rotbraune Verwitterungskruste umschließt das häufig milchig gelbliche bis rötliche oder auch klare bis glasklare Innere. Die Verwitterungskruste rührt von der recht oberflächennahen Lagerstätte her, die aber fast immer im Bereich des Grundwassers liegt – sonst wäre der Bernstein viel mehr verwittert.

Es gibt so glasklaren Bernstein innerhalb der dunklen Verwitterungskruste, dass früher daraus Linsen für Brillen geschliffen wurden.

Ukrainer

Walchovit aus Tschechien

Der Name dieses Bernsteins rührt von der Stadt Valchov her, die wenige Kilometer südöstlich der größeren Stadt Boskovice liegt. Dort, wo der Fluss Valchovský in die Talsperre mündet, soll dieser schöne Bernstein in Matrix (einem Tonsandstein) gefunden worden sein. Alter: ca. 100 Millionen Jahre.

Walchovit.

Pariser Bernstein und Beifunde, u. a. salmiförmige Schuppen des Knochenhechtes.

Knochenhecht.

Bernstein aus Frankreich (Oise)

Der Fundort liegt am Fluss Oise im Pariser Becken. Das Alter dieses Bernsteins ist Unteres Eozän, also ca. das Alter des Baltischen Bernsteins.

Es handelt sich um ein eher kleineres Bernsteinvorkommen, kein Vergleich mit dem umfangreichen Vorkommen im Baltikum. Leider ist auch dieser Aufschluss mittlerweile geflutet und der Bernstein nicht mehr zugänglich.

Das Alter des Bernsteins aus dem Pariser Becken entspricht dem der Fossilien der Grube Messel. Knochenhechte ähnlicher Art wurden in beiden Lagerstätten gefunden.

Die weltberühmte Ölschiefergrube Messel bei Darmstadt ist ein Fossilienlager mit optimalen Erhaltungsbedingungen. Die Organismen, die vor 45 Millionen Jahren in den tropischen Binnensee geraten sind, wurden mit Haut und Haaren, mit Federn, z. T. Farbpigmenten und Mageninhalt überliefert. Berühmtheit hat die Lokalität vor allem durch die Urpferdchen erlangt, von denen bislang 32 Exemplare geborgen werden konnten. Seit Ende der 70er Jahre wird in Messel ausschließlich wissenschaftlich gegraben. Das Fundgebiet wurde zum UNESCO Weltkulturerbe erklärt.

Und genau aus diesem Alter stammt der Pariser Bernstein.

Man kann den kurzschnauzigen Knochenhecht Masillosteus kelleri getrost als Leitfossil betrachten. Teile von ihm, meist salmiförmige Knochenschuppen, findet man zusammen mit dem Bernstein in dieser Erstlagerstätte.

Der kurzschnauzige Knochenhecht *Masillosteus kelleri,* hier eine Abbildung des Holotyps aus dem Hessischen Landesmuseum Darmstadt, zeigt die typischen »Salmischuppen«.

Weitere Beifunde sind Knochenreste von Kleinsäugern bis mittelgroßen Säugern: Strukturierte Knochenplatten, Rippen, Armknochen mit Gelenk usw.

Der Pariser Bernstein gleicht auf den ersten Blick sehr dem Baltischen Bernstein, auch in seinen Farbvarianten. Die spektroskopische Untersuchung zeigt aber nicht die typische Baltische Schulter. Ansonsten kann der Laie den Pariser nicht vom Baltischen Bernstein unterscheiden.

Portugiesischer Bernstein

Dieser Bernstein ist eine ausgesprochene Rarität. Er ist in der gängigen Literatur bisher nicht erwähnt; an der Universität Lissabon jedoch ist er bekannt und mit einem Exemplar ausgestellt, ohne genaue Angabe des Fundortes.

Aufgrund der geologischen Schichtung kann er gut datiert werden: An der Grenze zwischen Oberkreide und Unterkreide aus dem Cenomanium, ca. 90 Millionen Jahre alt. Die Geologen aus Lissabon bezeichnen die Schicht auch als »Belasiano«.

»Aufgrund eines alten Zeitungsartikels, auf den mich meine portugiesische Freundin aufmerksam machte, stieß ich auf diesen Bernstein und den Fundort bei Cascais an der Steilküste nördlich Lissabons«, so schrieb der Wiederentdecker der Fundstelle und gab mir eine genaue Beschreibung.

Nach drei Urlauben hatten wir dann endlich die Stelle gefunden und mussten erkennen, warum der Bernstein nicht häufiger geborgen wurde, denn die Bergung gestaltete sich als abenteuerlich. Eine fündige Stelle konnte nur tief unten an der Steilküste mit Seilsicherung erreicht werden. Wegen der ständig hohen Dünung des Atlantiks ist ein Herankommen mit dem Boot nahezu aussichtslos.

Bernsteinfundstelle bei Cascais.

»Auch das Heraushauen des bernsteinhaltigen Gesteins war mühsam und gefährlich. Außerdem wurde man manchmal nass, wenn ein Brecher gegen den Fels schlug und die Gischt sehr hoch spritzte.«

Bei einigen Stücken ist der Algenbewuchs noch auf dem Gestein zu erkennen. Der Bernstein hat eine grobbrüchige Struktur und ist als ganzes Stück nicht aus der Matrix zu befreien. Es kommen Stücke von wenigen Millimetern bis zu Handball großen Stücken vor.

Portugiesischer Bernstein in algenbewachsener Matrix.

Spanischer Bernstein, 135 mm, 118 g.

Spanischer Bernstein

Neben den schon lange bekannten Fundstellen bei Alava und Sant Just wurde bei Bauarbeiten an der Straße zum Eingang der Höhle El Soplao ein großes Bernsteinvorkommen entdeckt. Dr. Wolfgang Weitschat von der Universität Hamburg schreibt dazu:

»Größte Bernsteinlagerstätte aus der Kreidezeit Europas?

Die Bernsteinlagerstätte wurde ... bereits im Februar 2008 entdeckt. In den Medien wurde erstmals Ende Juli 2008 euphorisch darüber berichtet. Die Presse bezeichnete die Entdeckung als das bedeutendste und größte Bernsteinvorkommen Europas. Von Beginn an wurden besonders die Farbenvielfalt und der Inklusenreichtum des Bernsteins gepriesen. Bezüglich der Inklusen soll dieses Bernsteinvorkommen alle bisher bekannten übertreffen. Bisher wurden in der Schicht bei Rábago Mücken, Wespen, Spinnen gefunden sowie der seltene blaue Bernstein, den man für den ältesten bisher bekannten hält.

Mittlerweile werden weitere Einzelheiten bekannt. Die Bernsteinlagerstätte stammt aus der Unterkreidezeit mit einem Alter von 110 Millionen Jahren. Derartige Vorkommen sind global sehr selten, insbesondere solche mit Inklusen (Insekten- und Pflanzeneinschlüsse). Bernsteinvorkommen aus der Saurier-Zeit gibt es z. B. im Vorderen Orient (Libanon, Jordanien), in Süd-England, in Myanmar, in Spanien (die Lagerstätten Peñacerrada-Moraza, die berühmte Alava-Fundstätte, sowie Sant Just, Teruel). In den meisten derartig alten Vorkommen sind gut erhaltene Inklusen selten.

Als Harzproduzent wird eine Konifere, und zwar eine Araucarie angenommen. Blätter der Gattung *Frenelopsis* werden regelmäßig gefunden, ebenso wie Abdrücke ihrer typischen Äderung.

Nach Expertenaussagen handelt es sich um eine Lagerstätte von sehr großer Ausdehnung, was in der Regel ungewöhnlich für diese Art von Lagerstätten ist. Bisher wurde eine Bernstein führende Schicht von 25 m Breite mit einer Mächtigkeit von 1 m bei den Ausgrabungen entdeckt. Dabei soll es sich nur um die Spitze des Eisbergs handeln ...

Die Wissenschaftler gehen davon aus, dass die ungewöhnliche Vielfalt und der Erhaltungszustand der Bernsteininklusen von El Soplao die Aussicht auf die Entdeckung neuer Gattungen und Arten erheblich mehrt und somit ein detailliertes Bild von der Paläo-Ökologie der damaligen Wälder gezeichnet werden kann. Die Tatsache, dass in der Unterkreide die Diversifizierung und Ausbreitung der pollensammelnden Insekten mit dem Auftreten der ersten Blütenpflanzen zusammentrifft, macht dieses Vorkommen besonders interessant und lässt für die Zukunft weitere neue Erkenntnisse erwarten...

Bernsteinsuche an der Küste in der Nähe der Simeto-Mündung.

Simetit aus Sizilien

Der Fluss Simeto führt nach starken Regenfällen viel Wasser aus dem gebirgigen Hochland Siziliens ins Mittelmeer. Nördlich und südlich der Flussmündung wird regelmäßig, in den letzten Jahren aber immer seltener, Bernstein gefunden, der eine stark rötliche Färbung aufweist. Teilweise werden auch Bernsteine mit Verwitterungskruste gefunden, die dann fast schwarz aussehen. Da auch an der Südküste von Sizilien dieser Bernstein gefunden wird, muss man nur die Flussläufe zur Quelle hin verfolgen und findet nahe des Quellgebietes eine Gegend, aus der der Bernstein ausgewaschen worden sein muss. Niemand hat bisher diese Gesteinsschicht gefunden, immer nur den Bernstein an den Küsten, der schon seit dem Altertum bekannt ist.

Nach ANDREE (1937) soll das Alter Oberes Miozän sein, also ca. 20 Millionen Jahre. Da die Entstehung dieser Gebirge wie auch der Alpen früher begann, halte ich den Bernstein für deutlich älter.

Äthiopischer Bernstein

Bei Straßenbauarbeiten im Rift Valley, dem afrikanischen Grabenbruch, in der Nähe von Alem-Ketema sind mehrere Fundstellen entdeckt worden, die Bernsteine haben untermiozänes Alter (ca. 20 Millionen Jahre). In dünnen Sandsteinbändern treten teilweise gehäuft Bernsteine auf, die eine tektonische Belastung erfahren haben, also ähnlich wie autoklavierter Bernstein aussehen. Es gibt klargelbe, klargrüne und viele andere Farbvariationen, die sogar schmuckfähig sind. Die Altersangaben älterer Veröffentlichungen sind mittlerweile korrigiert worden. Händler auf der amberif Danzig sprachen auch von Fundstellen, die eozänes bis kreidezeitliches Alter haben sollen, das ist aber unwahrscheinlich.

Äthiopischer Bernstein.

Mexikanischer Bernstein.

Mexikanischer Bernstein

Die Bernsteine, die in Mittelamerika gefunden werden, haben alle ein Alter von ca. 20 Millionen Jahren (Miozän). Im Bezirk Chiapas nahe dem Ort Simojovel werden Stollen in die Berghänge gegraben, um den wertvollen Bernstein aus dem recht festen Sandstein zu hämmern. Der Sandstein ist an einigen Stellen auch lockerer und große unversehrte Bernsteine können geborgen werden.

Dominikanischer Bernstein.

Dominikanischer Bernstein

Die Mutterpflanze des ca. 20 Millionen Jahre alten Dominikanischen Bernsteins ist ein Laubbaum aus der Familie der Johannisbrotgewächse, aus der Gattung *Hymenaea,* die dort auch heute noch vorkommt.

Oft sind erstaunliche Massenfänge in einem Bernsteinstück enthalten, für die Wissenschaft sehr interessante Grabgemeinschaften.

Farbvarianten von verschiedenen Gelb-, Grün- und Rottönen und sogar im Sonnenlicht blau schimmernder Bernstein kommen vor.

Costa-Rica-Bernstein

Nur wenigen Sammlern ist dieser äußerst interessante Fundort bekannt. Der ca. 20 Millionen Jahre alte bernsteinhaltige Sandstein befindet sich in der Gezeitenzone des Pazifik und kann nur bei Ebbe aus dem harten Gestein geschlagen werden. Auch Inklusen sind schon gefunden worden.

Costa-Rica-Bernstein.

Libanon-Bernstein.

Libanon-Bernstein

Mit einem Alter von 130 Millionen Jahren (Unterkreide) ist dieser meist brüchige Bernstein mit seinen Inklusenvorkommen für die Wissenschaft sehr interessant. Bis Handball große Bernsteine werden aus den Berghängen in der Nähe der Stadt Jezzine gegraben.

Burma-Bernstein.

Burma-Bernstein, Myanmar

Zur Zeit der Entstehung des Burma-Bernsteins vor 95 Millionen Jahren (Kreidezeit) lebten noch die Saurier und es ist bis heute nicht geklärt, ob die vielen eingeschlossenen Federn Vögeln oder gefiederten Kleinsauriern zuzuordnen sind. Vor allem wegen ihres hohen Alters sind die Inklusenfunde in den wissenschaftlichen Fokus gelangt. Damals standen viele Insektengruppen noch am Anfang ihrer Entwicklung, einige sind schon ausgestorben, andere wiederum haben sich erst dann in die heutigen Ordnungen aufgespalten. Das Vorkommen befindet sich im Norden Myanmars, in der Nähe von Tanai im Bezirk Kachin. Dort gibt es von der Außenwelt nahezu abgeschnittene Zeltstädte, in denen die Minenarbeiter leben und sowohl im Tagebau als auch aus tiefen Stollen den inklusenreichen Bernstein fördern. In der Nähe der chinesischen Grenze gelegen, gehen die meisten Funde direkt nach China.

Jordanischer Bernstein.

Jordanischer Bernstein

Er besitzt ein ähnliches Alter wie der Libanon-Bernstein, befindet sich aber in einem härteren Sandstein. Die bernsteinhaltigen Bänder sind im Bereich des Wadis Zerka in einer unzugänglichen Gegend an den steilen Hängen zu finden, die der Fluss in die Lanschaft geschnitten hat.

Borneo-Bernstein

Er stammt aus dem Zeitalter Miozän, ca. 15–20 Millionen Jahre. Hier handelt es sich um eine primäre Lagerstätte, d. h. der Bernstein wurde nicht umgelagert. In einem Braunkohlevorkommen bei Sarawak im Nordwesten von Borneo fand ein Forscherteam um Dieter Schlee im Jahr 1991 einen 5 Quadratmeter großen dunkel-bräunlich gemusterten Bernstein von geschätzten 70 kg, der nur in Teilen geborgen werden konnte. Die beiden größten Stücke mit insgesamt 23 kg lagern im Staatlichen Museum für Naturkunde Stuttgart, aufgeführt im Guinness-Buch der Rekorde von 1995 (Foto siehe auch vorne unter »Größte Bernsteine«).

Borneo-Bernstein. Foto © SMNS (G. Bechly)

Cambay-Bernstein, Indien

Dieses zwar lange bekannte, aber kaum erforschte Vorkommen im nordwestindischen Bezirk Gujarat verrät uns anhand seiner ca. 52–55 Millionen Jahre alten eingeschlossenen Insekten, die erstaunlicherweise nicht nur Hohlräume darstellen, dass Indien während der Kontinentalverschiebung nicht so lange isoliert war, wie bisher angenommen. Das Vorkommen befindet sich in aktiven Braunkohleminen, ähnlich wie damals im Deutschen Bitterfeld.

Weitere erwähnenswerte Fundstellen gibt es in China, Sibirien, Indien, Japan, Peru, Türkei, Alaska-, USA (New-Jersey), Kanada, England, Grönland, Australien, Neuseeland und in vielen anderen Ländern. Da tut sich ein weites Sammelfeld auf!

DER ARBEITSKREIS BERNSTEIN

DER ARBEITSKREIS BERNSTEIN

Vereinsgeschichte

Bereits im Gründungsjahr 1992 bildete sich im Förderverein des Geologisch-Paläontologischen Museums der Universität Hamburg der «Arbeitskreis Bernstein". Inzwischen besteht der Verein ausschließlich aus Mitgliedern, deren Interesse hauptsächlich dem Bernstein gilt. Er bildet ein Forum für Wissenschaftler, Sammler, Händler, Künstler, Aussteller und Hobbyisten – also für alle Bernsteinliebhaber.

Bereits nach einem Jahr hatten sich 53 Bernsteinfreunde zusammengefunden; beim zehnjährigen Jubiläum waren es bereits 210! In den folgenden Jahren hielt sich die Mitgliederzahl konstant über 200. Mit der Zeit gewann der Verein auch international an Interesse und hat Mitglieder aus Dänemark, Belgien, der Dominikanischen Republik, Großbritannien, Indonesien, Italien, Kanada, Litauen, den Niederlanden, Österreich, Polen, Portugal, Russland, Schweiz, Ukraine, Australien, Indonesien, China und den USA.

Einige Mitglieder des Arbeitskreises haben Bücher zum Thema Bernstein geschrieben und Veröffentlichungen in diversen Fachzeitschriften gemacht, z. B. Holotypen aus dem Bernstein beschrieben (das sind neu entdeckte Arten). Neben Paläontologen gehören auch Betreiber von Bernstein-Museen zum Arbeitskreis.

Viele Mitglieder treffen sich einmal bis mehrfach im Jahr. Die jährliche Hauptversammlung findet im Rahmen einer Sommertagung, die dreitägig an Orten stattfindet, die irgendetwas mit Bernstein zu tun haben, wie Ribnitz-Damgarten, St. Peter-Ording, Insel Pellworm, Insel Föhr, Sellin (Rügen) usw. Bei diesem Treffen informieren sich bis zu 100 Wissenschaftler, Sammler, Hobbyforscher und Bernsteinfachleute aus aller Welt über neue Forschungsergebnisse und Beobachtungen, tauschen seltene Bernsteineinschlüsse (Inklusen) oder freuen sich auch nur über ein Wiedersehen und ein gemütliches Beisammensein.

Zusätzlich gibt es regelmäßig schriftliche Mitteilungen in einem sogenannten „Dicken Brief", monatliche Rundmails mit Neuigkeiten in Sachen Bernstein, einen monatlichen „Mein Bernstein des Monats" und vieles mehr.

Der Arbeitskreis wurde 20 Jahre lang von dem weltweit bekannten »Bernsteinpapst« Dr. Wolfgang Weitschat geführt. 2011 hat Carsten Gröhn den Vorsitz übernommen.

Im September 2012 feierte der Arbeitskreis Bernstein sein 20-jähriges Jubiläum im Deutschen Bernsteinmuseum Ribnitz-Damgarten. Alle Mitglieder bekamen eine 145 Seiten starke Chronik ausgehändigt.

(Text in Anlehnung an die Website www.arbeitskreis-bernstein.eu)

Verein zur Förderung des Geologisch-Paläontologischen Museums der Universität Hamburg e.V.
»Arbeitskreis Bernstein«
Bundesstraße 55
20146 Hamburg
Deutschland

Sommertagung St. Peter-Ording 2018.

Einige Mitglieder des Arbeitskreises Bernstein auf der Tagung in Rügen 2008.

Zeesenbootfahrt auf dem Bodden.

Bei Bernsteinhändlern, Dominikanische Republik.

Im Watt vor St. Peter Ording.

BERNSTEINMUSEEN, AUSSTELLUNGEN, SAMMLUNGEN

Alle Fotos © Deutsches Bernsteinmuseum

DEUTSCHES BERNSTEINMUSEUM IM KLOSTER RIBNITZ, RIBNITZ-DAMGARTEN

Europas größte Ausstellung über das „Gold des Meeres“ befindet sich im Deutschen Bernsteinmuseum in Ribnitz- Damgarten. Sie ist eingebettet in eine der schönsten Klosteranlagen Mecklenburg-Vorpommerns, das 700 Jahre alte einstige Klarissenkloster Ribnitz.

Unter dem Motto: „Wo wir sind ist Sonne!“ – entfaltet sich die Magie des warm leuchtenden Sonnensteines auf über 1000 m² Ausstellungsfläche.

Wo und wie finde ich Bernstein? Wie kann ich ihn erkennen? Farben, Formen, Herkunft, Entstehung und Lagerstätten, all das wird in einer großzügigen und modernen Ausstellung entfaltet. Es warten faszinierende Einsichten, spektakuläre Einschlüsse, Insekten in dramatischen Überlebenskämpfen und Pflanzen aus den Wäldern des Ostseeraums vor über 40 Millionen Jahren auf ihre Betrachter. Eine Eidechse, ein Gecko und ein Skorpion sind einzigartige, nicht nur für Wissenschaftler sensationelle Inklusen.

Bernstein findet sich weltweit – davon bietet die Ausstellung erstaunliche Kostproben.

Magische Amulette, die steinzeitliche Jäger mit sich führten, seltene erhaltene Originale der um 1860 bei Schwarzort gefundenen jungsteinzeitlichen Bernsteinschnitzereien sowie Preziosen der Griechen und Römer vermitteln eine Ahnung von der überaus großen Begeisterung, die das „Gold der Ostsee“ seit Jahrtausenden hervorrief und über weite Entfernungen auf den Bernsteinstraßen nach Süden führte.

Die Ausstellung widmet sich umfänglich dem Bernsteinsuchen und der im 19. Jahrhundert durch die Firma Stantien & Becker im Kurischen Haff begonnenen und im Berg- und Tagebau industriell fortgesetzten Bernsteinförderung, die der Bernsteinverarbeitung eine bis dahin nicht vorstellbare Fülle an Rohmaterial lieferte. Auch über die Fortsetzung der Tradition, die gegenwärtige Bernsteinförderung im heute russischen Gebiet Kaliningrad wird informiert.

Das verschollene Bernsteinzimmer wird in einer spiegelnden Illusion gegenwärtig und sein Schicksal anschaulich erklärt. Fürstliche Kunstkammerstücke führen in die Welt höfischer Diplomatie der Barockzeit. Vom Stolz der Bauern im Schaum-

Gecko.

Pilzmücken beim Geschlechtsakt.

Eidechse.

Bernsteinzimmer.

Bernsteinkassette.

burger Land zeugen Bernsteintrachtenketten aus großen facettierten Perlen und von der Frömmigkeit russischer Bauern prächtige Kettenbehänge für ihre klösterlichen Ikonen.

Elegante Herren liebten in der Vergangenheit kunstvoll gestaltete Tabakpfeifen mit Ansatzspitzen aus Bernstein, davon ist eine reiche Auswahl zu sehen.

Arabische Gebetsketten, Mundstücke für osmanische Wasserpfeifen, große Perlen für üppigen afrikanischen Schmuck, asiatische Schnitzereien und Ketten chinesischer Würdenträger zeugen beeindruckend von der großen Vielfalt der weltweiten Verwendung des Ostseegoldes, das in üppigen Handelsgebinden von Ostpreußen auf die Reise ging.

Berühmt waren die Bernsteinsammlungen der Stadt Königsberg. Die 1926 gegründete Staatliche Bernsteinmanufaktur konnte auf einen reichen Schatz kostbarer Bernsteinarbeiten zurückgreifen, um eine eigene Sammlung vorwiegend kunstgewerblicher Bernsteingegenstände aufzubauen. Diese Sammlung diente vor allen Dingen der

Bacchus.

Kabinettschrank.

Werbung für die Erzeugnisse der von staatlicher Seite großzügig geförderten und mit Aufträgen versorgten Manufaktur. Bis zum Frühjahr 1944 wurde die Sammlung in vielen deutschen Großstädten und europäischen Hauptstädten gezeigt.

Ein letztes Mal 1944 in Istanbul präsentiert, überlebte sie dort. 1961 wurde sie von türkischer Seite zunächst an die Bundesrepublik Deutschland zurückführt. Diese übergab sie an die ursprüngliche Eigentümerin der Staatlichen Bernsteinmanufaktur, die Preussag AG, seit 1959 in Hannover ansässig, deren Rechtsnachfolgerin die TUI AG in Hannover ist.

Die Auswahl der Exponate für die Ausstellung war hauptsächlich auf die Kulturgeschichte des Bernsteins ausgerichtet. Daneben wurden aber auch besonders schöne Rohbernsteine und einige technische Bernsteinprodukte gezeigt.

Bedeutend sind hier vor allem die herausragenden prähistorischen Stücke von ostpreußischen Fundplätzen, barocke Kunstwerke mit höfischer Provenienz und zahlreiche außerordentliche Kleinkunstwerke ostpreußischer Herkunft aus dem 17. und 18. Jahrhundert. Die Sammlung bietet auch reiche Beispiele der Verwendung von Bernstein in der Volkskunst des 18. und 19. Jahrhunderts und einmalig erhaltene exemplarische Handelsgebinde für den arabischen und afrikanischen Markt.

Einen Hauptteil bilden Erzeugnisse der Staatlichen Bernsteinmanufaktur der 1930er Jahre, wie Sport- und Ehrenpreise nach Entwürfen der durch die Manufaktur beauftragten Bildhauer Hermann Brachert, Hans Wissel und Carl Jan Holschuh.

Die Sammlung ist ein singulär erhaltenes Ensemble von einmaligen, in ihrer Geschlossenheit unwiederbringlichen Zeitdokumenten und für die ostpreußische wie für die gesamtdeutsche Geschichte im Hinblick auf den Bernstein von herausragender Bedeutung! Allem voran steht das große Bernsteinschiff, die 1931 fertiggestellte „Wappen von Danzig" – das Flaggschiff der ostpreußischen Bernsteinindustrie.

Der Erwerb der Sammlung für die Stadt Ribnitz-Damgarten und das Deutsche Bernsteinmuseum war mit großer Unterstützung des Landes Mecklenburg-Vorpommern, der Kulturstiftung der Länder, der Beauftragten der Bundesregierung für Kultur und Medien und der Ostdeutschen Sparkassenstiftung gemeinsam mit der Stiftung der Sparkasse Vorpommern möglich. Die TUI AG hatte sich seit 2019 dafür eingesetzt, ihre Sammlung im Deutschen Bernsteinmuseum zusammenzuführen. Mit dem Erwerb der Sammlung im Oktober 2023 und ihrer nach 70 Jahren wieder fast vollständigen Präsentation und wissenschaftlichen Aufarbeitung wird im Deutschen Bernsteinmuseum ein historisches Kulturgut von europäischem Rang bewahrt. Dies ist vor allem vor dem Hintergrund der großen Verluste an Bernsteinkunstgegenständen durch den Zweiten Weltkrieg bedeutsam.

Daneben zeigt das Museum wichtige Arbeiten der ostpreußischen Goldschmiedemeisterin Toni Koy und des berühmten Steinschneiders Martin Seitz.

Seit 1993 fördert das Deutsche Bernsteinmuseum regelmäßig junge und innovative Bernsteinkünstler durch Preise und Ausstellungen.

Eine Erlebniswerkstatt für Kinder und Erwachsene bietet Mitmachaktionen unter dem Motto „Experimentieren, Entdecken, Gestalten". Hier kann selbst ausgesucht, geschliffen und poliert werden! Regelmäßig finden Vorführungen historischer Bernsteinbearbeitungstechniken statt. Die Werkstatt berät und restauriert auch alte Bernsteinkunstgegenstände und Bernsteinschmuck und arbeitet Neuanfertigungen und Schnitzereien nach Kundenwünschen.

Das Museum besitzt einen großzügigen Shop und ein gemütliches Café, in den Sommermonaten auch im Klostergarten.

Als Walter Kramer, Goldschmied in Ribnitz in vierter Generation, 1932 in die Werkstatt seines Vaters nach Ribnitz zurückkehrte und auf einer Messe 1938 erstmals seinen „Fischlandschmuck" vorstellte, ahnte niemand, dass diese von ihm begründete Tradition einmal hinauf bis zur „Bernsteinstadt Ribnitz-Damgarten" führen würde. Walter Kramer und der auf ihm aufbauenden Tradition der Bernsteinverarbeitung in Ribnitz-Damgarten ist ein eigener Ausstellungsraum gewidmet.

Wechselnde Sonderausstellungen zu speziellen Aspekten der Natur- oder Kulturgeschichte des Bernsteins, Künstlerpräsentationen und Ausstellungen zur Kloster- und Stadtgeschichte ergänzen die Museumsrundgänge regelmäßig. Das Museum ist durch eine intensive Sammlungstätigkeit in ständigem Wandel.

Bernsteinkogge.

Ausstellung Toni Koy.

Das Klarissenkloster ist eine kleine Schatzkammer für sich. Ein großer Teil seiner mittelalterlichen Ausstattung hat sich bis heute bewahrt und wird an seinem angestammten Ort, der Klosterkirche aus dem 14. Jahrhundert gezeigt. Sie ist gleichzeitig ein beliebter Konzertort.

Deutsches Bernsteinmuseum
im Kloster Ribnitz
Im Kloster 1–2
18311 Ribnitz-Damgarten
Tel.: 03821 4622

Öffnungszeiten:
April–Okt.: täglich 9.30–18 Uhr
Nov.–März.: Di.–So. 9.30–17 Uhr

Aktuelles zu Veranstaltungen und Sonderausstellungen:
www.deutsches-bernsteinmuseum.de

Konzert in der Klosterkirche.

Fischlandschmuck.

WEITERE BERNSTEINMUSEEN, AUSSTELLUNGEN, SAMMLUNGEN, INTERNETLINKS

Es gibt eine Fülle von Bernsteinmuseen und naturwissenschaftlichen Museen mit einer Bernsteinabteilung, nicht nur im norddeutschen Raum. Also: Einfach mal schauen, ob nicht eines davon in der Nähe des nächsten Urlaubszieles liegt. Im Internet kann man unter dem Stichwort »Bernsteinmuseum« Dutzende Hinweise finden. Hier eine Auflistung einiger Museen, wobei die Reihenfolge keine Ordnung nach Größe oder Qualität darstellt. Der Text ist den Internetseiten entnommen und wurde nicht verändert.

Senckenberg Naturmuseum in Frankfurt

Dies ist eines der großen Naturkundemuseen in Deutschland und zeigt die heutige Vielfalt des Lebens (Biodiversität) und die Entwicklung der Lebewesen (Evolution) sowie die Verwandlung unserer Erde über Jahrmillionen hinweg. Neue Forschungsergebnisse aus allen Bereichen der Biologie, Paläontologie und Geologie werden vorgestellt. Sonderausstellungen zu wechselnden Themen, Vorträge und Events ergänzen neben dem museumspädagogischen Programm die Dauerausstellung des Senckenberg Naturmuseums. Hier lagern auch viele Bernsteineinschlüsse!

(Quelle: www.senckenberg.de)

Bernsteinmuseum St. Peter-Ording.

Staatliches Museum für Naturkunde Stuttgart

Sammlungsbestand und Schwerpunkte:
Die etwa 30.000 Objekte bzw. Einschlüsse (speziell Arthropoden im Bernstein aus der Dominikanischen Republik, dem Libanon und dem Baltikum), sind im Wesentlichen von 1976 bis 1996 von Dr. D. Schlee erworben bzw. gesammelt worden sind.

Bedeutung der Sammlung:
Sie ist eine der bedeutendsten naturwissenschaftlichen Bernsteinsammlungen, mit z. T. einzigartigen pflanzlichen und tierischen Einschlüssen, vor allem Insekten. Den Schwerpunkt bildet eine sehr große Sammlung von Bernstein aus der Dominikanischen Republik (Eozän bis Miozän), sowie die derzeit größte Sammlung von Bernstein aus der Unterkreide vom Libanon. Bedeutende Einzelstücke sind z. B. der größte Bernstein der Welt aus Borneo (Miozän), eine Vogelfeder im Libanon-Bernstein (Unterkreide), Frösche und Echsen im Dominikanischen Bernstein, Stücke mit Massenfängen von Insekten, sowie die weltweit umfangreichste Sammlung von Bernstein-Libellen.

(Quelle: www.naturkundemuseum-bw.de)

»Humboldt-Museum«
Museum für Naturkunde Berlin
mit einer Bernsteinsammlung

Das Museum enthält auch eine umfangreiche Bernsteinsammlung und den größten existierenden Baltischen Bernstein. Anmerkung: Vorherige Anmeldung erforderlich.

(Quelle: www.naturkundemuseum-berlin.de)

Nordseebernsteinmuseum in St. Peter-Ording

Im St. Peter-Ordinger Nordseebernsteinmuseum wird in beeindruckender, teils überraschender Weise über das Gold des Nordens informiert. Die ausgestellten Exponate sind in über 50 Jahren zusammengetragen worden.

Privatmuseum Fleißner, Bad Nauheim.

Sie berichten im naturgeschichtlichen Teil des Museums von der Entstehung im Bernsteinwald bis zur heutigen Verbreitung in ganz Nordmitteleuropa.

Der kulturhistorische Teil umfasst die Geschichte der Bernstein-Bearbeitung an ausgewählten Exponaten von der Steinzeit bis zur heutigen Zeit.

Schwerpunkte des Museums:

- Inklusenkabinett im Bernsteinwald
- Vor- und frühgeschichtliche Bernsteinexponate
- Die Vielfalt der natürlichen Bernsteinformen am Harzflussmodell
- Bernstein in der Medizin
- Der Weg des Bernsteins an die Nordseeküste
- Stranddiorama – wie findet man Bernstein am Strand
- Schauwerkstatt

(Quelle: www.bernsteinmuseum.de)

Privatmuseum Fleißner, Bad Nauheim – Faszination Bernsteinwald

Nichts Alltägliches sind Bernsteininklusen, in denen Tiere und Pflanzenteile aus längst vergangenen Zeiten wie in einem gläsernen Sarg konserviert sind. Sie haben eine lange Zeitreise unversehrt überstanden, die zum Teil 100 Millionen Jahre dauerte.

Das Ergebnis aus vielen Jahren Sammlertätigkeit von Brigitte und Helmut Fleißner wird hier anschaulich präsentiert. Fossilien zeigen einen Abriss über die Evolution der Tier- und Pflanzenwelt unseres Planeten vom Anbeginn des Lebens bis zur heutigen Zeit. Eine große Variationsbreite unterschiedlichster Bernsteine und deren Fundorte werden gezeigt und mit hervorragenden Stereobildern unterstützt. Hier ergänzen sich wissenschaftliche Interessen mit der Ästhetik des Bernsteins.

Für interaktive Betätigung sorgen Stereoskope, mit deren Hilfe die Besucher selber in die Tiefe der Bernsteininklusen mit einer längst vergangenen Lebenswelt eintauchen können.

Eintritt frei, Spenden willkommen.
Besichtigung nach Vereinbarung über
bernstein-museum-fleissner@web.de
Nicht barrierefrei, Mindestalter: 14 Jahre

Bernsteinmuseum Sellin

Im Zentrum von SELLIN befindet sich seit 1999 das einzige Bernsteinmuseum der Insel Rügen und das führende Bernsteinfachgeschäft mit Werkstatt des Goldschmiedemeisters Jürgen Kintzel. Jährlich besuchen es ca. 15.000 Gäste, Tendenz steigend. Wo finden Sie Bernstein und wie erkennen Sie ihn? Auf den folgenden Seiten finden Sie erste Antworten, nehmen Sie sich ein paar Minuten Zeit – es lohnt sich!

Viele Vitrinen und reichlich Bildmaterial geben Einblick in die Geschichte und Entstehung des Bernsteins. Sehenswerte Objekte führen durch die Kultur- und Kunstgeschichte bis hin zur Gegenwart. Der größte Bernstein Rügens wiegt übrigens 1686 Gramm. Hätten Sie es gewusst? Inklusen, kleine Tier- und Pflanzeneinschlüsse – wie kommen diese in den Bernstein? Wussten Sie, dass es Bernstein auch auf anderen Kontinenten gibt? Antworten darauf erhalten Sie im Museum!

(Quelle: www.bernsteinmuseum-sellin.de)

Museum für Dithmarscher Vorgeschichte

Das Museum bestand bis 2003 als Museum für Dithmarscher Vorgeschichte in Heide und ist nun in das 16 km entfernte Albersdorf in das ehemalige Bahnhofshotel umgezogen. Hier ist es unter dem neuen Namen »Museum für Archäologie und Ökologie Dithmarschen« seit Juli 2005 eröffnet. Eine thematisch neu ausgerichtete Ausstellung zeigt Archäologie und Umweltgeschichte in einer Zusammenschau. Gemeinsam mit dem bereits existierenden und ständig weiter entwickelten Archäologisch-Ökologischen Zentrum Albersdorf (»Steinzeitdorf« AÖZA) bietet es umfassende Einblicke in die Welt urgeschichtlicher Jäger und Bauern.

Ein kleiner Raum ist dem Bernstein gewidmet und zeigt schöne Exponate. Aber auch in anderen Vitrinen wird Bernstein gezeigt, z. B. alte Bernsteinfunde aus dem Watt.

(Quelle: www.museum-albersdorf.de)

Ostpreußisches Landesmuseum Lüneburg

Erleben Sie die Geschichte, Landschaft und Kultur Ostpreußens

Das Ostpreußische Landesmuseum ist ein Höhepunkt jedes Lüneburg-Besuchs. Es informiert über eine 700 Jahre lang deutsche Region im Osten Mitteleuropas. Neben 6 Dauer- und 2 Wechselausstellungen, die auf 5 Etagen verteilt sind, stehen den Besuchern auch eine Präsenzbibliothek und spannende Angebote der Museumspädagogischen Abteilung zur Verfügung.

Sonderausstellung Kunsthandwerk: Bernstein, Silber und Keramik

Bedeutende Kunstwerke entstanden bei den Goldschmiedemeistern gerade auch in Königsberg. Bekannt sind ist auch die Majolika-Werkstatt in Cadinen.

(Quelle: www.ostpreussisches-landesmuseum.de)

Museum des GZG Geowissenschaftliches Zentrum Göttingen

Siehe auch unter »Inklusensammlungen«: Teile der alten Königsberger Sammlung werden hier aufbewahrt. Außerdem sind einige Schwarzortfunde zu sehen.

Elbe-Küsten-Park und Natureum Niederelbe in Balje

Dieses Freilichtmuseum mit Museumsbau liegt in der Nähe von Cuxhaven an der Elbe und zeigt Bernsteinexponate aus verschiedenen Sammlungen.

(Quelle: www.natureum-niederelbe.de)

Bernsteinmuseum in Rurup

Das Bernsteinmuseum ist das einzige in der Region Angeln und sicherlich eines der wenigen reinen Bernsteinmuseen in ganz Deutschland. Dieses Bernsteinmuseum befindet sich in Ruruplund, ganz in der Nähe von Süderbrarup. Das Museum wird geleitet von Herrn Heinz-Walter Sandeck, der auch die angeschlossene Bernsteinschleiferei zur Verarbeitung des Bernsteins führt.

Dieses Bernsteinmuseum befindet sich im Mühlenhaus der Ruruper Wassermühle. Das Wohnhaus stammt aus dem 16. Jahrhundert und wurde vollständig renoviert. Herr Sandeck übernahm die Bernsteinsammlung seines Großvaters, der Bernsteindrechsler war. Daraus ist heute das Bernsteinmuseum entstanden.

(Quelle: www.schlei-ostsee-urlaub.de/data/schlei-ostsee-urlaub_1171.html)

Bernsteinmuseum Bad Füssing

Einzigartige Sammlung des Amber Museums Inc. San Francisco mit dem größten Bernstein-Schachspiel der Welt.

Das 1978 in San Francisco, Kalifornien, gegründete Museum wurde 1992 in Bad Füssing wiedereröffnet. Gleich hinter dem Rathaus wurde von der über 25 Jahre in den USA lebenden Emma Maria Kuster, selbst eine gebürtige Landkreisbürgerin, ein einzigartiges Bernsteinmuseum eröffnet, das Kurgästen und der Bevölkerung die Schönheit von Bernstein näherbringen soll.

Das Museum besitzt **eine umfangreiche Sammlung** von Insekteneinschlüssen die durch die Mikrophotographie von Dr. Mark Meyer, Wissenschaftler und Künstler, Universität des Staates Washington in Seattle, USA dokumentiert wurde. Es gelang uns die Sammlung des Verlegers Ernst Fischer aus Freiburg i. B. vom 26.8.1921 zu erwerben. Dr. Mark Meyer gelang es neben den wissenschaftlichen auch die künstlerischen Aspekte aufzuzeigen, bzw. »fast menschlichen« Seiten seiner Insekten-Photographie.

Seit einigen Jahren kann man sich nun in Bad Füssing mehr mit diesem Gestein befassen. Denn gleich hinter dem Rathaus betreibt Emma Maria Kuster, die über 25 Jahre in den USA lebte ein einzigartiges Museum, das den Kurgästen die Schönheit von Bernstein näherbringen soll.

(Quelle: http://www.belocal.de/bad_fuessing/sehenswertes/bernsteinmuseum_bad_fuessing/seite_1,18072,2,246557.html)

Darßer Bernsteinmuseum

Die Heimatgalerie und das Darßer Bernsteinmuseum finden Sie im Ostseebad Prerow. Das alte Kapitänshaus in der Waldstrasse 54 wurde um 1850 erbaut. Hier finden Sie die Heimatgalerie mit besonderen und darßtypischen Geschenkideen, sowie Produkten aus der Region. Im Nebengebäude hat das Darßer Bernsteimuseum mit einer der größten Familiensammlungen Deutschlands seine Heimstatt gefunden. Beide Einrichtungen kommen ganz ohne Eintrittsgeld aus und lassen die Darßer Tradition und Lebensart nachempfinden. Schauen Sie doch einfach einmal bei uns vorbei oder stöbern Sie in unserem Web-Shop. Es ist bestimmt auch etwas für Sie dabei! Viele Grüße vom urwüchsigen Darß! Ihre Familie Moldenhauer.

Führung im Darßer Bernsteinmuseum: An jedem Montag ab 10 Uhr entführen wir Sie in die Welt des Bernsteins. Im Rahmen einer Führung erfahren Sie Interessantes und Wissenswertes rund um den Bernstein an Darßer Küsten und natürlich auch darüber hinaus.

(Quelle: www.darsser-ort.de)

Tirpitz-Museum, Blåvand. Foto © Norbert Schumann

Bernstein Museum bei Oksbøl, Dänemark

Das wunderschöne Museum wurde auf abenteuerliche Weise ausgeraubt. Ein neues Museum mit Bernstein entstand 2017 in der Nähe, das Tirpitz-Museum.

Tirpitz-Museum in Blåvand
Tirpitzvej 1, 6857 Blåvand, Dänemark

Inmitten der Dünenlandschaft von Blåvand wurde im Sommer 2017 das neue Tirpitz Museum eröffnet. Das Museum wird den Besuchern lehrreiche Erlebnisse und Weltklasse Architektur präsentieren.

Der zweite Weltkrieg endete bevor die große Bunkeranlage in Blåvand fertig gestellt werden konnte.

Die Bunkerruine war viele Jahre ein gut besuchtes Museum, dass jetzt von einem nagelneuen Museum, mit vier großen Galerien, mit jeweils einzelnen Ausstellungen, abgelöst wird.

Sehen Sie Bernsteinschmuck aus dem Steinzeitalter bis heute. Gehen Sie auf Entdeckungsreise unter den vielen schönen, exzentrischen und erstaunlichen Gegenständen des Museums, die alle aus Bernstein hergestellt sind.

Das neue Museum besteht aus Beton, Stahl und Glas. Der Beton ähnelt dabei optisch dem Aussehen des originalen Bunkers. Das Dach wird mit Strandhafer bepflanzt, sodass das Museum ganz natürlich in der Dünenlandschaft integriert wird.

(Quelle: www.hvidbjergstrand.de/erlebnisse/attraktionen/tirpitz-museum)

Bernsteinmuseum im Dohnaturm, Kaliningrad.

HOUSE OF AMBER – Kopenhagener Bernsteinmuseum

Birgitte Madsen: »Die Muttergesellschaft des HOUSE OF AMBER wurde 1933 gegründet und gehört heute zu den führenden Gesellschaften auf dem Bernsteinmarkt. Alle Produkte zeichnen sich aus durch Vielfalt, Schönheit und Exklusivität. HOUSE OF AMBER eröffnete 1994 das Kopenhagener Bernsteinmuseum in einem der ältesten und stilvollsten Häuser der Altstadt aus dem Jahre 1606.

Das Museum zeigt eine Privatsammlung von Antiquitäten und Kunstgegenständen, einschließlich des weltweit größten Baltischen Bernsteins in Privatbesitz mit einem Gewicht von 8,8 kg. Stolz des Museums ist eine Sammlung seltener eindrucksvoller Bernsteine, die prähistorische Insekten und Pflanzen einschließen (Inklusen).«

(Quelle: www.houseofamber.com)

Historisches Museum der Stadt Danzig

Der Sitz des Bernsteinmuseums befindet sich in dem aus dem 14. Jahrhundert stammenden Stadttorkomplex (Zespół Przedbramia), welches sich aus dem Hohen Tor, dem Stockturm und dem Peinkammertor zusammensetzt. Die Ausstellung widmet sich sowohl der Bernsteinkunst als auch der Geschichte des Gebäudes, eine reiche Sammlung, die multimedial von fantasieanregenden Tönen und Gerüchen untermalt wird. Gezeigt wird Bernstein in der Natur und aus der Urgeschichte, das Bernstein-Handwerk, moderne Bernsteinkunst und Schmuck. Die Ausstellung dokumentiert die unvergleichbare Natur des Ostsee-Bernsteins und seine Bedeutung für die Region.

(Quelle: www.gdansk4u.pl/de/hub/place.php?PlaceID=376)

Bernsteinmuseum im Dohnaturm Kaliningrad (ehemals Königsberg)

Das Bernsteinmuseum beherbergt, was der Name suggeriert, aber das Gebäude nicht vermuten lässt: Bernstein – und zwar kunstvoll verarbeitet in allen Farben, Größen und Schattierungen sowie Rohbernstein mit seltenen Einschlüssen. Besucher erfahren außerdem, wie die Bildung von Bernstein aus dem Harz von Nadelbäumen vor 35 Millionen Jahren vonstatten ging.

(Quelle: https://www.ambermuseum.ru/en/)

Bernsteinmuseum in Palanga

Das weltbekannte und grösste Bernsteinmuseum der Welt in Palanga (siehe Kapitelfoto) befindet sich im botanischen Park im ehemaligen Schloss des Grafen Felix Tiskevicius und wurde 1963 eröffnet. Um das Schloss herum zieht sich der über 100 ha grosse botanische Park, der vom französischen Garten-Architekten Édouard François André entworfen wurde.

Die erste kleine Bernstein-Ausstellung im heutigen Bernsteinmuseum in Palanga zählte gerade einmal 478 Ausstellungsstücke, die sich auf einer Fläche von 96 qm verteilten. In vier Jahrzehnten ist daraus ein modernes Museum geworden, und ein bedeutendes Zentrum für Sammlung, Forschung und Verbreitung von Bernstein.

Das Bernsteinmuseum in Palanga verfügt heute über 29.000 Exponate, von denen etwa 4.500 auf einer Fläche von 750 qm ausgestellt sind. Unter den Ausstellungsstücken befinden sich fossile Harze aus der ganzen Welt und eine unikate Sammlung von Einschlüssen. Die Entstehung von Bernstein spiegeln Bernsteinstücke von verschiedenen Größen und Formen wider, der größte und berühmteste Bernstein der Sammlung im Bernsteinmuseum in Palanga ist der Sonnenstein, dieser wiegt 3.524 Gramm!

(Quelle: www.litauen.info/bernstein/bernsteinmuseum-palanga)

Bernsteingalerie-Museum

Pamario 20, Nida, Litauen

Die Besucher des Bernsteinmuseums, das im Jahre 1993 gegründet wurde, werden von hölzernen Figuren aus dem Schwarzortschatz begrüßt. Diese Amulette gelten als eine Art Museumswächter. Über den Schwarzortschatz und die Bedeutung dieser Amulette erfahren die Besucher alles im Museum, wo sie alle 434 Amulette aus Bernstein in originaler Größe sehen können.

Kaziemiras Mizgiris erklärt im Bernsteingalerie-Museum Nida anschaulich die Eigenschaften des Bernsteins.

Im Museum wird die Geschichte des Baltischen Bernsteins vorgestellt: Seine Entstehung, seine Morphologie, Farbvariationen und Bernsteineinschlüsse. Da kann man Bernsteinstücke in verschiedener Größe und Form sehen.

Das Museum präsentiert nicht nur archäologische Besonderheiten sondern auch eine ständig erneuerte Werkausstellung der berühmtesten litauischen Künstler.

Selbstverständlich können die Museumsgäste im Garten spazieren gehen und so eine Strecke entlang der »Bernsteinstraße« wandern. Die »Bernsteinstraße« fängt an der Ostsee an und führt durch ganze Europa bis nach Etrurien in Italien. Bei der Wanderung auf den Spuren der Bernsteinstraße können die Besucher eine alte Werkstatt bestaunen, wo gezeigt wird, wie und mit welchen Werkzeugen Bernstein bearbeitet wird. Wer möchte, kann selbst versuchen, »Bernsteinkünstler« zu werden und ein Amulett als Glücksbringer zu schaffen. Die Gäste können auch die Kollektion großartiger Einschlüsse bewundern, die Amulette aus dem Schwarzortschatz anschauen und bei der Öffnung des Stammes eines »50 Millionen Jahren alten Nadelbaumes« sich überzeugen, wie Bernstein sich damals geformt hat. Bei der Ausstellung, die im Museumsgarten eingerichtet ist, kann man auch ein altes Boot und die originalen Werkzeuge sehen, mit denen früher Bernstein gefischt wurde. Der Anfang der Bernsteinstrasse in Nida (Nidden) wird übrigens durch einen Obelisk am Kurischen Haff markiert.

Edukative Aktivität:
In der alten königlichen Werkstatt, die in der Nähe des Bernsteinmuseums gebaut wurde, werden Kurse für Bernsteinbearbeitung organisiert, an denen Einzelpersonen aber auch Gruppen teilnehmen können. Die fachlichen Erklärungen werden nicht nur auf litauisch, sondern auch auf deutsch, englisch und russisch gegeben. Während dieser Kurse werden alte und neue Bernsteinbearbeitungswerkzeuge vorgestellt.

(Quelle: www.ambergallery.lt)

Bernsteinmuseum-Galerie
Šv. Mykolo g. 8, Vilnius, Litauen

Die Bernsteinmuseum-Galerie wurde in einem Barockgebäude des 17. Jahrhundert untergebracht. Hier treffen sich fünf Epochen: Neben dem Barock haben sich Zeugnisse der Gotik, der Renaissance und des Klassizismus erhalten.

Das Museum wartet auf Besucher, die den Baltischen Bernstein kennenlernen wollen, der fünfzig Millionen Jahre alt ist und viele Geheimnisse aus der damaligen Zeit aufbewahrt. Da erfährt man einiges über die Entstehung des Baltischen Bernsteins, seine Naturformen, Farben und Einschlüsse. Hier kann man Bernsteinstücke in verschiedenen Ausprägungen und Farben sehen. Der größte Bernsteinstück in diesem Museum wiegt fast drei Kilo. Erstaunlich ist die Vielfalt der Farbvariationen. Baltischer Bernstein kann nicht nur weiß und schwarz, grün und rot, mehrfarbig, sondern sogar bläulich sein. Sehenswert ist die Einschlüsse-Kollektion, wo einen besonderen Platz einnehmen ein Bernsteinstück mit einem Schneckengehäuse, ein Klumpen mit einer Mücke, die satt vom Blut ist, und ein Stück mit dem Hinterbein einer großen Grille. Im Museum ist auch die Rekonstruktion des Juodkrant/Schwarzort-Schatzes zu sehen. Das ist der größte archäologische Bernsteinfund in der ganzen Welt, der in den Jahren 1860 bis 1881 beim Bernsteinabbau nicht weit von Juodkrant (Schwarzort) entdeckt worden war. Dieser Schatz besteht aus 434 Bernsteinamuletten, -ringen und -perlen aus der Jungsteinzeit. Er ist ausführlich in dem Buch »Bernsteinschmuckstücke aus der Steinzeit« von Richard Klebs beschrieben.

Während des Besuchs im Bernsteinmuseum darf man das größte Stück in die Hand nehmen und kann ein besonderes Getränk namens »Bernsteinschnaps« testen. Außerdem erfährt man, wie man herausfinden kann, ob Bernstein echt ist oder unecht.

Im Keller dieses Museums entdeckt man noch ein Museum. Hier sehen die Besucher authentische Brennöfen vom Ende des 15. bis Anfang des 16. Jahrhunderts. Hier haben die damaligen Handwerker verschiedene Kacheln, Keramikwaren, Keramik-Sparbüchsen und anderes gebrannt.

Bernsteinmuseum-Galerie, Vilnius.

Unter den Brennöfen ist ein Teil des historischen Steinpflasters erhalten. Den Übergang vom Erdgeschoß zum Keller hat der Archäologe Gediminas Gendrėnas attraktiv eingerichtet als Reise in die Vergangenheit. Wenn die Leute von der Strasse hereinkommen, geraten sie vom 21. direkt in das 17. Jahrhundert. Wenn sie die Treppen hinuntergehen, erreichen sie das 14. und 15. Jahrhundert. Sie werden auf dem Boden gehen, auf dem die ersten Bürger dieser Stadt vor ungefähr 500 Jahren gegangen sind.

Nach dem Besuch des Bernsteinmuseums besteht die Möglichkeit, Bernstein mit Einschlüssen und Schmuckstücke zu kaufen. Zu jedem Stück bekommt man ein Zertifikat als Beweis dafür, dass der Erwerb aus echtem Baltischen Naturbernstein gefertigt wurde.

Kunstzentrum des Baltischen Bernsteins
Šv. Mykolo 12, Vilnius, Litauen

Im Kunstzentrum des Baltischen Bernsteins ist die Entstehung des Baltischen Bernsteins ausgesprochen originell und künstlerisch dargestellt. Da kann man unter einem Glasfußboden von den Bernsteinbäumen herablaufende Tropfen sehen, Tiere, die vor 50 Millionen Jahren im Wald lebten und heute eingeschlossen sind, Bernsteinstücke, die aus der unruhigen Ostsee von den litauischen Bernsteinfischern herausgefischt wurden, kurz eine Vielfalt an Naturformen und typischen Farben sehen.

Die Einschlüsse-Kollektion ist als Schiffsilluminator eingerichtet, mit Fenstern zur Vergangenheit. Durch diese Fenster ist möglich, einen Blick in die vor fünfzig Millionen Jahren existierende Welt zu werfen und somit die im Bernstein konservierte ehemalige Flora und Fauna zu betrachten. Ganz besonders sehenswert ist ein Stück mit einer Eidechse. Solche Stücke sind sehr selten, nur ein paar ähnliche sind in der ganzen Welt bis jetzt entdeckt worden.

Im Museum ist eine heidnische Kultstätte rekonstruiert worden, die von den damaligen Sitten und Ritualen unserer Vorfahren zeugt, als der Bernstein eine wichtige Rolle gespielt hat. Man glaubte früher, dass Bernstein wütende Götter beruhigen und auch Wünsche erfüllen könnte. Im Museum haben die Besucher die Möglichkeit, auch heutzutage gemäß diesen Ritualen sich und die Götter zu beruhigen.

Das Kunstzentrum des Baltischen Bernsteins ist Mitglied der Assoziation Vilniuser Kunsthandwerker. In der modern eingerichteten Werkstatt

Kunstzentrum des Baltischen Bernsteins, Vilnius.

kann man eines der ältesten Handwerke kennenlernen, nämlich die Bearbeitung von Bernstein. Da kann man viel über die uralten Werkzeuge erfahren und auch versuchen, ein Amulett aus Bernstein selbstständig anzufertigen. Unsere Vorfahren glaubten nämlich, dass Bernstein nicht nur schmückt sondern auch schützt. Seit einigen Jahren lernen in dieser Werkstatt die Bürger aus Vilnius, wie auch unsere Gäste aus der ganzen Welt, den Baltischen Bernstein zu bearbeiten.

Diejenigen, die Bernstein besser kennenlernen wollen, haben eine perfekte Gelegenheit, Bernstein nicht nur anfassen zu dürfen und zu riechen oder auf kleinen Bernsteinstücken barfuß spazieren zu gehen, sondern auch die mächtige Energie zu sehen und zu fühlen, die von einer einzigartigen elektrischen Bernsteinmaschine erzeugt wird. Da wird auch erklärt, wie man überprüfen kann, ob ein Bernstein echt ist oder unecht.

Edukative Aktivität:
Demonstration des Handwerks
Das Kunstzentrum des Baltischen Bernsteins lädt alle, die die Schönheit und die Wärme des Baltischen Bernsteins sehen und fühlen wollen, zu den Kursen der Bernsteinbearbeitung ein. Dauer, Art und Mitgliederzahl hängt von Ihnen ab. Das ist ein tolles Geschenk für Kinder und für Erwachsene. Leitung und Unterricht können nicht nur auf litauisch, sondern auch auf englisch oder deutsch stattfinden.

Mehr Information unter Telefon: 8 52 120499,
E-Mail: bgmc@ambergallery.lt

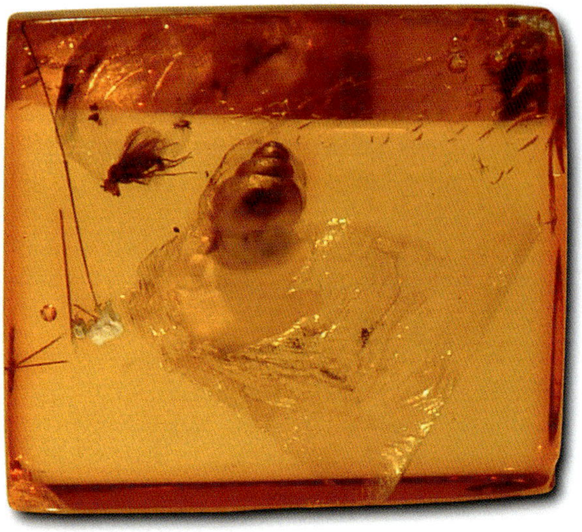

Bernstein aus Museumssammlung.

Bernsteinsammlung der Universität Hamburg

Die Geologisch-Paläontologischen Sammlungen gehen zurück auf Sammlungen des 1907 gegründeten Geologischen Staatsinstituts, das seinerseits aus den mineralogischen und geologisch-paläontologischen Sammlungen des früheren Naturhistorischen Museums Hamburg hervorgegangen ist. Ein Großteil der Sammlungen wurde durch einen Luftangriff im Jahr 1943 vernichtet. Einige Sammlungsstücke mit Brandspuren zeugen auch heute noch von den Auswirkungen des Bombardements.

Nach 1945 wurden unter Prof. Dr. Erhard Voigt die Geologisch-Paläontologischen Sammlungen wieder neu aufgebaut, nun unter dem Dach des neuen »Geologisch-Paläontologischen Instituts« der Universität Hamburg. Seit 1975 befinden sich die Sammlungen und das zugehörige Schaumuseum im Geomatikum, Bundesstraße 55. Mit Gründung des Centrums für Naturkunde (CeNak) wurden die Geologisch-Paläontologischen Sammlungen 2014 in das CeNak organisatorisch eingebunden. Einige dieser Sammlungen besitzen große nationale oder sogar internationale Bedeutung.

Mit ca. 6000 Sammlungstücken ist die Bernsteinsammlung eine der wichtigsten Sammlungen dieser Art in Deutschland und von weltweiter Bedeutung. Etwa die Hälfte der Sammlung geht auf den Einsatz und Spenden des Fördervereins des Geologisch-Paläontologischen Museums zurück.

Ein faszinierender Aspekt der Bernsteinfossilien ist, dass auch Verhaltensweisen überliefert werden können. Die Untersuchung des Bernsteins erlaubt somit die Verhaltensforschung in der Vergangenheit. Dies ist besonders wichtig, da Verhalten im übrigen Fossilbericht nur äußerst selten nachzuvollziehen ist, aber ein bedeutsames Merkmal für viele Arten darstellt. Die Bernsteinsammlung wurde in den vergangenen im Rahmen eines DFG-Projekts (KO3944/4) fast vollständig digital erfasst, um insbesondere Forschern aus dem Ausland den Zugang zu der Sammlung zu erleichtern.

Zu den Spinnentieren der Bernsteinsammlung läuft derzeit ein gemeinsames Spinnentierforschungsprojekt mit den Abteilungen Arachnologie und Paläontologie.

Das Museum des Geologisch-Paläontologischen Instituts der Universität Hamburg wurde zwischenzeitlich in "Museum des Centrums für Naturkunde" umbenannt, ist dann mit den beiden anderen naturwissenschaftlichen Museen der Universität Hamburg ins LIB (Leibniz-Institut zur Analyse des Biodiversitätswandels) integriert worden und heißt nun „Museum der Natur Hamburg: Geologie-Paläontologie".

Interessante Internetlinks

www.ambertop.de
www.arbeitskreis-bernstein.eu
www.deutsches-bernsteinmuseum.de
www.bernstein-drechsler.de
www.nordschmuck.de
www.bernsteinmuseum.de
www.uwebernstein.de
www.bernstein-museum-sellin.de

Blattoidea Polyphagidae Paraeuthyrrhapha groehni HOLOTYP, GPIH 4415 CCGG 7142.

Inklusensammlungen

In Wikipedia ist zu lesen: »Die wohl größte jemals existierende Sammlung organischer Einschlüsse in Baltischem Bernstein dürfte mit geschätzt weit mehr als 100.000 Stücken die der Albertus-Universität Königsberg gewesen sein. Der größte Teil dieser Sammlung ist in den Wirren des Zweiten Weltkrieges untergegangen, der erhaltene Teil befindet sich heute im Institut und Museum für Geologie und Paläontologie (IMGP) der Universität Göttingen.«

Einige Stücke müssen gegen Ende des Krieges entwendet worden sein, denn immer wieder tauchen Inklusen aus dieser Sammlung auf dem Markt auf. Dr. Weitschat vom Arbeitskreis Bernstein der Universität Hamburg entlarvte solch ein Stück. Er erinnerte sich an ein Schwarzweißfoto eines Bernsteins mit einer Ameisen fressenden Wanze aus den 40er Jahren und verglich das Foto mit dem zum Verkauf angebotenen Stück. Es stellte sich als identisch heraus. Nun liegt dieses Beweisstück im Museum des Geologisch-Paläontologischen Instituts der Universität Hamburg.

Zu den größten Sammlungen unserer Tage zählen laut Wikipedia die der folgenden Institutionen:

- Britisches Museum für Naturgeschichte, London (ca. 25.000 Ex.)
- Museum der Erde, Warschau (ca. 25.000 Ex.)
- Zoologisches Institut St. Petersburg (ca. 25.000 Ex.)
- Paläontologisches Museum der Humboldt Universität Berlin (ca. 20.000 Ex.)
- Museum für vergleichende Zoologie der Harvard Universität, Cambridge (16.000 Ex.)
- Bernsteinmuseum Palanga, Litauen (mehr als 14.000 Ex.)
- Institut für Geologie und Paläontologie, Göttingen (mehr als 11.000 Ex.)
- Zoologisches Museum Kopenhagen (ca. 8.000 Ex.)
- Senckenberg-Museum Frankfurt/Main (mehr als 7.000 Ex., Schwerpunkt Spinnen)
- Museum für Geologie und Paläontologie (IMGP) der Universität Göttingen (mehr als 26.000 Ex., nach REICH, 2008)
- Bitterfeld: Schon in wenigen Jahren wird die Inklusensammlung aus Bitterfelder Bernstein die größte der Welt sein. Schon nach 2 Jahren Förderzeit hat die Bernstein Goitzsche GmbH & Co. KG über 10.000 Inklusen aussortiert, die in einem Museum deponiert werden und z. T. auch der Öffentlichkeit gezeigt werden sollen.

BERNSTEINLITERATUR

Max J. Kobbert
Bernstein - Fenster in die Urzeit
PLANET POSTER EDITIONS
ants and Animals in Baltic Amber
W. Wichard, C. Gröhn & F. Seredszus
Wasserinsekten im Baltischen Bernstein
Aquatic Insects in Baltic Amber
BERNSTEIN
A. BACHOFEN-ECHT · DER BERNSTEIN UND SEINE EINSCHLÜSSE
BERNSTEIN
Das dänische Bernsteinmuseum
Neue Erde
Bernstein
Audronė Ilgevičienė
Im Bernsteinwald
Wichard Weitschat
Gerstenberg

BERNSTEINLITERATUR

Weiterführende Bernsteinliteratur

Ich führe nur einige Standardwerke auf. Über den Bernstein im Allgemeinen wurden viele andere Bücher geschrieben, die aber keine wesentlichen neuen Erkenntnisse bringen. Ebenso gibt es eine Fülle von Bernsteinbüchern, die sich Spezialthemen widmen, wie z. B. den Einschlüssen im Bernstein, dem Bernsteinzimmer, der Bernsteinkunst usw.

Die Klassiker

(nach Erscheinungsjahr geordnet)

Diese Bücher sind vergriffen, man kann sie aber meist antiquarisch bekommen.

Zaddach, E. G.: Das Tertiärgebirge Samlands; Schriften der Physikalisch-ökonomischen Gesellschaft,1867, 8. Band; 1. Abtheilung; S. 85–197, 12 Tafeln.

Waldmann, F.: Der Bernstein im Altertum, Eine historisch philologische Skizze, 1973, Dr. Martin Sändig, Nachdruck v.1883, S. 1-87.

Tesdorpf, W.: Gewinnung, Verarbeitung und Handel des Bernsteins in Preußen von der Ordenszeit bis zur Gegenwart, 1887, 1. Band, Heft 6, S. 1–147.

Conwentz, Hugo: Monographie der Baltischen Bernsteinbäume, Naturforschende Gesellschaft zu Danzig, 1890, S.1–151, 18 Tafeln, neu aufgelegt durch den Arbeitskreis Bernstein der Universität Hamburg, 2008.

Pelka, Otto: Bernstein, Bibl. f. Kunst u. Antiquitäten, 1920, Band 18, S. 1–148.

Bölsche, Wilhelm: Im Bernsteinwald, 1927, S. 1–80.

Andrée, Karl: Bernsteinforschungen; Bd. 1, Heft 1, 1929, S. I-XXXII, 1-167, 8 Tafeln.

Andrée, Karl: Bernsteinforschungen, 1931, Bd. 2, S. 1–203.

Andrée, Karl: Bernsteinforschungen, 1933, Bd. 3, S. 1–241.

La Baume, Wolfgang: Zur Naturkunde und Kulturgeschichte des Bernsteins, Schr.Naturf.Ges.-Danzig, Neue Folge, 1935, 20. Band; Heft 1, S. 5–48.

Andrée, Karl: Der Bernstein und seine Bedeutung in Natur- u, Geisteswissenschaften, Kunst und Kunstgewerbe, Technik, Industrie und Handel, nebst Führer durch die Bernsteinsammlung der Albertus-Univ., Königsberg,1937, S. 1–219.

Rohde, Alfred: Bernstein, ein deutscher Werkstoff, seine künstlerische Verarbeitung vom Mittelalter bis zum 18. Jahrhundert, 1937, S. 1–202.

Andrée, Karl: Bernsteinforschungen, 1939, Bd. 4, S. 1–133.

Staatl. Bernstein-Manufaktur Königsberg, Siegespreise und Ehrengaben aus Bernstein, 1939, Königsberg, S. 1–24.

Staatl. Bernstein-Manufaktur Königsberg: Bernstein Geschichte, kulturelle und wirtschaftliche Bedeutung des Deutschen Goldes, 1939, Königsberg, 7. Auflage S. 1–36.

Schmid, Leopold: Geschichte und Technik des Bernsteins, Deutsches Museum; 13. Jahrg., Abh. u. Berichte, 1941, Heft 3, S. 67–98.

Bachofen-Echt, Adolf: Der Bernstein und seine Einschlüsse, Wien 1949. 231 S. Dieses Buch ist 1996 im Jörg Wunderlich Verlag neu aufgelegt worden.

Andrée, Karl: Der Bernstein. Das Bernsteinland und sein Leben, Stuttgart 1951. 96 S.

Larsson, S.G.: Baltic Amber – a Palaeobiological Study, Entomonograph Vol. 1, 1978. 192 S.

Für diejenigen Leser, die sich für die grundlegenden wichtigen Erkenntnisse seit Beginn der Bernsteinforschungen interessieren: Veröffentlichungen von O. Helm (1877–1902) und P. Dahms (1914).

Neuere Literatur

Auch viele dieser neueren Bücher sind schon vergriffen und werden leider nicht neu aufgelegt. Manchmal ist es schwieriger, eines dieser Bücher antiquarisch zu bekommen als eines der Klassiker.

Barfod, J. : Bernstein. Entstehung, Gewinnung und Verarbeitung. - Husum 2005

Barford, J./Jacobs, F./Ritzkowski, S.: Bernstein-Schätze in Niedersachsen, 1989, S.1-94.

Erichson, Ulf/Tomczyk, Leonhard: Die staatliche Bernstein-Manufaktur Königsberg 1926–45, Eigenverlag des d. Bernsteinmuseums Ribnitz-Damgarten, 1998, S. 1–153.

Faber, O./Frandsen, L. B./Ploug, M.: Bernstein; Ravmuseet, 2000, S. 1–152.

Ganzelewski, M/Slotta,R.: Bernstein – Tränen der Götter, Deutsches Bergbaumuseum, Bochum 1996. 585 S.
Dieses ist ein umfangreiches, wissenschaftlich höchsten Ansprüchen genügendes Buch über den Bernstein.

Grimaldi, David A.: Amber – Window to the past, 1996, American Museum of Natural History, S. 1–216.

Gröhn, Carsten: Bernstein-Abenteuer Bitterfeld, BoD, 2010. 148 S.
Ein tagebuchartig geschriebenes, spannendes Buch über das abenteuerliche Bernsteinsammeln in der Braunkohlegrube bei Bitterfeld.

Gröhn, C.: Einschlüsse im Baltischen Bernstein, Wachholtz Murmann Publishers, 2015.

Gröhn, C. & Kobbert, M. J.: Pflanzen – seit der Saurierzeit eingeschlossen – in Bernstein, Wachholtz Murmann Publishers, 2017.

Gröhn, C.: Bernstein Fundorte Teil 1 Deutschland, Isensee-Verlag, 2024.

Gröhn, C.: Bitterfelder Bernstein – Abenteuer, Förderung, Zukunft. Isensee-Verlag, 2025

Grzonkowski, Jens: Bernstein, 1996, Ellert & Richter, S. 1–133.

Hunger, Rosa: The Magic of Amber, 1977, NAG Press Ltd., S. 1–131.

Janzen, Jens W.: Arthropods in Baltic Amber, 2002. 167 S.
In Deutsch und Englisch parallel geschrieben, mit schönen Zeichnungen, Bestimmungsschlüssel und Bildern von Einschlüssen.

Kobbert, Max J.: Bernstein – Fenster in die Urzeit, 2005. 224 S.
Dieses schöne Buch hat als Besonderheit die Möglichkeit, Bernsteineinschlüsse in 3D zu sehen.

Kosmowska-Ceranowicz, Barbara: Spuren des Bernsteins, Ausstellungskatalog Bielefeld, 1991, 26.10.91 – 12.1.92, S. 1–102.

Kosmowska-Ceranowicz, B.: Gegenüberstellung ausgewählter Bernsteinarten und deren Eigenschaft aus verschiedenen geographischen Regionen. - Exkursionsführer und Veröffentlichungen DGG, 236: S. 61–68, Hannover 2008

Kosmowska-Ceranowicz, B., Vávra, N.: Eigenschaften des Bernsteins und anderer fossiler Harze aus aller Welt. – In: Vol. 10 der Reihe Editorial Series of the Scientific Centre of the Polish Academy of Sciences, 2011

Krumbiegel, G./Krumbiegel, B.: Faszination Bernstein, 2001, Goldschneck-Verlag, S. 1–11.

Krumbiegel, Günter u. Brigitte: Bernstein – Fossile Harze aus aller Welt, 2005, Edition Goldschneck, 3. Auflage, S. 1–112.

Laue, Georg: Bernstein Kostbarkeiten europäischer Kunstkammern, 2006, Herausgeber Georg Laue, Band VI, S. 1–264.

Lemke, Wolfram: Die kurze und wechselvolle Entwicklungsgeschichte der Ostsee. – Leipniz-Institut für Ostseeforschung Warnemünde, 2005

Penney, D (Hrsg): Biodiversity of fossils in Amber from the major world deposits. - Siri Scientific Press Manchester 2010

Pohl, H.: Reconstructing the anatomy of the 42-million-year-old fossil
†Mengea tertiaria (Insecta, Strepsiptera), Naturwissenschaften 97, 2010.

Poinar, George Jr.: Fossils in amber, 1994, Current Science, Vol. 66, No. 6, S. 417–420.

Poinar, George O. Jr.: Life in amber, 1992, Stanford University Press, S. 1–350.

Rappsilber, Ivo: Bitterfelder Bernstein: Geschichte, Vielfalt, Entstehung. Ampyx-Verlag Dr. A. Stark, 2022.

Reich, M., Gehler, A. & Stegemann, T. R.: Eine Chronik der Göttinger geowissenschaftlichen Institute und Sammlungen, Dresden 2008

Reinicke, Rolf: Bernstein Gold des Meeres, 1995, Hinstorf-Verlag, 3. Auflage; S. 1–80.

Sadowski, E.-M., Schmidt, A. R., Seyfullah, L. J. & Kunzmann, L.: Conifers oft he »Baltic Amber Forest« and their Palaeoecological Significance – In: Stapfia 106 (2017)

Schlee, D./Glöckner, W: Bernstein, 1978, Stuttg. Beiträge z. Naturkunde, Serie C; Nr. 8, S. 1–72.

Schlee, Dieter: Bernstein-Raritäten, Farben – Strukturen – Fossilien – Handwerk, 1980, Stuttg. Beiträge z. Naturkunde, S. 1–88.

Schmidt, A. R., Perrichot, V. et al.: Cretaceous African life captured in amber. – Proceedings of the National Academy of Sciences 107(16):7329-34, 2010

Schubert, Kurt: Neue Untersuchungen über Bau und Leben der Bernsteinkiefern, 1961, Nieders. Landesamt f. Bodenf., S. 1–149, 21 Tafeln.

Vávra, N.: Bernstein und andere fossile Harze. - In: Zeitschrift der Deutschen Gemmologischen Gesellschaft. Jg. 31, Nr. 4, S. 213–254, Idar-Oberstein 1982

Weitschat, W., Wichard, W.: Atlas der Pflanzen und Tiere im Baltischen Bernstein, 1998. 256 S. Ein Standardwerk über die Einschlüsse im Bernstein.
Dieser Atlas wurde in Englisch neu aufgelegt: Atlas of Plants and Animals in Baltic Amber.

Wichard, W., Weitschat, W.: Im Bernsteinwald, 2004. 168 S. Hier verschmelzen Wissenschaft und Buchkunst zu einer schönen Einheit.

Wichard, W., Gröhn, C., Seredszus, F.: Wasserinsekten im Baltischen Bernstein, Aquatic Insects in Baltic Amber, 2009. 336 S.
In Deutsch und Englisch parallel geschrieben, mit schönen Zeichnungen und Bildern von Einschlüssen, die höchsten Ansprüchen genügen.

Wunderlich, J.: Spinnenfauna gestern und heute – Fossile Spinnen im Bernstein und ihre heute lebenden Verwandten, 1986, Verlag Erich Bauer, S. 1–283.
Auf insgesamt mehreren tausend Seiten sind weitere Bücher über fossile Spinnen in Bernstein und Kopal erschienen (2004, 2008, 2011, 2012).

Literaturverzeichnis

(für im Buch verwendete Zitate)

Abel, O.: Lebensbilder aus der Tierwelt der Vorzeit, 1927.

Alexander, I.: Bernstein-Vorkommen in Niedersachsen, Untersuchungen zu geologischer Altersstellung, Herkunft und Transportmechanismen, Universität Bremen, S. 9, Februar 2002.

Andrée, K.: Der Bernstein und seine Bedeutung in Natur- und Geisteswissenschaften, Kunst und Kunstgewerbe, Technik, Industrie und Handel. Königsberg 1937.

Andrée, K.: Der Bernstein. Das Bernsteinland und sein Leben, Stuttgart 1951.

Arbeitskreis Paläontologie Hannover, 21. Jahrgang 1993, Heft 1/2, S. 1.

Arbeitskreis Paläontologie Hannover, 25. Jahrgang 1997, Heft 6, S. 23.

Bachofen-Echt, Adolf: Der Bernstein und seine Einschlüsse, Wien 1949.

De Boer, W. M.: Geomorphologische Untersuchungen in der östlichen Uckermark (Brandenburg/ Mecklenburg-Vorpommern), Humboldt-Universität zu Berlin, Geländearbeiten Herbst 1986 bis einschließlich Sommer 1987. Abschließende schriftliche Arbeiten 1990–1992.

Braasch, R.: Sternberger Gestein, eine geologische Kostbarkeit aus Mecklenburg-Vorpommern, 2009.

Buchberger, W., H. Falk, M. U. Katzmayr und A. E. Richter: »On the chemistry of Baltic amber inclusion droplets«, Monatshefte für Chemie, Vol. 128, no. 2, S. 177, 1997.

Bundesanstalt für Geowissenschaften und Rohstoffe: »Land und Meer Verteilung im Miozän«, Hannover.

Conwentz, H.: Die Flora des Bernsteins. Die Angiospermen des Bernsteins, 1886. Reprint durch Verein zur Förderung des Geologisch-Paläontologischen Museums der Universität Hamburg e. V. – Arbeitskreis Bernstein, 2008.

Crelling J. C. Anderson K. B.: The nature and fate of natural resins in the geosphere. Part V (1995).

Erichson, U. – Weitschat, W.: Baltischer Bernstein, Ausstellungskatalog Deutsches Bernsteinmuseum Ribnitz-Damgarten, 2008, S. 37.

Fuhrmann, R., Borsdorf, R.: Die Bernsteinarten des Untermiozäns von Bitterfeld. In: Zeitschrift für angewandte Geologie, Band 32, Berlin 1986, S. 309–316.

Gandert, O.-F.: Das Woldenberger Bernsteinpferd, Heimatkalender für den Kreis Friedeberg, 1925, S. 17–26.

Ganzelewski, M/Slotta, R..: Bernstein – Tränen der Götter, Deutsches Bergbaumuseum, Bochum 1996.

Geerlings, W.: Die Tränen der Schwestern des Phaëton – Bernstein im Altertum. In: Bernstein - Tränen der Götter. Bochum 1996.

Goeppert, H. H., Berendt, G. C.: Der Bernstein und die in ihm befindlichen Pflanzenreste der Vorwelt, 1845.

Graffius, Ina – in Cammann, A.: Märchenwelt des Preußenlandes, 1973.

Gravesen, P.: Fossiliensammeln in Südskandinavien, 1993.

Gröhn, C.: Bernstein – Abenteuer Bitterfeld, 2010.

Hoffeins C., Hoffeins H. W.: Untersuchungen über die Häufigkeit von Inklusen in Baltischem und Bitterfelder Bernstein (Tertiär, Eozän) aus unselektierten Aufsammlungen unter besonderer Berücksichtigung der Ordnung Diptera // Studia dipterol. 2004 (2003). V. 10. 2. P. 381–392.

Katinas, V. I.: Amber and Amber-Bearing Deposits of the Southern Baltic, Tr. Litovsk. Nauchno-Issled. Geol.-Razv. Inst., No. 20, 1–156 (1971).

Kirchheimer, F.: Zur Kenntnis der Flora des Baltischen Bernsteins, 1930. I. S. 459ff.

Kirchheimcr, F.: Beiträge zur Kenntnis der Flora des baltischen Bernsteins. I. Beih. Bot. Centralbl., Abt. B, 1937.

Kobbert, M. J.: Bernstein – Fenster in die Urzeit, 2005.

Korn, J.: Die wichtigsten Leitgeschiebe der nordischen kristallinen Gesteine im norddeutschen Flachlande, 1927.

Kosmowska-Ceranowicz, B.: zu Bernsteinsaäurekristallen, mündlich auf der amberif Danzig, 2008.

Krause, Karlheinz: Durch Gletscher und Wasser verfrachtet: Bernstein — Transport und Transportwege, Arbeitskreis Paläontologie Hannover, 25. Jahrgang 1997, Heft 6, S. 166–174.

Krumbiegel, G.: Glessit, ein tertiäres Harz von Bedecktsamern, Fossilien 10, Heft 2, S. 83–90), 1993.

Krumbiegel, B. & G.: Bernstein – Fossile Harze aus aller Welt. Fossilien, Sonderband 7, Weinstadt 1994.

Larsson, S.G.: Baltic Amber – a Palaeobiological Study, Entomonograph Vol. 1, 1978.

Meyn, L.: Der Bernstein der norddeutschen Ebene auf zweiter, dritter, vierter, fünfter und sechster Lagerstätte. Zeitschrift der Deutschen Geologischen Gesellschaft, Band 28, Heft 2 (1876), S. 171–198, 1876.

Pohl, H.: Für immer und ewig: Wenn der Hochzeitsflug nie endet, Institut für Spezielle Zoologie und Evolutionsbiologie mit Phyletischem Museum der Universität Jena, 2011.

Praetorius, Mathäus: Syllabus Deliciarum Prussicarum, 1. Buch: Onomasia Prussiae, 1680.

Rudolph, Bilz & Pittermann: Fossilien an Nord- und Ostsee, 2010, S. 232.

Schlee, D. (1990): in Schmidt, Alexander: Das fossile Harz von Schliersee (Bayrische Alpen) und seine Mikroonklusen, Doktorarbeit an der Friedrich-Schiller-Universität Jena, 2003.

Schmidt, A., u.a.: Cretaceous African life captured in amber, 2010. PNAS (Proceedings of the National Academy of Sciences of the United States of America, S. 7331. Und SI Appendix S. 23.

Schmidt, A.: Presseinformation der Georg-August-Universität Göttingen: Bernsteinwälder: Ökologische Studien zur Harzproduktion, Nr. 15/2012.

Schulz, W.: Geologischer Führer für den norddeutschen Geschiebesammler, 2003, S. 27.

Smed, P. – Ehlers, J.: Steine aus dem Norden – Geschiebe als Zeugen der Eiszeit in Norddeutschland, 2002.

Spiegel-Online-Artikel vom 10.10.2007, Bernsteinfossilien, Baumharz auf Unterwasser-Jagd www.spiegel.de/wissenschaft/natur/0,1518,510428,00.html.

Standke, G.: Bitterfelder Bernstein gleich Baltischer Bernstein? – Eine geologische Raum-Zeit-Betrachtung, Exkursionsführer und Veröffentlichungen der DGG, Heft 236, S. 20, 2008.

Troppenz, U.-M.: Oberordovizische Schwämme in der Südheide aus dem tertiären Eridanos-Urstrom-System, in: Der Geschiebesammler, Jahrgang 45, Heft 1, Januar 2012.

Van Keulen, P./Smit, R./Rhebergen, F.: Ordovizische lavendelblaue Hornsteine in miozänen bis altpleistozänen Ablagerungen des »Baltischen Flußsystems, Archiv für Geschiebekunde, Band 6, Heft 3, S. 184 + 185, 2012.

Vassilishin, S. & V. I. Pantschenko: Bernstein in der Ukraine. In: Bernstein – Tränen der Götter. S. 333, Bochum 1996.

Vávra, N.: Chemie des Baltischen und Bitterfelder Bernsteins: Methoden, Möglichkeiten, Resultate. Exkursionsführer und Veröffentlichungen der DGG, 2008, Heft 236, S. 69–76.

Weitschat, Wolfgang: Größte Bernsteinlagerstätte aus der Kreidezeit Europas? World Amber Council 2009, Katalog S. 6–7 (Englisch).

Weitschat, W., Wichard, W.: Atlas der Pflanzen und Tiere im Baltischen Bernstein, 1998.

Welt Online: Größter Kliffabbruch auf der Insel Hiddensee seit vier Jahren, 11.3.2004.

Wichard, W., Gröhn, C., Seredszus, F.: Wasserinsekten im Baltischen Bernstein, Aquatic Insects in Baltic Amber, 2009. Vergriffen, Restexemplare sind über die Autoren vergünstigt zu beziehen.

Wichard, W., Gras, A. u. a.: Antireflexbelag und Schillerfarben auf den Augen von Köcherfliegen im Bernstein (Trichoptera), Entomol. Gener. 27 (3/4), S. 223ff, Stuttgart 2005–3 .

Zaddach, E. G.: Das Tertiärgebirge Samlands, Königsberg, 1867.

Zessin, W.: Großer Wurzelquarzit mit Windschliff aus Jasnitz, Mecklenburg. Mitteilungen der NGM – 5. Jahrgang, Heft 1, Juli 2005.

Bildnachweise

Baltischer Urstrom: Schallreuter – Schriftleitung und Verlag: Archiv für Geschiebekunde, Band 6, Heft 3, Seite 186, 2012.

Ancylussee: Lemke, W., Die kurze und wechselvolle Entwicklungsgeschichte der Ostsee, Leibniz-Institut für Ostseeforschung, Warnemünde, 2005.

Bernsteinmuseum Palanga, Wikipedia (© Thomas Pusch).

Gandert, O.-F., Das Woldenberger Bernsteinpferd, Heimatkalender für den Kreis Friedeberg, 1925, S. 17-26.

Janzen, J. W.: Arthropods in Baltic Amber, 2002, S. 46.

Das Ingolstädter Bernsteincollier, Wikipedia (© Clantorf, B.)

Magdalenenberg-Collier (Hallstattzeit), Franziskanermuseum in Villingen-Schwenningen, Wikipedia (© Flominator).

Grosser Bernstein aus dem Museum Kopenhagen: houseofamber, Købmagergade 28, DK-1150 København.

Bernsteinzimmer St. Petersburg, Wikipedia (© Jeanyfan).

Alle nicht näher bezeichneten Bilder stammen vom Autor.

Dank

Für ihre Hilfsbereitschaft und fachkundigen Rat danke ich Peter Laging (Scharnebeck), Burkhard Dietrich (Sarstedt), Prof. Dr. Klaus Dieter Meyer (Burgwedel), Hans Jürgen Lierl (Linau), Dirk Teuber (Gütersloh), Knut Rudloff (Meldorf), Birgit Günther (Idar-Oberstein), Karlheinz Krause (Buxtehude), Dr. Stephan Veil (Landesmuseum Hannover). Für die Überlassung einiger Fotos danke ich den erwähnten Sammlern. Meiner lieben Frau Jutta danke ich für ihre Geduld beim Korrekturlesen. Ebenfalls fürs Korrekturlesen danke ich Klaus Gumbert. Ganz besonderer Dank gilt meinem Sohn Ole Friedrich für die zeitraubende Erstellung des Layouts.

WEITERE BERNSTEINBÜCHER, ERSCHIENEN IM WACHHOLTZ VERLAG

Gröhn, Carsten
Bernstein suchen und sammeln
Wachholtz Verlag
14,3 × 19,7 cm, 111 S., zahlr. Abb., brosch.
ISBN 978-3-529-05441-9
€ 14,80

Gröhn, Carsten
Bernstein suchen und finden
Wachholtz kompakt
11 × 16,8 cm, 96 S., zahlr. Abb., brosch.
ISBN 978-3-529-05474-7
€ 7,90

PFLANZEN
SEIT DER SAURIERZEIT EINGESCHLOSSEN
IN BERNSTEIN
Carsten Gröhn / Max J. Kobbert
WACHHOLTZ
MURMANN PUBLISHERS

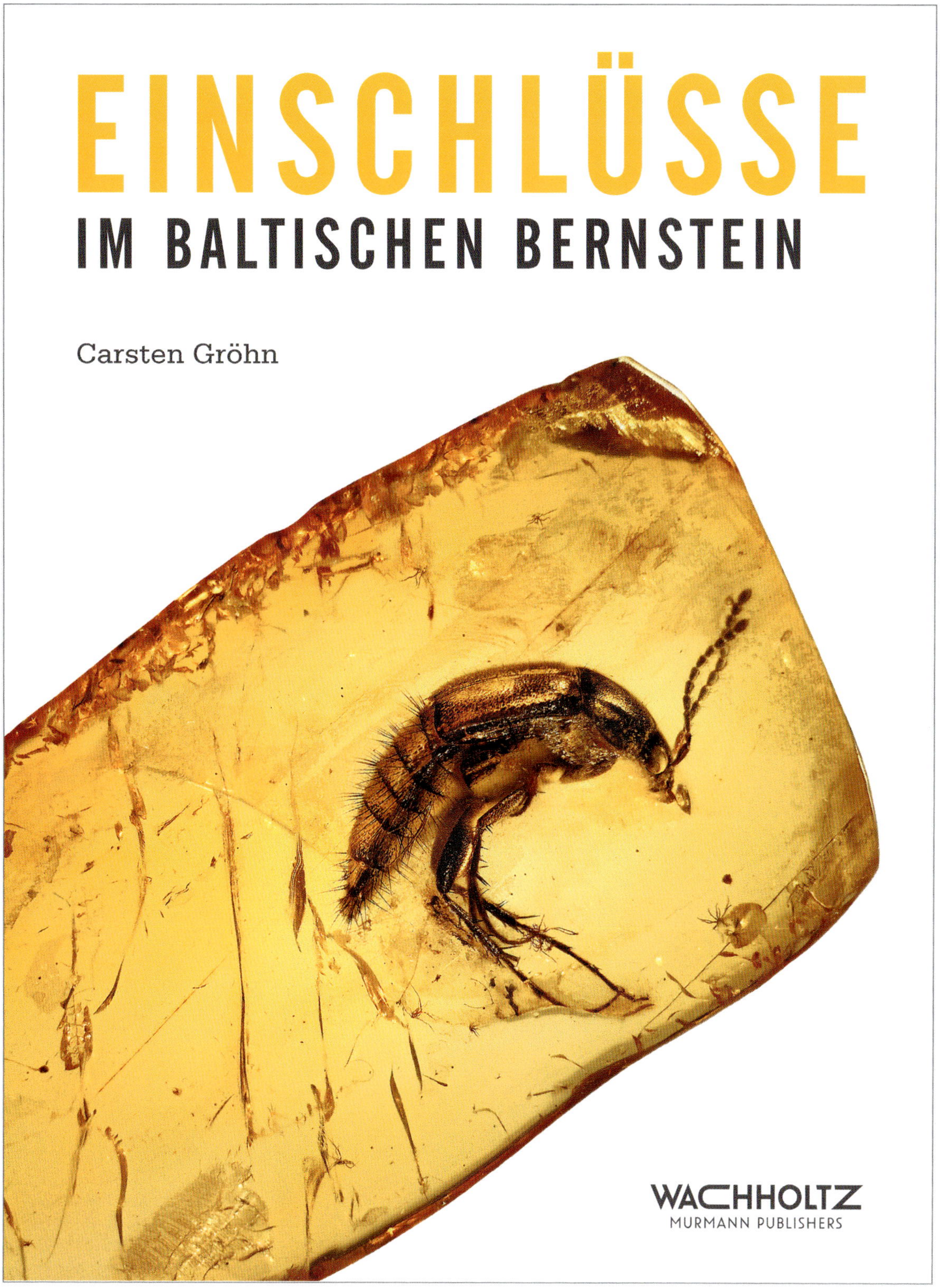

Gröhn, Carsten
Einschlüsse im Baltischen Bernstein
Wachholtz Verlag – Murrmann Publishers
21 × 28 cm, 424 S., 1480 Abb., geb.
ISBN 9-73-529-05457-0
€ 49,80

Carsten Gröhn

wurde 1949 im schleswig-holsteinischen Mölln geboren, studierte Biologie an der Christian-Albrechts-Universität Kiel und war über 40 Jahre lang Biologielehrer am Gymnasium Glinde.

Seit 35 Jahren ist er begeisterter Bernsteinsammler. Sein Hauptinteresse gilt den Einschlüssen im Bernstein, mit Schwerpunkt auf Baltischem Bernstein. Sein Anliegen ist es, Bernsteinfreunden umfassende Informationen zukommen zu lassen. Neben dem Standardwerk »Alles über Bernstein« ist er Autor und Coautor diverser weiterer Bücher und Veröffentlichungen über Bernstein, z. B. »Einschlüsse im Baltischen Bernstein« und »Pflanzen – seit der Saurierzeit eingeschlossen – in Bernstein«. Viele Leser hat auch seine Website www.ambertop.de.

Als 1. Vorsitzender des Fördervereins für das Museum der Natur Hamburg: Geologie-Paläontologie – Arbeitskreis Bernstein im LIB (Leibniz-Institut zur Analyse des Biodiversitätswandels) betreut er über 200 Bernsteininteressierte aus aller Welt.